园冶

Yuan Ye

中国古代物质文化丛书

〔明〕计 成 / 撰　　倪泰一 / 译注

重庆出版集团 重庆出版社

图书在版编目（CIP）数据

园冶/〔明〕计成撰；倪泰一译注．—重庆：重庆出版社，2017.5（2023.9重印）
ISBN 978-7-229-11657-6

Ⅰ．①园… Ⅱ．①计… ②倪… Ⅲ．①古典园林—造园林—中国—明代 Ⅳ．①TU986.2②TU-098.42

中国版本图书馆CIP数据核字（2016）第245325号

园 冶
YUANYE

〔明〕计 成 撰 倪泰一 译注

策 划 人：刘太亨
责任编辑：刘 喆
责任校对：何建云
特约编辑：何 滟
封面设计：日日新
版式设计：曲 丹

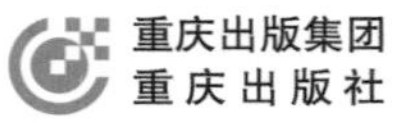
重庆出版集团
重庆出版社 出版

重庆市南岸区南滨路162号1幢 邮编：400061 http://www.cqph.com
重庆博优印务有限公司印刷
重庆出版集团图书发行有限公司发行
全国新华书店经销

开本：740mm×1000mm 1/16 印张：19.5 字数：350千
2009年7月第1版 2017年5月第2版 2023年9月第2版第17次印刷
ISBN 978-7-229-11657-6
定价：68.00元

如有印装质量问题，请向本集团图书发行有限公司调换：023-61520678

出版说明

最近几年，众多收藏、制艺、园林、古建和品鉴类图书以图片为主，少有较为深入的文化阐释，明显忽略了“物”应有的本分与灵魂。有严重文化缺失的品鉴已使许多人的生活变得极为浮躁，为害不小，这是读书人共同面对的烦恼。真伪之辨，品格之别，只寄望于业内仅有的少数所谓的大家很不现实。那么，解决问题的方法何在呢？那就是深入研究传统文化、研读古籍中的相关经典，为此，我们整理了一批内容宏富的书目，这个书目中的绝大部分书籍均为文言古籍，没有标点，也无注释，更无白话。考虑到大部分读者可能面临的阅读障碍，我们邀请相关学者进行了注释和今译，并辑为“中国古代物质文化丛书”，予以出版。

关于我们的努力，还有几个方面需要加以说明。

一、关于选本，我们遵从以下两个基本原则：一是必须是众多行内专家一直以来的基础藏书和案头读本；二是所选古籍的内容一定要细致、深入、全面。然后按专家的建议，将相关古籍中的精要梳理后植入，以求在同一部书中集中更多先贤智慧和研习经验，最大限度地厘清一个知识门类的基础与常识，让读者真正开卷有益。而且，力求所选版本皆是善本。

二、关于体例，我们仍沿袭文言、注释、译文的三段式结构。三者同在，是满足各类读者阅读需求的最佳选择。为了注译的准确精雅，我们在编辑过程中进行了多次交叉审读，以此减少误释和错译。

三、关于插图的处理。一是完全依原著的脉络而行，忠实于内容本身，真正做到图文相应，互为补充，使每一“物”都能植根于相应的历史视点，同时又让文化的过去形态在“物象”中得以直观呈现。古籍本身的插图，更是循文而行，有的虽然做了加工，却仍以强化原图的视觉效果为原则。二是对部分无图可寻，却更需要图示的内容，则在广泛参阅大量古籍的基础上，组织画师绘制。虽然耗时费力，却能辨析分明，令人眼目生辉。

四、对移入的内容，在编排时都与原文作了区别，也相应起了标题。虽然它牢牢地切合于原文，遵从原文的叙述主线，却仍然可以独立成篇。再加上因图而生的图释文字，便有机地构成了点、线、面三者结合的“立体阅读模式”。“立体阅读”对该丛书所涉内容而言，无疑是妥当之选。

还需要说明的是，不能简单地将该丛书视为“收藏类”读本，但也不能将其视为“非收藏类读本”。因为该丛书，其实比“收藏类”更值得收藏，也更深入，却少了众多收藏类读物的急功近利，少了为收藏而收藏的平庸与肤浅。我们组织编译和出版该丛书，是为了帮助读者重获中国文化固有的“物我观”，是为了让读者重返古代高洁的“清赏”状态。清赏首先要心底“清静”；心底“清静”，人才会独具“慧眼”；而人有了“慧眼”，又何患不能鉴真识伪呢?

中国古代物质文化丛书　编辑组

2009年6月

巧于因借，精在体宜（代序）

计成，字无否，号否道人，江苏苏州吴江县人，生于明万历七年（1579年），卒年不详。为明末著名造园家。计成根据其丰富的实践经验，整理了修建吴氏园[1]和汪氏园[2]的部分图纸，于崇祯七年（1634年）写成了中国最早、最系统的造园著作——《园冶》，这也是世界造园学上最早的名著。计成还是一位诗人，时人评价他的诗如“秋兰吐芳，意莹调逸”。遗憾的是其诗作已散佚，今人难以窥其风貌。

《园冶》共三卷。卷一包括兴造论、园说以及相地、立基、屋宇、列架装折等部分，可以看作是本书的总纲。卷二详述装折的重要部分——栏杆。卷三由门窗、墙垣、铺地、掇山、选石、借景六篇组成，最后的借景篇为全书的总结。作者认为借景乃“林园之最要者也。如远借，邻借，仰借，俯借，应时而借。然物情所逗，目寄心期，似意在笔先，庶几描写之尽哉”。这段话可以看作是本书的点睛之笔。

《园冶》一书的精髓，可归纳为“虽由人作，宛自天开”，“巧于因借，精在体宜”两句话。“虽由人作，宛自天开”是说造园应达到的意境和艺术效果。明代中后期，士人普遍追求所谓“幽人”的闲情逸致之情怀。在园林设计中体现出“幽、雅、闲”的意境，营造出一种“天然之趣”，是当时园林设计者的最高追求。为此，作者对建筑、山水、花木进行了精妙的艺术剪裁，以诗词意境为据，以山水画为蓝本，创造出一幅虽经人工创造，但又不露斧凿痕迹的自然图卷。如叠山，作者认为“最忌居中，更宜散漫”。谈造亭，作者认为亭子建造在什么地方，如何建造，要依周围的环境来决定，使之与周围的景色相协调。再如楼阁，作者认为必须建在厅堂之后，可“立半山半水之间”，“下望上是楼，山半拟为平屋，更上一层，可穷千里目也”。这些观点，无疑都是精彩之论。

“巧于因借，精在体宜”是《园冶》一书中最为精辟的论断，也是我国传统的造园原则和手段。“因”是讲园内，即如何利用园址的条件加以改造加工。《园冶》中指出：“因者，随基势之高下，体形之端正，碍木删桠，泉流石柱，互相借资；宜亭斯亭，宜榭斯榭，小妨偏径，顿置婉转，斯谓‘精而合宜’者也。”而“借”则是指园内外的联系。《园冶》特别强调“借景为园林之最者”。“借者，园虽别内外，得景则无拘远近”，它的原则是“极目所至，俗则屏之，嘉则收之”，方法是布置适当的眺望点，视线得以越出园垣，园之全景尽收眼底。如遇晴山耸翠的秀丽景色、古寺凌空的胜景、绿油油的田野之趣，都可通过借景的手法收入园中，为我所用。这样，造园者巧妙地因势布局，随机因借，就能做到得体合宜了。

南宋之后，经济文化重心开始南移，江浙一带人物荟萃，大量息政退思、独善其身的士大夫致仕在苏州、无锡、扬州等地广造园林，以清赏自适的生活为乐。到明代中晚期，社会经济日见昌盛，国库渐渐丰盈，士人中享乐主义风行，造园艺术更是蓬勃兴起。因此，江南园林艺术得到长足发展。

江南园林寄寓着造园者的文化意趣与人生追求，“三分匠，七分主人”体现了造园者整体把握能力的重要性。《论语》中孔子称“仁者乐山，智者乐水”，中华文化中的山水情怀体现在当时的各个领域，尤其在平面的绘画和立体的园林两大领域更见其趣。明代造园思想中，将庄子的“天地与我并生，万物与我为一”的观点融进佛家的“芥子纳须弥”中，成为“人即宇宙，宇宙即人”的精神建构。《园冶》在哲学内涵上即体现了“天人合一”的宇宙观。所谓“虽由人作，宛自天开”，本质上反映了一种哲学思想。“天开”是标准，是“本源”，而“人作”必须符合“天开”的标准。在造园中，要求顺应自然脉理，按照自然山水景物的生存机理和形态特征去构筑景观，而“不烦人事之工”，以达到自然天成的境界。将人的内在“心”与人工建造的园林和自然三者融通，这正是“天人合一”理念在造园中的体现。

《园冶》是我国古典造园思想的集大成者，作者在书中提出的理想园林范式表现了明代士人的生活理想，即“足矣乐闲，悠然护宅”，“寻闲是福，知享即仙”。作者极重形式美，创造出了一幅幅悦目、悦耳、悦心的美丽山水图卷，每一个具体物象都具备了蕴含情感、意绪、思想的“赏心”功能，达到了园林美感的最高层面。

除了遵循自然天成的境界外，《园冶》在造园艺术上亦追求灵动洒脱之气、曲折委婉之美、空灵远逸之景，使园林在整体上达到精美而不显雕琢，清新素雅而不崇贵丽矫饰，简约守拙而不豪华烦琐，含蓄幽深而不一览无余，远逸超脱而不拘泥于浅薄俗套的极高境界。

《园冶》，原名拟为《园牧》，有经营构制之意，当时计成友人曹元甫建议改为《园冶》，“冶”原为铸造熔冶，引申为精心营造之意。曹元甫是阮大铖的同年友人，后来计成通过曹元甫而结识阮大铖。阮大铖曾帮助计成刻印《园冶》并为之作序，然而，“大铖名挂逆案，明亡，又乞降满清，向为士林所不齿”（见陈植《园冶注释序》）。由于这一原因，竟使《园冶》长期遭受冷遇。

大约在乾隆时期，本书即有翻刻、传抄本，并曾改名《夺天工》。因受到日本造园界大力推崇，本书方才引起中国学术界重视。民国以后，研究《园冶》的学者增多，并出现了不少译注本，存世《园冶》版本演变如下：

1. 明崇祯八年（1635年），阮大铖刻本。此本现存日本内阁文库。北京国家图书馆存有残本。全书三卷，一册，每半页十三行，每行二十五字，白口四周单边，无鱼尾。版心上镌书名，中镌卷次，下镌页码。前列阮大铖序、郑元勋《园冶题词》、计成自序。阮序后题“皖城刘炤刻”，卷末钤“安庆阮衙藏版”。

2. 日本宽政七年（1795年，清乾隆六十年），隆盛堂翻刻《木经全书》本（简称“隆本”）。1971年日本渡边书店影印桥川时雄藏本。

3. 日本宽政七年（1795年），抄录华日堂翻刻《名园巧夺天工》本。

4. 民国二十年（1931年），陶湘石印本，收入《喜咏轩丛书》。此本卷一、卷二据明崇祯刻本影印，卷三据抄本重印。一册，行格同明崇祯八年刻本，内封题“涉园陶氏依崇祯本重印／辛未三月书潜题”。

5. 民国二十一年（1932年），营造学社铅印本（简称“营造本”）。此本三卷，一册，每半页十行，每行二十三字，黑口四周单边，单黑鱼尾。版心中镌书名卷次，下镌“营造学社”。前列朱启钤《重刊园冶序》、阚铎《园冶识语》、阮大铖《冶序》、计成自序、郑元勋《题词》。牌记为“共和壬申（1932年）中国营造学社依明崇祯甲戌安庆阮氏刻本重校印”。

6. 民国二十二年（1933年），大连右文阁铅印本。

《园冶》是一部在世界园林史上有重要影响的著作。作者在书中除了阐述对园林艺术的精辟见解外，并附有园林建筑插图235幅。在行文上，《园冶》采用以“骈四俪六”为特征的骈体文，语言精当华美，在文学史上亦有一定地位。

天逸斋主人
己丑年二月于十米居

【注释】〔1〕吴氏园：明天启三至四年（1623～1624年），计成应常州罢官文人吴玄之邀，为其设计并建造了一处面积约5亩的园林，即“东第园”，此为计成的成名之作。

〔2〕汪氏园：崇祯五年（1632年），中翰汪士衡请计成在江苏仪征县城西建成“寤园”，即清康熙《仪真县志·名迹》中的“西园”。《名迹》中如是记载：“西园，在新济桥，中书汪机置。园内高岩曲水，极亭台之胜，名公题咏甚多。”此园既成，计成名噪一时。

自序

【原文】 不佞[1]少以绘名，性好搜奇，最喜关仝、荆浩[2]笔意，每宗之。游燕及楚[3]，中岁归吴[4]，择居润州[5]。环润皆佳山水，润之好事者，取石巧者置竹木间为假山，予偶观之，为发一笑。或问之："何笑？"予曰："世所闻有真斯有假，胡不假真山形[6]，而假迎勾芒者之拳磊乎[7]？"或曰："君能之乎？"遂偶为成"壁"，睹观者俱称："俨然佳山也！"遂播闻于远近。适晋陵方伯吴又于公闻而招之[8]。公得基于城东，乃元朝温相[9]故园，仅十五亩。公示予曰："斯十亩为宅，余五亩，可效司马温公'独乐'制[10]。"予观其基形最高，而穷其源最深，乔木参天，虬枝拂地。予曰："此制不第[11]宜掇石而高，且宜搜土而下，令乔木参差山腰，蟠根嵌石，宛若画意；依水而上，构亭台错落池面，篆壑[12]飞廊，想出意外。"落成，公喜曰："从进而出，计步仅四百，自得谓江南之胜，惟吾独收矣。"别有小筑，片山斗室，予胸中所蕴奇，亦觉发抒略尽，益复自喜。时汪士衡中翰[13]，延予銮江[14]西筑，似为合志[15]，与又于公所构，并驰南北江焉。暇草[16]式所制，名《园牧》尔。姑孰曹元甫先生[17]游于兹，主人偕予盘桓信宿。先生称赞不已，以为荆关之绘也，何能成于笔底？予遂出其式视先生。先生曰："斯千古未闻见者，何以云'牧'？斯乃君之开辟[18]，改之曰'冶'可矣！"

时崇祯辛未之秋杪，否道人暇于扈冶堂中题

【注释】 [1]不佞：不才，自谦之词。佞，多指巧谄善辩，此处指才。

〔2〕关仝、荆浩：都是五代时画家，以善绘山水闻名。

〔3〕游燕及楚：燕，燕国，在今河北北部和辽宁南部；楚，楚国，在湖北湖南一带。

〔4〕吴：吴国，在长江中下游和东南沿海一带。此处作者指自己家乡江苏。

〔5〕润州：隋代州名，治所在今镇江市。

〔6〕胡不假真山形：何不借用真山的形态？胡，疑问代词。

〔7〕而假迎勾芒者之拳磊乎：勾芒，指春神；拳磊，用小石头堆积起来。

〔8〕适晋陵方伯吴又于公闻而招之：晋陵，古县名，在今江苏常州；方伯，对布政使的恭称，又称藩台、藩司，明清时期主管省一级民、财政的官员；吴又于，万历进士，曾任江西布政使。

〔9〕温相：指元代温国罕达，曾任集庆节度使。

〔10〕可效司马温公“独乐”制：司马温公，指司马光，死后追封温国公；独乐，司马光曾在洛阳城南筑“独乐园”。

〔11〕不第：不但。

〔12〕篆壑：沟壑似篆书形状。

〔13〕中翰：官名，明清时内阁中书。

〔14〕銮江：古县名，在今江苏省仪征县。

〔15〕合志：志趣相合。

〔16〕草：草稿、初稿。

〔17〕姑孰曹元甫先生：姑孰，古城名，在今安徽当涂县；曹元甫先生，安徽当涂人，著有《博望山人稿》。

〔18〕开辟：开创。

【译文】 我在少年的时候就因绘画而闻名，生性爱好搜寻奇妙的胜景，最喜爱关仝、荆浩笔下的意境，常以他们为师。我游历了北方的燕地和南方的楚地，到中年的时候回到家乡江苏，选择了在镇江居住，镇江四周都是优美的山水风光。有爱好园林的人，取用形状怪巧的石头放置在竹树林间作为假山。我偶然看见这些假山，不觉为之一笑。有人问我：“你为什么发笑？”我回答说：“我听说世上有真的就有假的，为何不借用真山的形态，而要假得像迎春神似的，用拳头般大小的石头堆垒呢？”有人问：“你能办到吗？”于是因这个偶然的机会我为他们叠了一座峭壁山，一旁观看的人称赞不已：“就好像峻美的真山一样！”于是我制作假山的声誉远近闻名。恰巧，常州有位做过布政使的吴又于公闻名来邀请我去。吴公在城东购买了一块土地，这块地原是元代相国温国罕达的故园，只有十五亩。吴公对我说：“用十亩土地建造住宅，剩余的五亩可以仿效宋代温国公司马光‘独乐园’的形制建造园林。”我察看了园址情况，地势很高，而探查其水源又很深，乔木高耸，上干云霄，虬枝低垂，下拂地面。我说：“这里的地形不仅应选用合适的石头垒山以增加高度，还应挖去一些泥土以增加深度，使乔木在山腰形成高低错落之势。裸露地面的盘根处嵌入石头，就好像山水画的意境一样；再沿着池边的山坡修建亭台，使池子的水面泛起参差错落的倒影，挖掘篆书般曲折的沟壑，上面架飞廊，将呈现出意想不到的意境。”园林建造完成后，吴公喜笑颜开地说：“从步入园林到走出园林，用脚步计算约有四里，我自认为江南的胜景，已尽收我这个园中了。”还有一些小型建筑，虽是些片山斗室，但我认为胸中所蕴藏的奇思妙想，也基本上得以尽情发挥，自己愈加感到高兴。时值内阁中书汪士衡，邀请我到銮江县城西去修建园林，我的构思似乎很合他的志趣。他的这个园林与吴又于公所建造的园林，一并驰名于江南江北。闲暇的时候我整理自己的草稿和图式，取名《园牧》。姑孰县的曹元甫先生云游到銮江，主人与我一道陪他参观、住宿两天。曹元甫先生对园林称赞不已，认为就像荆浩、关仝的山水画一样，并问我何时能用笔写成著作。于是我拿出写的书稿给曹元甫先生过目，曹元甫先生说："这是自古以来未曾听过见过的，为何要取名为'牧'呢？这可是你的创造，应把它改名叫'冶'才行！"

时值崇祯四年（1631年）秋末，否道人空闲时写于扈冶堂中

冶叙

【原文】 余少负向禽志，苦为小草所绁。幸见放，谓此志可遂。适四方多故，而又不能违两尊人菽水，以从事逍遥游，将鸡埘、豚栅、歌戚而聚国族焉已乎？銮江地近，偶问一艇于寤园柳淀间，寓信宿，夷然乐之。乐其取佳丘壑，置诸篱落许；北垞南陔，可无易地，将嗤彼云装烟驾者汗漫耳！兹土有园，园有“冶”，“冶”之者松陵计无否，而题之“冶”者，吾友姑孰曹元甫也。无否人最质直，臆绝灵奇，侬气客习，对之而尽。所为诗画，甚如其人，宜乎元甫深嗜之。予因剪蓬蒿瓯脱，资营拳勺，读书鼓琴其中。胜日，鸠杖板舆，仙仙于止。予则“五色衣”，歌紫芝曲，进兕觥为寿，忻然将终其身。甚哉，计子之能乐吾志也，亦引满以酌计子。于歌余月出，庭峰悄然时，以质元甫，元甫岂能已于言？

崇祯甲戌晴和届期，园列敷荣，好鸟如友，遂援笔其下。

石巢阮大铖

【译文】 我在少年的时候就怀着像长平、禽庆那样隐逸山林的志向，苦于被仕途所羁绊而不能实行。幸而我被罢官放逐回家，自认为可以实现自己的这个志向了。时值天下战祸频发，且我又不能放弃对父母大人的孝养，自个逍遥云游。我难道从此将与鸡窝、猪圈相伴，与家人故旧厮守终身吗？我家乡离銮江很近，偶然雇得一艘小船来到寤园柳淀之间，住宿了两夜，过得很是愉快。我喜爱这里美丽的景观，所有幽美的丘壑都罗列在篱落之间。却有自然山水的意境。北上可游山水园林，南下家乡可孝养父母双亲，何必再去遥远的地方去云游，可笑那些超然世外、漫无边际的仙游之举了！这个地方有园林，园林就需要创造。写出造园著作是松陵县的计无否，而将其书题名为《园冶》的人，是我的友人——姑孰县的曹元甫。计无否此人很质朴直率，想象力、悟性不凡，全无庸俗虚伪的习气。他所作的诗画，和他自己很像，这大概是元甫非常喜欢他的缘故吧。因此我清除了一块边隅地上的杂草，花费资财建造山水园林，在园中读书抚琴。佳节吉日，扶杖驱车迎奉父母，在园林中轻歌曼舞。我效仿老莱子穿上“五色衣”，唱起《紫芝曲》，为父母敬酒贺寿，就这样悠闲快乐了此一生。太好了，计无否的才能使我的志向得到满足，我也斟满酒杯酬敬计无否。当歌舞停罢，月儿升起，庭峰寂静的时候，我就这段文字去征询元甫的意见，元甫还能说什么呢？

崇祯七年（1634年）四月，满园欣欣向荣，小鸟依人，于是在此美景之下提笔书写。

石巢阮大铖

题 词

【原文】 古人百艺，皆传之于书，独无传造园者何？曰："园有异宜[1]，无成法，不可得而传也。"异宜奈何？简文之贵也，则华林[2]；季伦之富也，则金谷[3]；仲子之贫也，则止于陵片畦[4]。此人之有异宜，贵贱贫富，勿容倒置者也。若本无崇山茂林之幽，而徒假其曲水[5]；绝少"鹿柴""文杏"之胜[6]，而冒托于"辋川"[7]，不如嫫母傅粉涂朱[8]，只益之陋乎？此又地有异宜，所当审者。是惟主人胸有丘壑，则工丽[9]可，简率[10]亦可。否则强为造作，仅一委之工师、陶氏[11]，水不得潆带之情，山不领回接之势，草与木不适掩映之容，安能日涉成趣哉？所苦者，主人有丘壑矣，而意不能喻之工。工人能守不能创，拘牵绳墨[12]，以屈主人，不得不尽贬其丘壑以徇，岂不大可惜乎？此计无否之变化，从心不从法，为不可及；而更能指挥运斤[13]，使顽者巧、滞者通，尤足快也。予与无否交最久，常以剩水残山，不足穷其底蕴，妄欲罗十岳[14]为一区，驱五丁[15]为众役，悉致琪花瑶草[16]、古木仙禽，供其点缀，使大地焕然改观，是一快事，恨无此大主人[17]耳！然则无否能大而不能小乎？是又不然。所谓地与人俱有异宜，善于用因，莫无否若也[18]。即予卜筑[19]城南，芦汀柳岸之间，仅广十笏[20]，经无否略为区画[21]，别现灵幽。予自负少解结构，质之无否，愧如拙鸠。宇内不少名流韵士，小筑卧游，何可不问途无否？但恐未能分身四应，庶几[22]以《园冶》一编代之。然予终恨无否之智巧不可传，而所传者只其成法，犹之乎未传也。但变而通，通已有其本，则无传，终不如有传之足述。今日之国能，即他日之规矩，安知不与《考工记》[23]并为脍炙乎？

崇祯乙亥午月朔，友弟郑元勋书于影园

【注释】〔1〕异宜：异，不同；宜，适宜。指不同事物各有其不同的适应性。

〔2〕简文之贵也，则华林：简文，指南朝梁简文帝萧纲（503—551年），其人长于诗赋；华林，指华林园。

〔3〕季伦之富也，则金谷：季伦，指西晋石崇（249—300年），是当时著名富豪；金谷，即金谷园，是石崇在洛阳建造的著名园林。

〔4〕仲子之贫也，则止于陵片畦：仲子，即陈仲子，出身贵族，其兄拥有大量财富，他认为这是不义之财，于是避开兄长，逃到于陵（今山东省长山县）过着贫困的生活；片畦，一小块菜圃。

〔5〕曲水：曲水流觞，古人的一种劝酒方式。王羲之《兰亭集序》中说："此地有崇山峻岭，茂林修竹，又有清流激湍，映带左右，引以为流觞曲水。"所以，这里用"曲水"来指山水绝佳之地。

〔6〕绝少"鹿柴""文杏"之胜：鹿柴，王维"辋川别业"中的一景，王维《鹿柴》诗有"空山不见人，但闻人语响。返景入深林，复照青苔上"；文杏，杏树的一种。

〔7〕辋川：指唐代诗人王维的"辋川别业"。

〔8〕不如嫫母傅粉涂朱：嫫母，古代传说中的丑妇，皇帝的第四妃；傅粉涂朱，即涂脂抹粉。

〔9〕工丽：工致精巧。

〔10〕简率：简朴。

〔11〕工师、陶氏：工师，指木工工匠；陶氏，指瓦匠。

〔12〕拘牵绳墨：拘泥于绳墨而不知变化。绳墨，木匠画直线用的工具。

〔13〕运斤：挥动斧头。斤，斧头。

〔14〕十岳：比喻天下名山。

〔15〕五丁：神话传说中的五个力士。

〔16〕琪花瑶草：仙境中的花草。

〔17〕大主人：喻有大财力的园林主人。

〔18〕莫无否若也：没有像计无否这样的人了。若，如、像。

〔19〕卜筑：选择地势进行建筑。卜，占卜。

〔20〕笏：又称手板、玉板或朝板，是古代臣下上殿面君时的工具，以记录君命或圣意，也可将上奏之话记在笏板上。《礼记》中载："笏长二尺六寸，中宽三寸。"古代官吏上朝的"朝笏"，这里比喻空间很小。

〔21〕区画：规划。

〔22〕庶几：也许可以。

〔23〕《考工记》：中国春秋时期记述官营手工业各工中规范和制造工艺的文。西汉初期因《周礼·冬官》散失，遂以《考工记》作补，从而保存在《周礼》中传世。《考工记》是中国目前所见年代最早的手工业技术文献，该书在中国科技史、工艺美术史和文化史上占有极其重要的地位。

【译文】 古人的工艺技术，都有著述流传下来，为何唯独没有建造园林的著作呢？有人说："园林的建造因人、因地、因时而各有'异宜'，没有固定的建造法则，因而就不可能写成专著流传下来。"异宜怎样理解？南北朝时梁朝的简文帝以帝王之贵，建造了华林园；西晋的荆州刺史石季伦敌国之富，建造了金谷园；战国时齐国的陈仲子很贫穷，只能在于陵这个地方拥有一小块菜园。这就是由于人有贵、贱、贫、富的不同，而园也随之"异宜"，是不能轻易颠倒的。如果本来就没有崇山茂林的幽雅环境，而非要冠以"流觞曲水"之名；基本上没有"鹿柴""文杏"之类的优美景色，却要假冒唐代王维"辋川别业"的名胜，这就如同丑妇嫫母涂脂抹粉，不是更显得丑陋了吗？这是由于地理环境的不同，而园也应当随之"异宜"，是应审慎考虑的。只要主人心中构思了山水意象，建造园林时精工华丽也行，简朴粗疏也行。否则勉强建造，一切依赖于木工泥瓦匠，势必使水失去潆洄环带的情趣，使山无法显出迂回相接的气势，使花草与树木缺少遮掩衬托的意态。这怎能在日常生活中陶冶情趣呢？苦恼的是，主人心中构思有山水意象，其意却无法让工匠们心领神会。工匠只能墨守成规，不能变通创新，主人只好委屈求成，不得不舍弃自己所构思的山水意象去迁就工匠们，这不是大为可惜吗？计无否的园艺变化，依从心灵感悟而不依从现成法则，这是常人难以企及的；并且他能现场指挥，建造的技艺出神入化，能使顽夯的石头变得灵奇，使郁塞的空间疏通而流动，尤其令人称赞。我与计无否交往最为长久，常感到小规模的山水景观无法充分展示他深厚的园艺才智。因此总幻想如果把天下的名山网罗在一个地方，把大力神仙作为役卒供他驱使，把琪花、瑶草、古木、仙鸟全都取来，供他点缀装饰，使大地的面貌焕然一新，那真是一件大快人心的事情！遗憾的是没有这样的大主人。那么，计无否只能设计建造大园林而不能设计建造小园林吗？并非如此。所谓地理环境与人都有异宜，在善于利用不同的具体环境这方面，没有像计无否这样的人了。就拿我选择在城南建造的园林来说，地处长有芦苇的湖水与长有柳树的湖岸之间，园基面积很小，经计无否稍加设计，就特别显现出空灵幽静的境界。我自恃懂得一些园艺，但与计无否相比起来，就像不会筑巢的笨鸠一样。天下许多风雅之士，想建造小园林享受山水情趣，怎可不去向计无否请教呢？但恐怕他不能分身四处应对，或许可用他所写的《园冶》一书来代劳。然而我最终感到遗憾的是，计无否的园艺才智不可能传承下去，所能传承的只不过是他的成法，这就等于没有得到传承。但要灵活变通，需要有所根据，虽不能尽传，总不如有所传承而让人有所遵循好。计无否堪称当今国家之能手，《园冶》即是后世的法则，怎么知道它不能与《考工记》一并被后世所传颂呢？

崇祯八年（1635年）五月初一，友弟郑元勋写于影园

目 录

卷二

卷三

□ 正大光明

于雍正三年（1725年）建成，是圆明园的正殿。这部分的建筑是完全依照紫禁城里太和殿复制而成的。这里既是朝会听政的地方，同时又是举行重大庆典的地方。每年万寿宴（皇帝生日）、千秋宴（皇后生日）都要在这里举行。从乾隆朝起，每年清帝在圆明园必设“上元三宴”，即正月十四日宗亲宴，正月十五日外藩宴，正月十六日廷臣宴。其中外藩宴、廷臣宴也都是在正大光明殿举行的。皇帝每年举行生日受贺、新正曲宴亲藩、小宴廷臣、中元筵宴、观庆龙舞、大考翰詹、散馆乡试及复试都在此处。

其殿堂高约39米，宽约19米，有7根直径约84厘米的柱子竖立在约1.2米高的台阶上。其设计典雅端庄，面宽七间、进深三间，带周围廊，采用灰色筒瓦的歇山顶，带斗拱，红色菱花门窗装修，坐落在较高的台基上。此景包括大宫门、正大光明殿和东西配殿等院落，是入园后的第一组建筑。正大光明殿高大庄严，殿上悬雍正手书“正大光明”四字匾额。

□ **勤政亲贤**

建于雍正年间，它西与正大光明毗邻，功能类似于紫禁城内的养心殿。

勤政亲贤殿规模较大，南北长150米，东西宽170米，占地面积2.5万平方米，建筑面积6750平方米。殿内明间设宝座，后屏风上刻乾隆帝御书《无逸》篇；后楹高悬雍正帝御书额“为君难”，东壁陈乾隆帝御制《创业守成难易说》，西壁陈御制《为君难跋》。勤政亲贤殿东面的芳碧丛是清帝经常在夏天办公和用膳的场所；芳碧丛后面是面阔九间、前出抱厦三间的保合太和殿，殿内设有东西暖阁；再往北就是收藏有各种名贵字画、西洋雕刻和文具的富春楼。东为飞云轩、静鉴阁，北为怀清芬、秀木佳荫、生秋庭。静鉴阁东为保合太和、富春楼、竹林清响。

□ **九洲清晏**

建于康熙朝后期，其名寓意九洲大地河清海晏，天下升平，江山永固。九洲清晏位于圆明园西部。南面是前湖，与“正大光明”相隔；北边是后湖，后湖周围有九个人工岛，九洲清晏就在其中一个小岛上，占地约70万平方米，位于圆明园九洲地区的中轴线上。

九洲清晏由三组南向大殿组成，从南到北依次为圆明园殿、奉三无私殿、九洲清晏殿；中轴东有“天地一家春”，为后妃居住的地方；西有“乐安和”，是乾隆的寝宫；再西有清晖阁，北壁悬挂巨幅圆明园全景图，原图现存法国巴黎博物馆；道光十年（1830年）又在“怡情书史”附近建起“慎德堂”等殿宇，都是皇帝寝宫。

□ 镂月开云

建于康熙后期，位于“九洲清晏”之东，面临后湖。四周有水环绕，其西有小桥与九洲清晏相通，其西北过小桥可到“天然图画”，东南有小桥与“勤政亲贤”相通。“镂月开云”原名牡丹台，康熙六十一年（1722年）牡丹花开时，皇四子胤禛曾奉迎清圣祖到此赏花，清圣祖降旨允许胤禛之第四子弘历（即后来的清高宗）扈侍左右，时弘历年仅十二岁。乾隆九年（1744年），易牡丹台之名为“镂月开云”，乾隆三十一年（1766年），清高宗亲书纪恩堂匾额。其殿五间，四出陛，以香楠为材，覆二色瓦，前置牡丹数百本，后列古松。

□ **天然图画**

位于九洲景区后湖东岸，“镂月开云”北面。建于康熙后期，旧称竹子院。其主体建筑为一方楼，楼北为朗吟阁、竹薖楼、五福堂、竹深荷静，西为静知春事佳，东为苏堤春晓。

临湖建有朗吟阁和竹薖楼，登楼可远眺西山群岚，中观玉泉万寿塔影，近看后湖四岸风光，景象万千，宛如天然图画一般。此景的园林植物配置也独具匠心，院内有翠竹万竿，双桐相映。五福堂阴，有玉兰盛开。该株玉兰为圆明园初建时所植，弘历儿时常至花下游，视其为同庚。此树被称作御园玉兰之祖。乾隆五十一年（1786年），弘历年龄已近八十，偶至堂前对花，多有感慨而成诗一首《五福堂玉兰花长歌志怀》，诗中说道：“御园中斯最古堂，其年与我相伯仲。清晖阁松及此花，当时庭际同植种。……忆昔少年花开时，乐群敬业相媳怡。”诗成后刻卧碑之上，立于花旁，并令饰新轩牖，点缀文石。东为“五福堂”，悬康熙御书三字匾，嘉庆帝幼年时赐居于此。

□ **碧桐书院**

建于康熙后期，旧称梧桐院，位于九洲清晏景区后湖东北角。书院南北长120米，东西宽115米，占地13500平方米。书院前殿三楹，中殿、后殿各五楹。南与天然图画为邻，西与慈云普护隔水相望，其西岩石上为云岑亭。碧桐书院是圆明园较早建成的一组建筑，雍正时期名曰“梧桐院”。碧桐书院四面环山，林木茂密，是一处非常清静的地方。建筑由错落有致，形态各异的大小院落组成，共三进院落，正殿檐下悬有雍正御书“碧桐书院”匾额。正殿内还设供皇帝休息的床、炕等。书院周围种植有大量梧桐树。古人将梧桐树喻为高洁、正直的象征，认为梧桐树能招来凤凰。雍正帝常年在此读书。乾隆皇帝在诗中也曾赞美道“月转风回翠影翻，雨窗尤不厌清喧。即声即色无声色，莫问倪家狮子园”。

□ 慈云普护

慈云普护位于九洲景区正北，是一处寺庙园林。建于康熙后期，景名“涧阁”。雍正继位后，升格为御园。慈云普护欢喜佛场殿内供奉的是藏教密宗欢喜佛；正殿慈云普护供观音菩萨；龙王殿内供龙王；自鸣钟楼的自鸣钟用于提醒皇帝早起理政。该景区建筑虽少，但实用功能很强。

□ 上下天光

上下天光是圆明园较早修建的一组建筑，于雍正年间建成。其命名来自北宋文豪范仲淹的传世名作《岳阳楼记》中的诗句“至若春和景明，波澜不惊，上下天光，一碧万顷”。除了“上下天光”之外，“一碧万顷”也被用于命名园中的其他景区。

上下天光的主体建筑为“涵月楼”，是一座两层敞阁，外檐悬挂乾隆御笔“上下天光”。涵月楼是一组临水的建筑，前半部分延伸入水中，左右两侧各有一组水亭和水榭，用九曲桥连接在一起。这组建筑也因此而极为唯美巧妙。

至道光七年（1827年），上下天光景区发生了极大的变化，原本的九曲桥、水亭和水榭被拆除，主体建筑“涵月楼”也改建为模仿嘉兴烟雨楼而建造的“烟雨楼”。这次改建使原有的意境大为受损，但韵味犹存。

咸丰年间，在烟雨楼北侧搭建天棚，并恢复旧称“上下天光”。

□ 杏花春馆

杏花春馆位于九洲景区西北，为该景区最高点，意仿祖国之西北昆仑山。康熙年，胤禛称其为“菜圃”，雍正四年易本名，占地 22000 平方米，建筑面积 1200 平方米，是一处以农村景象为题材的园林景观。

整个景群的建筑布局具随意性，矮屋疏篱，纸窗木榻。馆前的菜圃里根据不同的季节，种植有各类瓜果、蔬菜，有着浓郁的田园风味。盛时的杏花春馆，一到春季，杏花烂漫，这时皇帝总要来到这里一面品尝美酒，一面欣赏杏花。

杏花春馆的叠山艺术很高，与廓然大公、狮子林的堆山有同等的艺术价值。其东北是山石加土山，以土山为主，山中有山道和城关。其中部围绕着主要建筑的山峰为太湖石堆叠。与坦坦荡荡交界处为青石堆叠且有山洞及山亭装点。

□ **坦坦荡荡**

建于康熙末年，初称“金鱼池”，占地面积1050平方米。分南北两大景区，南面是一组中式建筑，中间一间正殿，外檐悬挂乾隆皇帝御笔“素心堂”匾。此堂一般是皇太后及帝后游玩、休息的地方。

在中式建筑的北面为“坦坦荡荡”的主要建筑——圆明园内最大的观鱼池。观鱼池平面呈正方形，中间建有一敞榭，外檐悬挂有乾隆御笔“光风霁月”匾。此处的整体布局与杭州的“玉泉鱼跃”颇为相似。乾隆皇帝非常喜欢这里，每次到圆明园必来此处，并在此咏诗数首。

□ 茹古涵今

茹古涵今位于九洲清晏西侧，东临后湖，占地 9000平方米，建筑面积3300 平方米。

本景修建于乾隆四年（1739年）前后，共有殿宇、房间、游廊、平台 39 座 148 间（游廊 73 间），重檐大亭一座，垂花门一座，随墙门五座。乾隆三十三年（1768年）有较大的改建。

本景为皇帝冬季读书之地，装修较豪华。室内有楠木樘板，四面窗装饰有紫檀木窗框，楠木窗芯。该景盛时植有松柳，竹香斋前为竹林。

茹古涵今主体为方形大殿，殿内悬挂有乾隆御笔“韶景轩”。韶景轩位于本景区最北部，韶景轩二楼是欣赏西山及后湖最佳的地点。为了更好地欣赏西山及后湖景色，茹古涵今四周很平坦，没有高山，其余建筑修建得也较矮。

茹古涵今四周宽敞清幽，一直是清朝皇帝与大臣谈古论今、吟诗作画的地方。景区内还珍藏着大量清朝历代皇帝及大臣们的书画原件。

□ 长春仙馆

长春仙馆位于前湖西面，正大光明殿之西，茹古涵今之南。南邻园墙，四围山环水绕，是一处园中园式的建筑风景群。始建时间不晚于雍正四年（1726年），初名莲花馆。该馆有殿门3间，正殿5间。自雍正七年（1729年）起是皇太子弘历的赐居之处，并赐号为“长春居士”，嘉庆皇帝即位之初亦曾寝居于此。道光中叶改建九洲清晏帝后寝宫区时，亦曾寝居于本景。本景可谓御园第二处帝后寝宫区。

长春仙馆四面环水，进出由木桥与其他景区相连接，岛上由四个院落组成，其中东院为正院，是一个完整的小四合院，由倒座房、垂花门、东西厢房、正房组成。正房外檐下挂乾隆御书“长春仙馆”。乾隆四十二年（1777年）乾隆生母孝圣皇太后去世，这里便改成了佛堂，以表示乾隆对其母后的思念之情。长春仙馆西边为绿荫轩、丽景轩、春好轩。它们曾是弘历年轻时读书的地方，嘉庆、道光时期又一度是嫔妃居住的寝宫。长春仙馆岛的西岸还建有御膳房、御茶房、御药房、太监值班房等。

长春仙馆正北跨溪建有亭桥一座，名曰“鸣玉溪”。

□ 万方安和

位于后湖西侧，建于雍正五年（1727年），旧称万字房。万方安和轩，造型独特，风景秀丽，四时皆宜择优居住。

万方安和建筑平面呈“ 卍 ”字形，整个汉白玉建筑基座修建在水中，基座上建有三十三间东西南北室室曲折相连的殿宇。这里是雍正皇帝最喜欢的景区。

万字房四面临水，中间设皇帝宝座，宝座上方悬挂有雍正御书“万方安和”。西路为一室内戏台，此戏台设计得十分巧妙，唱戏者在西北殿而皇帝则坐在正西的殿内观戏，中间用水相隔。

万字房的东南为一临水码头，皇帝平时来万方安和一般是坐船直接到此码头上岸。万方安和对岸建有一座十字大亭俗称“十字亭”，十字亭顶还安设一个铜凤凰，十字亭周围栽种了许多珍贵花卉、树种。

□ **武陵春色**

建于康熙五十九年（1720年）前，初名桃花坞，乾隆时更名“武陵春色”，弘历少年时曾被雍正赐居此处读书三年，书斋名“乐善堂”。

武陵春色位于万方安和之北，四面青山环抱，山外小河环绕。岛的东部三面为山，中间有一汪湖泊，从而形成了水绕山，山抱水，河绕岛行，岛中有湖的景观。湖的西边又是一溜青山，中间为一个狭长而不规则的小平原，从西边山脚下流出的一条小溪，小溪的南北有一个与世隔绝的小村落，这就是《桃花源记》中所说的世外桃源。村落的北半部坐落在北边隐蔽的山坳里，有“桃源深处”“品诗堂”“桃花坞”“绾春轩”等殿宇。西北山边松桃掩映之下有一个小亭，南部山脚下也有一个小亭。村子的南部有由游廊合围而成的大院落，中有“全碧堂”等较大殿宇建筑。在武陵春色东南部的山中有一条小河“桃花溪”。青石架起的“桃源洞”横跨于桃花溪上。

□ 山高水长

建于雍正年间，初称“引见楼”，从雍正起，每年灯节前都要在这里设宴，招待外藩和外国使臣。元宵节时在此处举办大型皇家烟火盛会，从正月十三日起至十九日止。

山高水长楼群位于圆明园的西南一处空旷之地，俗称“西园”或“西苑”，为一座西向的两层楼房，上下各9间；前环小溪后拥连岗，中间地势平坦，是专门设宴招待外藩之处，乾隆皇帝亲赐名曰“山高水长”。

山高水长是皇帝宴请外藩王公和各国来使观看火戏、杂耍的场所。每逢年节常在引见楼前广场搭设蒙古包，举行“武帐宴”，以顺外域俗尚。平时这里也是皇帝观看侍卫、皇子的较射场所。

□ 月地云居

月地云居位于圆明园西面，鸿慈永祜之南。整组建筑背山临流，松色翠密，显得十分庄重。山门前建有四柱三楼式牌楼一座，山门为三间，门额曰“清净地”。山门内东西为钟、鼓楼。过钟、鼓楼便可看见一座方形重檐攒尖顶大殿，前殿外檐悬挂有乾隆御书“妙证无声”九龙边铜镀金字匾。妙证无声殿后为“月地云居”殿，殿内供奉三世佛。月地云居殿东西各建有八方重檐亭一座，亭内供奉有必密佛与大威德金刚。月地云居殿后是藏经楼，外檐悬挂有乾隆御书九龙边铜镀金字“莲花法藏”。藏经楼内不但供奉有“无量寿佛”，还收藏有大量经文。

月地云居在乾隆、嘉庆朝时期佛事十分频繁，每到重大佛事活动时，这里均有大型活动。每月的初一、十五，只要乾隆在圆明园内居住，必定亲自来月地云居拈香、磕头。

□ 鸿慈永祜

鸿慈永祜又称安佑宫，皇家祖祠，乾隆八年（1743年）建成，位于圆明园西北隅。

其仿景山寿皇殿建造，为圆明园内规格最高的建筑，重檐歇山顶，九楹，黄琉璃瓦。殿内正中为康熙帝神像，东为雍正帝神像，西为乾隆帝神像。殿门前为两道琉璃牌坊，各有华表一对。北为紫碧山房。

安佑宫有两道宫门。第一道门为琉璃门，上挂“鸿慈永祜”匾额。第二道门才是安佑宫的宫门。门内是第二道围墙形成的大院。北边汉白玉雕砌的高台上，巍然矗立着一座九楹的高大殿堂，这就是安佑宫。安佑宫面阔44.4米，进深20.1米，是圆明园内最壮丽的殿堂。殿前的月台上安置有鼎炉五座，铜鹿、铜鹤各一对，殿前两侧再配以碑亭、配殿，加之周围郁郁葱葱高大挺拔的苍松翠柏、浓荫蔽日，气氛庄严肃穆。殿中供奉着康熙、雍正的遗像。乾隆、嘉庆、道光死后，也被供奉在这里。

安佑宫是园中皇帝的祖祠。凡皇帝从城内故宫来到圆明园、从御园回到宫中、外出巡游和回园、正月十五上元日、七月十五中元日、清明、当今皇上的生日、先皇的诞辰与忌日等等，皇帝都要到这里叩拜行礼。安佑宫的祭祀无论寒暑风雨，都必须由皇帝亲自主持，届时，皇帝亲率子孙、宗室亲王向先帝神御跪拜，乞求他们的保佑。

□ **汇芳书院**

建成于乾隆七年（1742年），位于圆明园北面，紫碧山房之南，安佑宫之东，是一处书院式的园林景观，占地面积1600平方米。汇芳书院西、南、东三面都有水池。这里环境优美，景色宜人，是一组书院型园林。

其宫门外檐悬挂乾隆御笔“汇芳书院”，院内建有抒藻轩、涵远斋、翠照轩等建筑，抒藻轩内还建有戏台，乾隆经常在此读书看戏。抒藻轩东面为月牙形平台殿，一层殿外檐挂有乾隆御书“眉月轩”匾，二层为一平台，站在平台上可远观圆明园西北景区。

在汇芳书院东南还建有一敞厅，外檐悬雍正御书“问津”。在问津的东面立有一个石牌坊，牌坊楣额刻有乾隆御书“断桥残雪”。断桥残雪是西湖十景之一。

□ 日天琳宇

位于武陵春色西北部，占地面积1.7万平方米。于雍正年间建成，最初叫佛楼，乾隆九年（1744年）改称“日天琳宇”。楼式规制皆仿雍和宫后佛楼，此地亦是御园斗坛所在地。

此处为一处大型皇家寺院，分西、中、东三部分。西边为并排两组佛楼，两组佛楼后部各建有后罩楼，前后楼由穿堂楼相连接，正面作不对称处理。偏西的佛楼楼下殿内悬挂乾隆亲笔御书“日天琳宇”，楼上供奉玉皇大帝。在楼的西南边为一转角楼，是座太岁坛。偏东的佛楼外檐悬雍正御书“极乐世界”匾，楼上供奉关帝。两座佛楼都供有众多佛像及大量手抄经文等。二楼规制皆是仿照雍和宫建造。

在佛楼东面建有供奉龙王的龙王庙，庙的山门悬挂有雍正御书“瑞应宫”匾。在乾隆朝后期，瑞应宫内又添建了雷神殿，殿内供奉雷神一尊。

日天琳宇在雍、乾时期每年正月初九玉皇大帝生日或正月十五日上元节都要举行大规模宗教活动，皇帝每次都要亲自来磕头、上香。

□ 澹泊宁静

澹泊宁静又称田字房。雍正初年建成，是清帝观稼验农之所。主体建筑是一个田字殿，四面均可欣赏风景，殿北面是一片水田，文源阁修好可北望文源阁。南面是平静的小湖，东面为一片松林，而向西可欣赏映水兰香景区。澹泊宁静是帝后在西北部的一处主要的休息寝宫，其殿内设有宝座，北面还安设有床，乾隆皇帝在西北部游览或在文源阁读书累了，便喜欢在此休息并进膳。殿东为曙光楼，北为翠扶楼，西门外为多稼轩，东为观稼轩、稻香亭，东北为溪山不尽和兰溪隐玉，西南为水精域、静香屋、招鹤磴、互妙楼。

本景宫殿的外形是一个汉字的形状："田"。"田"意为耕地，农业是封建帝国的命脉，皇帝每年都要在这儿举行犁田仪式。

□ 映水兰香

位于“澹泊宁静”之西，始建不晚于雍正朝前期，正殿七间悬匾“多稼轩”，雍正帝即有该轩“劝农诗”。

映水兰香之建筑为西向，五楹。其东南为钓鱼矶，北为印月池，池北为知耕织，又北稍东为濯鳞沼。西南为贵织山堂，是祀蚕神之所。以上除“映水兰香” 额为清高宗所亲书，其余额均为清世宗御笔。

□ 水木明瑟

雍正五年（1727年）建成，时称“耕织轩水法”，园林主题是用西洋水法引水入室，推动风扇，供皇帝消暑。它是我国引进西欧人工喷泉技法之始。

水木明瑟主体建筑临溪而建，名叫丰乐轩。在丰乐轩北为“知耕织”和“濯鳞沼”殿。丰乐轩东北即著名的“水木明瑟”殿。“水木明瑟”殿又俗称风扇房，将水引入殿宇，模仿西洋水法，利用水力推动风扇，既图凉快，又有水声，泠泠瑟瑟。在炎热的夏天这里一直是帝后避暑的好地方。

□ 濂溪乐处

位于圆明园北面，汇芳书院之东南。又称“慎修思永”，为园内主要游憩寝宫之一。

占地面积2万平方米，是圆明园较大的园中之园。

园中心是一个被湖面和小溪围绕的大岛，岛略偏西北，东南水面较广，湖四周被山团团围住，山水连成一片。

正殿九楹，后为云香清胜，东为香雪廊、云霞舒卷，南为汇万总春之庙。

□ **多稼如云**

建于雍正年间，初名观稼轩。位于圆明园北面，在汇芳书院东北面，在鱼跃鸢飞之西。占地面积1050平方米。周围为稻田。

多稼如云景区分南北两部分，南面是荷花池，北面为一组两进院落，前殿三间，外檐悬乾隆御书“支荷香”，此处是欣赏荷花最佳之处；后殿为正殿五间，坐北朝南，外檐悬挂乾隆御书“多稼如云”铜字匾，殿内还设有宝座，此殿是帝后欣赏荷花时休息的场所。

景区内种有大量荷花，是御园观赏荷花最佳处。每于盛夏荷开时节，乾隆皇帝便与其母崇庆皇太后在此进膳，观赏荷花；有时还率文武大臣与皇子、皇孙来此观赏荷花，并留有多首诗句。嘉庆皇帝在刚刚登基时，曾被赐居在此。嘉庆皇帝也十分喜欢这里，曾留有“十亩池塘万柄莲”的诗句。

□ 鱼跃鸢飞

位于圆明园北区中部，它的北面不远处就是圆明园大北门。该景观建于雍正时期，是清帝欣赏圆明园北部景区及四周田园风光的绝佳场所。主体建筑为二层楼阁，建筑很大，为两层四坡攒尖楼阁，一层四面开门，南门外檐悬雍正御书“鱼跃鸢飞”匾，一层殿内有床，殿内有楼梯可上二楼，由于圆明园北部其他景区修建都相对较矮，鱼跃鸢飞犹如一个庞然大物，二层四壁窗子打开皇帝坐在里面，向北可望圆明园墙外民情，向西可望西山风景，向南或向东望可欣赏到圆明园秀美的风光。另外，清帝每次外出打猎，都要在此殿休息，打猎归来有时还要在此殿院内察看打猎的战利品。

鱼跃鸢飞殿下由竹篱、游廊和围墙分割成大小不同、相互通透的三个院子，一道小溪从院内穿过，使得整个院落很有灵气。

鱼跃鸢飞殿北不远即大北门，又称北楼门，圆明园内种田的农夫及各类闲杂人员进出圆明园都要走此门。

□ 北远山村

该景区修建于乾隆九年（1744年），位于鱼跃鸢飞东面，占地面积1.3万平方米，雍正时期就已建成为一处模仿渔村农舍的田野园景。该景没有任何建造精美的殿堂，简单朴实，建筑分布在河的两岸，如同农村一般。入此景要由东南的水关进入，水关上嵌有乾隆御书“北远山村”石匾，进入水关后便是一座座低矮的农家小院，这里很多院内都种有桑树，是园内主要养蚕之地。该景的主体建筑是一座五间两卷前出抱厦的大殿，名为“课农轩”。此殿在雍、乾时期并没有，只是一处临水建筑，在嘉庆二十二年（1817年）改建成大殿。在课农轩西边为一个小型庙宇叫观音庵，在观音庵西南还建有一个小凉亭名曰：观澜亭，坐在观澜亭内向东望可以欣赏北远山村全部的乡村景色，向西望可远观西峰秀色景区。乾隆时期，课农轩东建有正房三间，外檐悬乾隆御书“绘雨精舍”，又称绘雨山房，此建筑与江苏栖霞山春雨山房很相似。皇帝在御园中的“农村”赏景，算是对农桑的关怀。每当皇帝因为国事太劳累或心情不好时，便会到此住几天，感受一下乡村生活，扶一扶犁，品尝一下耕种的乐趣，亲身体验一下太平盛世的味道。

□ 西峰秀色

雍正朝建成，是一个四周环水的小岛，占地面积1万平方米。此景入口不远处为自得轩院，院西为一堂和气殿。殿内设有宝座和床。殿西便是西峰秀色的正殿。西峰秀色正殿为五间三卷大殿，外檐悬挂雍正御书“含韵斋”，是清帝在西峰秀色的寝宫。含韵斋四周建有回廊，回廊四周种植有大量玉兰，这里是圆明园欣赏玉兰花的佳所。含韵斋西是一座临河敞厅，外檐悬雍正御笔“西峰秀色”。从敞厅西望，隔水是一座小型瀑布，乾隆赐名“小匡庐”。山体由巨石叠成，坐在东面的敞厅里欣赏瀑布，仿佛就置于庐山瀑布前。

□ **四宜书屋**

建于乾隆九年（1744年），仿海宁安澜园而建。四宜书屋有殿堂5间。西南为无边风月之阁，阁之西南为涵秋堂；北为烟月清真楼，楼西稍南为远秀山房，楼北渡曲桥为染霞楼。四宜书屋之匾额为清世宗所书。

四宜书屋景又名“安澜园十景”，是因清高宗南巡时曾往游海宁陈氏隅园，喜其结构至佳，因四宜书屋左右前后路径位置，与陈园曲折如一无二，故赐名安澜园。

□ **方壶胜境**

方壶胜境是圆明园四十景之一，位于圆明园福海东北角，是海神的祭祀之处。它的主要建筑由临水的一组对称的宫室组成，东西各有一组小型的建筑小品，东为蕊珠宫，西为仿西湖十景之一的三潭印月；前部是三座重檐大亭，呈“山”字形伸入湖中；中后部的九座楼阁中供奉着两千多尊佛像、三十余座佛塔，建筑宏伟辉煌，是一处仙山琼阁般的著名景观，主体阁楼实为一座寺庙建筑。

□ 澡身浴德

这是一组以儒家的修身养德思想为意境的景观。它位于福海西岸南侧，东临福海，以福海之广象征大海的注而不盈、镜域寥廓、包容万物，以福海之清、一波万顷，象征鉴心察己、澡身浴德。澡身浴德主要由三组建筑组成：以澄渊榭为主的一组三幢临水建筑，澄渊榭北面的望瀛洲，以及再向北土山包围中的深柳读书堂。澄渊榭为澡身浴德正殿，殿中在雍正年间曾悬有匾额“涵虚朗鉴”，但后来这一匾额被移至他处，并用作新景观的名字。澄渊榭楼前有平台和石阶，是游览时登船的码头。如今码头平台尚存，但房屋地基已经不可见。

望瀛洲在澄渊榭北面，是一个建筑在高台上的方亭，用来眺望福海景观，是乾隆、其后的道光、咸丰朝每年端午观看福海上的龙舟比赛的场所，嘉庆朝观看龙舟赛的场所为澄渊榭。望瀛洲旁原有昆仑石，上有乾隆御笔题诗两首，为乾隆十八年（1753年）的《望瀛洲亭子》和乾隆二十八年（1763年）的《望瀛洲亭子戏成三绝句》，此诗碑现存北京图书馆北海西岸院内。

深柳读书堂在望瀛洲西北的土山包围中，雍正有诗“深柳阴重暑不侵”。此堂建于康熙年间，乾隆未登基前就曾有诗提及“年深柳更深，闻札戚犹今”。

□ 平湖秋月

于雍正六年（1728年）前建成。位于福海北岸，仿西湖十景之一平湖秋月而造，并与之同名。占地面积2万平方米，是欣赏福海水景和赏月的最佳处之一。

正殿为三间大殿，檐下悬挂雍正御书“平湖秋月”匾。正殿北建有敞厅三间，外檐挂乾隆御笔“花屿兰皋”匾，西北角有游廊与流水音亭相连接，殿前有临水敞厅三间，临水敞厅紧临水面，有“近水楼台先得月”的意境，坐在敞厅内可欣赏福海西岸与东岸的美丽景色，也是祛暑纳凉的好地方。

在平湖秋月殿东面有一座吊桥，福海的大型游船都是从此口进入北面的大船坞停靠的。桥的东端高台之上建有一座重檐攒尖顶木亭，亭外悬挂乾隆御笔“两峰插云”匾，与杭州西湖“两峰插云”同名。每到九九重阳节，此处是帝后登高之处。本景西部庭院，嘉庆时期改建成三卷大殿，增额“镜远洲”。

□ 蓬岛瑶台

建于雍正三年（1725年）前后，时称“蓬莱州”，乾隆初年定名为“蓬岛瑶台”。由三座小岛组成，在雍正时期，每逢良辰佳节，便赐王公大臣到福海泛舟、赏花或钓鱼。

在福海中央造方丈、蓬莱、瀛洲大小三岛，岛上建筑为仙山楼阁之状。

蓬岛瑶台结构和布局根据古代画家李思训的“仙山楼阁”画设计；宫门3间，正殿7间，殿前东列畅襟楼，西列神洲三岛，东偏殿为随安室，西偏殿为日日平安报好音；东南面有一渡桥，可通东岛，岛上建有瀛海仙山小亭；西北面有一曲桥，可通北岛，岛上建殿宇3间。

蓬岛瑶台中的大岛象征着“蓬莱”神山，在蓬岛瑶台大岛的西北和东南的小岛则象征着“方丈”和“瀛洲”另外两座神山，东南岛上还建有一座六方亭，岛上堆有大量山石，还有许多御刻石，这些石头中有部分至今还保留着。

□ 接秀山房

接秀山房建于雍正时期，占地面积1.25万平方米。其建筑形式与涵虚朗鉴相似，都是沿岸布置，南北遥相呼应，使福海东岸景观显得十分和谐。

接秀山房主殿为西向三间大殿，檐下挂雍正御笔“接秀山房”匾。殿两端伸出游廊，将南面揽翠亭与北面的澄练楼完美地连接起来，增强了此景区建筑的整体感。

在接秀山房殿以南，原有一组独立的建筑名叫“观鱼跃”。在嘉庆二十二年（1817年）前后，拆除进行改建，建成南向三卷五间大殿。嘉庆御书“观澜堂”就挂在大殿檐下，新建成的观澜堂与九洲清晏的慎德堂很相似，是福海沿岸最大的建筑。观澜堂装饰得十分华丽，整个宫殿房梁、柱子、门窗和室内家具都采用了珍贵的紫檀木，上面镶嵌了金、银，以及珍珠、翡翠等珍贵宝石。堂东为佛堂，西设有宝座床可供皇帝休息，嘉庆、道光、咸丰三位皇帝都很喜欢居住在这里，并留有大量描写观澜堂的诗句。

□ 别有洞天

位于福海东南角，雍正时期此景就已建成，初名“秀清村”，占地面积1.7万平方米。其选址在一个僻静的角落里，四周被高山围抱，两山之间形成一个狭长的湖面，湖西建有城关，建筑则分布在湖的南北两侧。正殿“别有洞天”殿坐落在湖北岸，初为五间卷棚悬山顶殿宇，乾隆中前期改建成三卷五间大殿。乾隆二十六年（1761年）在别有洞天殿西添建了一个回廊小院，院内放置有一个太湖石——青云片。青云片与万寿山乐寿堂院内青芝岫系姐妹石，都是当年明代书法家米万钟从房山采得的，本来想一起运到自己的勺园内，但因各种原因被扔在了良乡。乾隆从西陵祭祖后遇见此二石，命人将此二石运至西郊，大的被放置在清漪园（今颐和园），小的就放置在别有洞天时赏斋内，并赐名“青云片”。在时赏斋院湖对岸临湖还建有石舫一座，乾隆赐名“活画舫”。石舫内设有大小桌椅可供休息，舫内还挂有《八仙图》一幅。

别有洞天南岸在乾隆中后期及嘉庆时期屡有添建，变化较大。其南岸亭台错落，环境幽雅，适宜修身养性、读书写字。所以南岸建筑多以书斋为主，如写曙斋、染碧斋、写琴书屋、自达轩等。

□ 夹镜鸣琴

夹镜鸣琴位于福海南岸，雍正时期就已建成，占地面积4000平方米。其名取李白“两水夹明镜，双桥落彩虹”之诗意。东为南屏晚钟、西山入画、山容水态，西有湖山在望、佳山水、洞里长春。

夹镜鸣琴主体建筑是一座横跨水上的重檐四坡攒尖顶桥亭，亭子上挂乾隆御书“夹镜鸣琴”匾额，这里的夹镜是指桥北面的福海与桥南的内湖用桥相“夹”，而鸣琴则是指桥东面山坡上小瀑布跃落，冲激石罅的自鸣。桥南的聚远楼是帝后到广育宫拈香途经的休息之处。

广育宫建在夹镜鸣琴桥亭东的小山坡上，用以供奉碧霞元君。碧霞元君为东岳大帝的女儿，民间称“娘娘”。皇帝在圆明园居住期间，每月初一、十五都有太监充当道士在此诵经。每到四月十八日碧霞元君的生日，皇帝及后妃甚至皇太后都要亲自来此拈香。

在广育宫东福海岸边还建有一座十字形亭，亭外檐悬挂乾隆御书“南屏晚钟”，此景与杭州西湖南屏晚钟同名，是圆明园西湖小十景之一。

□ 涵虚朗鉴

涵虚朗鉴位于福海东北岸，建于乾隆初期，整个建筑坐东朝西，临湖岸建有平台，乾隆皇帝有御诗“左右云堤纡委，千嶂叠青，面前巨浸空澄，一泓净碧，日月出入，云霞卷舒，远山烟岚，近水楼阁”，这里是欣赏湖景，远眺西山晚霞的好地方。

涵虚朗鉴景区分南北两个景区，北面建有一座重檐四方亭，亭上挂乾隆御笔“贻兰庭”匾，亭南建有平台，平台西设有栏杆，东建有月亮门可供进出，墙上还有各式什锦窗，平台南有“会心不远”殿与其相连接。

在“会心不远”殿南面湖建有抱厦殿三间，殿外檐悬挂乾隆御笔“雷峰夕照”匾。“雷峰夕照”也是与杭州西湖“雷峰夕照”同名，是圆明园内西湖十景之一。

雷峰夕照北为惠如春、寻云榭、会心不远，南为临芳众、云锦墅、万景天全。

□ 廓然大公

位于舍卫城东北面，是园中一组较大的建筑。其建于康熙后期，旧称“深柳读书堂”，在雍正时期有较大增建，亦称“双鹤斋”。

其主体建筑北濒大池，园内景色倒映水中犹然两景；另有诗咏堂、菱荷深处等景点。

廓然大公，后来也称双鹤斋，仿无锡惠山的寄畅园而建。这一景的北半部，是乾隆中叶，仿照盘山静寄山庄的云林石室的山石，叠石而成的。嘉庆诗赞双鹤斋曰：结构年深仿惠山，名园寄畅境幽闲。曲蹊峭茜松尤茂，小洞崎岖石不顽。人们知道颐和园的谐趣园，是仿惠山寄畅园建的，其实，当时在圆明园也仿建有寄畅园。只是两次仿建意境各有千秋。武陵春色，摹写的是陶渊明《桃花源记》的艺术意境。建自康熙末年，雍正朝时叫桃花坞，曾是弘历读书的地方，书室叫“乐善堂”。此景，号称有山桃万株。苏州阊门内旧有一处桃花坞，相传是唐伯虎的故居。圆明园的桃花坞，虽然袭用其名，但桃花之盛远不是吴下所能相比。

□ **坐石临流**

建于雍正初年，包括买卖街、舍卫城、同乐园、坐石临流、兰亭等五部分。买卖街一年只开两三次，每次20天；舍卫城为一城池式寺庙建筑群，俗称佛城；同乐园为御园大戏园；坐石临流是仿自浙江绍兴古兰亭“曲水流觞”意境，雍正初建时俗称流杯亭。

□ 曲院风荷

位于九洲景区东部，占地面积5万平方米，与杭州西湖曲院风荷同名，是圆明园西湖小十景之一。曲院风荷分南北两部分，北部是一个小院，正殿五间，坐北朝南，檐下悬挂乾隆御笔“曲院风荷”匾。曲院风荷地处福海与九州之间，是一个过渡景点，也是圆明园仿建西湖十景规模最大的一处。在曲院风荷殿西建有一座两层小楼，楼内供有佛像，乾隆赐名“洛伽胜境”，此楼是照浙江定海普陀山仿建的。

曲院风荷殿前有一座桥亭，因桥内铺棕，所以俗称“棕亭桥”。过棕亭桥就是一个人工挖掘的大荷花池，湖面南北长240米，东西宽80米，中央是一座九孔石桥，东西各立有牌楼一座，西边牌楼题匾“金鳌”，东边牌楼题匾“玉蝀”，所以此桥又称“金鳌玉蝀桥”，此桥也是圆明园内最大的一座石桥，在桥东还建有一座上圆下方四方重檐亭，乾隆御书“饮练长虹”匾就挂在亭中。

在湖南岸建有船坞一座，船坞停靠着供帝后游览福海的大小船只，是圆明园内较大的几处船坞之一。

□ 洞天深处

建于雍正年间，位于圆明园宫门区东南隅福园门内，是一处以皇子书房和住所为主体的建筑风景群。其主体是东西二所及西部南北二岛的上书房，东北部为清宫画院如意馆小院，东夹道外侧邻园墙则是长条状库房院。

圆明园如意馆，即清宫画院所在。西洋画师郎世宁、王致诚及众多中国画师均先后供职如意馆，在此作画。乾隆皇帝曾多次亲临如意馆观览。乾隆二十一年（1756年），乾隆皇帝共园居 157 天，曾八次到此看画师作画。

福园门内东西有两座院落，为诸皇子园居之所。初时分东北、东南、西北、西南四座住所，称福园门东四所。道光二十六年（1846年）奏准，福园门东四所大规模改建为东西二所，每所前设垂花门，正房改为前后三层各五间，添建东西厢房五间或三间。

乾隆九年御制《洞天深处》诗序曰：“缘溪而东，径曲折如蚁盘。短椽狭室，于奥为宜。杂植卉木，纷红骇绿，幽岩石厂，别有天地非人间。少南即前垂天贶，皇考御题，予兄弟旧时读书舍也。”

卷一

本卷以兴造论为开端，讲述了“因、借、体、宜”原则的重要性。以园说为全书的总论，从造园艺术的角度出发，阐述了园林用地、景物设计、审美情趣等造园理论。相地，立基，屋宇，列架，装折，则讲述的均为修建园林的各类建筑以及相应技术要领。相地中列举了六种不同的园林基地：山林地、城市地、村庄地、郊野地、傍宅地、江湖地。立基包括：厅堂基、阁楼基、门楼基、书房基、亭榭基、廊房基、假山基。屋宇则涵盖了园林中所有的房舍建筑形式，例如亭、台、楼、阁、轩等。列架包含园林屋宇建筑的屋梁构架形式。装折，即现代所说的装修，其中包含且不仅限于园林屋宇内外空间结构的布局安排。

兴造论

本节突出强调“因、借、体、宜”原则的重要性。“因”是指如何利用园内的条件加以改造加工；“借”是指园内外景观的联系。造园者只有巧妙地因势布局、随机因借，才能做到得体合宜。

【原文】世之兴造，专主鸠匠[1]，独不闻三分匠、七分主人之谚乎？非主人也，能主之人也。古公输[2]巧，陆云[3]精艺，其人岂执斧斤者哉？若匠惟雕镂是巧，排架[4]是精，一梁一柱，定[5]不可移，俗以“无窍之人[6]”呼之，甚确也。故凡造作，必先相地立基[7]，然后定其间[8]进，量其广狭，随曲合方[9]，是在主者能妙于得体合宜，未可拘率[10]。假如基地偏缺，邻嵌[11]何必欲求其齐？其屋架何必拘三、五间，为进多少？半间一广[12]，自然雅称，斯所谓“主人之七分”也。第[13]园筑之主，犹须什九[14]，而用匠什一，何也？园林巧于“因”“借”，精在“体”“宜”[15]，愈非匠作可为，亦非主人所能自主者；须求得人，当要节用。因者：随基势之高下，体形之端正，碍木删桠[16]，泉流石注，互相借资；宜亭斯亭，宜榭斯榭，不妨偏径，顿置婉转，斯谓“精而合宜”者也。借者：园虽别内外，得景则无拘远近，晴峦耸秀，绀宇[17]凌空；极目所至，俗则屏之，嘉则收之，不分町畽[18]，尽为烟景，斯所谓“巧而得体”者也。体宜因借，匪得其人，兼之惜费，则前工并弃，即有后起之输、云，何传于世？予亦恐浸失[19]其源，聊绘式于后，为好事者[20]公焉。

【注释】〔1〕鸠匠：张华注《禽经》中认为，鸠鸟“不能营巢，取鸟巢居之”，因此鸠匠一般指笨拙的工匠。

〔2〕公输：公输班，春秋时期鲁国人，后人奉其为匠家之祖，人称鲁班。

〔3〕陆云：西晋文学家，与其兄陆机并称“二陆”，著有《登

① 防水物料排水角度

② 联结竖柱

③ 柱子要竖直、要有足够的负荷力

④ 防止水漫

⑤ 稳定竖柱

⑥ 北方建房应注意避免风沙；南方建房应注意避免潮湿。

台赋》。

〔4〕排架：建造构架，指组装木构造。

〔5〕定：固定不变。

〔6〕无窍之人：指不知趋避的愚蠢之人。

〔7〕相地立基：相地，选择基地；立基，确定建筑基础的位置。

〔8〕间：建筑的空间单位，如“一间、两间”。

〔9〕随曲合方：随、合为顺着之意，指按地形的曲折合理安排方整的庭院。

〔10〕拘率：拘泥草率。

〔11〕邻嵌：为建筑学专用名词，意为拼接镶嵌。

〔12〕广（ān）：指依附山崖而建造的单坡顶的房屋，又称披厦，俗称半间屋为“披子”。

〔13〕第：封建社会官僚贵族的大宅子。

〔14〕什九：十分之九。

〔15〕“因”“借”“体”“宜”：“因”“借”，因地制宜，借景取胜；“体”“宜”，得体合宜，指建筑物的尺度、体量与板型十分恰当。

〔16〕碍木删桠：除去妨碍房屋建造的树木树枝。

〔17〕绀宇：绀是一种青中带赤的颜色，多用于粉饰古寺外墙。宇即寺庙。

〔18〕町畽：亦作“盯畽”，指田舍旁空地。此处可解释为田野和村庄。

〔19〕浸失：逐渐失去。

〔20〕好事者：本意指好事之人，此处可解释为爱好这件事的人。

【译文】世人营造园林，都是以工匠为主，难道都不曾听说“三分工匠七分主人”这句谚语吗？这里的“主人”不是指园林的主人，而是指有见地，并且能主持设计施工的人。古时，鲁班有灵巧的匠心，陆云有精湛的技艺，他们岂止是执持斧锯做工的匠人？一般的工匠只具备精雕细刻的技巧，以按图建造构架为要旨，不敢更改一根屋梁一根柱子的定规，世间称他们为“没有心窍的人”，这是极为准确的。所以凡是营造，必须先考察选择地形以

□ 建造房屋须注意的事项

一座建筑物建造的成功与否，除了要注重其美观之外，最重要的是要有安全保障和实用性。图中所描绘的是古代的工匠在建造房屋时所必须注意的事项。这几点要求能否全部达到标准，将直接影响房屋建造者的声誉。

确立地基，然后确定间数和进深，根据地形地基的宽窄变化合理安排，当方则方，这都取决于负责营造的人是否够得体合宜地进行布局，而不是墨守成规或拘泥草率。如果地基不规整，则可根据地形进行合理的布局设计，何必非要拼接镶嵌得整齐方正呢？屋架的间数和进数，也不必拘泥，依附于山崖建造单坡顶的房屋，亦能自然高雅，这便是“主人之七分”的意义所在。特别是有园林的大宅，设计者的作用必须占到十分之九，而工匠的使用只可以占十分之一，这是为什么呢？因为园林营造的巧妙全在因地制宜、互相借助，而布局的精妙则全在得体与大小合宜，这不是普通工匠的水平可以做到的，也不是园林的主人自己能够主观决定的，因此必须请高水平的人来主持建造，才能事半功倍。所谓“因”，就是要依随地势的高低错落、地形的端正方直情况，除去妨碍房屋建造的树木树枝，将涌出的泉水引注到石上，使各处美景相互衬托；适合建亭台的地方建造亭台，适合建楼榭的地方建造楼榭，路径可以设计在偏僻处，而且要蜿蜒曲折，这就是“精而合宜”的意思。所谓“借”，是指园林虽内外有别，但取景可不拘于远近。晴空下的山峦耸翠也好，红色外墙的寺庙凌空也好，目力所及处，一切低俗的景物都要加以遮挡，美的景物则要尽收入眼。这样，无论田野和村庄，从园中看去，都成了烟云蒙蒙的景色。这便是“巧而得体”的意思。想要获得合宜得体、因地制宜、互相借助的效果，如果没有得当的人来主持安排，加上舍得费用，则一切都必然落空。没有出色的园林存世，即使有像鲁班、陆云这样的人，他们又怎能流传于后世？我也担心园林营造的精要逐渐失传，于是在此姑且图式绘制公开，以供爱好园林的人参考。

□ **家与庭《三才图会》 明代**

在古代，“家庭”的解释远远不同于现代人的理解，“家庭”在古代是“家”与“庭”的合称，“家”指的是房屋，“庭”指的则是庭院。古代的园林建筑在一定的程度上也由家与庭构成，园林中的主建筑，比如厅堂，被称为家，其余的则称为庭，合起来就是家庭。

古籍名家论园林兴造

石令人幽静，水令人旷达。园林中，水、石最不可或缺。山水的峭拔回环，要布局得当，相得益彰。造一山，有壁立千仞的峻峭；设一水，具江湖万里的浩渺。加上修竹、古木、怪藤、奇树，交错突兀，壁崖深涧，飞泉激流，似入高山深壑之中。如此，才算得上名景胜地。这只是略举概要，并非千篇一律。

——明·文震亨《长物志》选译

刚开始择地建筑住宅时，我仅仅想建三五座房子就行了。有一个指点山园建设的客人，说某处可以建亭，某处可以建榭。我听了之后并不在意，认为想法没有达到这个地步。等到在山上徘徊了几回，不觉寻思客人的话，心中很是难忘。某处可以建亭，某处可以建榭，果然是不可或缺的。前面的建筑之事还没有结束，常在心中思考，不知不觉中与众不同、突出新颖的园林构思，急迫地奔涌而出。每每到路途困窘险恶的地方，就穷尽心思考虑，表现在梦寐之中，于是便有了另辟的境地，好像是天设的一般。因此兴致更加振奋，趣味也更加浓厚。早晨出去，傍晚回来。严寒酷暑，身体因冷而起小疙瘩，因热而汗流浃背，我都不认为是苦。 两年以来，囊中一贫如洗。我身体也病了好，好了再病，这是开园的痴癖啊。

——明·祁彪佳《寓山注》选译

我曾经游观过京城世宦富贵人家的亭园，见那里集聚的东西，自极远的边地到海外奇异的花卉石子没有不能罗致的，所不能罗致的只有竹子。我们江南人砍伐竹子当柴烧，筑园构亭也必定购买寻求海外的奇花异石，有的用千钱买一石，有的用百钱买一花，并不吝惜。然而如有竹子占据在当中，有时就将它砍去，说：“不要让它占了我种花置石的地方。”但京城人如果能觅到一竿竹子，常常不惜花费数千钱来购买；然而一遇到下霜降雪，便又都干枯而死。正因为它的难以寻觅而且又多枯死，人们因此就更加珍爱它。而江南人甚而笑他们说："京城人竟把我们当柴烧的东西视为珍宝。"

——明·唐顺之《竹溪记》选译

于园中没有其他的奇特的地方，奇就奇在用石块堆砌的假山。堂屋前有两丈高的石头假山，上面栽种了几棵果子松，沿坡栽种了牡丹、芍药，人不能到上面去，因为这里没有空隙、满满当当而奇特。后厅临近池塘，池塘里有奇异的山峰和陡峭的山沟，直上直下，人们行走在池塘的底部，抬起头来看莲花，反而像在天上，这里因为空旷而奇特。卧房的栏杆外面，有一条沟壑盘旋而下，好像螺蛳盘旋形的外壳，这里因为阴暗深远而奇特。再往后还有一座水阁，长长的形状像小船，横跨在小河上。水阁的四周，矮小的灌木生长茂盛，鸟儿在这里叽叽喳喳，人好像在深山密林之中。坐在阁子中，这里的境界使人感到舒坦、碧绿、幽深。瓜洲的许多园林亭榭，都是凭借假山而有名声。这些假山在自然山石中怀胎，在堆砌山石的人手中孕育，在主人的精细构思中诞生，这样的假山石安置在园林之中就不会使人不满意了。

——明·张岱《陶庵梦忆》选译

说山石的美丽，都蕴涵在"透、漏、瘦"三个字里。这里通向那里，那儿又通向这儿，如果有道路，这就是所谓的透；石头上有洞，四周看起来很可爱，这就是所谓的漏；陡峭的山壁在半空中挺立，不向任何东西依，这就是所谓的瘦。对于石头"透"和"瘦"二字越突出越好，然而漏过了就反而不好了，如果到处都是洞的话那不就好比窑内烧成的瓦器了？洞的大小有一定的限制，石头上的洞有一两个，堵塞到了极点才畅通，才与石头本身相符合。

——明·李渔《闲情偶寄》选译

修建园林就像写诗文，必然要使它结构曲折而又有迹可循，做到首尾相连前后照应。这是这句话的表面意思。实际上就是说修建园林贵在曲折含蓄，切忌直白露骨，并要注意首尾照应，所谓豹头凤尾是也。

——清·钱泳《履园丛话》选译

随园本是一片荒地，我于平地开池沼、起楼台，先是“一造”，后又“三改”，所耗的费用无法计算。随园中的奇峰怪石，我用重金购来；万竿绿竹，全都人工栽植；器用则以檀梨木和文梓木为原料，用上雕漆和枪金的工艺；文玩则是晋帖唐碑，商彝夏鼎；印章则用青田县的黄冻石，由名家亲手雕刻；端砚则用蕉叶青花的款式，兼具多种古款。这些都是大江南北的富贵人家从来没有过的。

——清·袁枚《遗嘱》选译

我因此而修葺了这座园林，拮据用度五年之后，粗略地准备就绪了。因为园中种植了很多白皮松，所以名叫寒碧庄。其中也罗致了很多太湖石，但并没有什么奇特之处。于是，我在虎阜北面的沙滩中找到了一块石笋，宽度不满二尺，长度几乎达到两丈。询问当地的人得知，这种石头俗称“斧擗石”，本来产自四川。不知是何人运到这里，也不知经历了多少年。我用载酒的船将它运回，立于寒碧庄听雨楼的西面。从下往上观赏，有干霄凌云的气势，因此以“干霄”命名。

——清·刘蓉峰《寒碧山庄记》选译

个园这个地方，本来是寿芝园旧时的地址，由园的主人开发重新建造寿芝园而成。园中的各部分盛大而严整，曲廊连接着深邃的屋宇，四周围以虚设的栏杆，地势开阔的地方修筑着高楼。叠起石头堆成小山，引通泉水蓄为池塘，绿萝的枝叶纤细回绕，美丽的树木遮挡了阳光，但又细碎地处处弥漫。所有部分都开朗美丽，各有韵致。

——清·刘凤诰《个园记》选译

◎四大名园平面图示·颐和园

颐和园是以昆明湖、万寿山为基址，以杭州西湖风景为蓝本，以佛香阁为构图中心，汲取江南园林的某些设计手法和意境而建成的一座大型天然山水园。颐和园的前身清漪园，是“三山五园”中最后兴建的一座园林，水面约占四分之三。它以万寿山和昆明湖构成其基本框架，借景周围的山水环境，既饱含中国皇家园林的恢宏富丽气势，又充满自然之趣，充分体现了“虽由人作，宛自天开”的造园准则。

① 宝云阁铜殿

是清帝祈福诵经之所，乾隆二十年（1755年）建成，通高7.55米，重达207吨。铜殿的梁柱、斗拱、椽瓦、匾联等全部构件，均采用传统的“拨蜡法”和“掰沙法”工艺铸造并将表面处理成蟹青冷古铜色。

② 云松巢

位于万寿山前山西部偏东的位置，主要由云松巢、绿畦亭、邵窝三部分组成，三个建筑之间由长廊连接。

③ 清华轩

云辉玉宇牌坊后是宽阔的昆明湖，西侧的院落就是清华轩，院内中央有石砌八角莲池，一座石桥南北横跨水池上。这个院落原为大报恩延寿寺的罗汉堂遗址，始建于清乾隆十五年至十九年（1750—1754年），院中主要建筑有“田”字形罗汉堂，堂内供奉五百尊罗汉。

④ 云辉玉宇牌楼

该牌楼是万寿山前山中轴线上的第一座建筑，为三间四柱七楼式。

⑤ 排云门

排云门是排云殿的大门，门前耸立着壮观的“云辉玉宇”牌楼，两只精美的铜狮分列宫门两旁，还有十二块姿态各异的太湖石，寓意“十二生肖”。

⑥ 排云殿

排云殿其名取自西晋时期诗人郭璞《游仙诗》中的“神仙排云出，但见金银台”诗句，寓意为此为神仙降临之所。排云殿坐北朝南，依山面水，殿的正门为“万象光昭”，对面临湖的“云辉玉宇”牌楼，三柱顶托，雄伟壮丽。进入排云门共有三进院落。第一进院落，东西配殿“云锦”、“玉华”面宽七间，殿后有两排灰瓦顶房屋，俗称东西十三间。第二进院落即为排云殿，面宽七间，重檐歇山顶，加上对称于两侧三间复道和五间的顺山殿横列共二十三间。东西配殿“芳辉”、“紫霄”面宽七间。第三进院落为配殿，叫“德辉殿”。排云殿是专门为慈禧太后举行“万寿庆典”而建，每逢阴历十月初十慈禧太后生日，这里都要举行壮观而气派的典礼。

⑦ 佛香阁

佛香阁建于乾隆二十三年（1758年），毁于咸丰十年（1860年），光绪十八年（1892年）重建。阁的结构为八面三层四重檐，通体高36.44米，巍然耸立于20米高的石台之上，是颐和园全园的构图中心，亦是观景的极佳之处。

⑧ 智慧海

位于佛香阁的后面，建于乾隆年间，由于其结构没有用梁柱承重，而用砖石发券砌成，又被称为“无梁殿”。

⑨ 写秋轩

建成于乾隆二十年（1755年）。正殿三楹，建于高台之上，两侧以爬山廊联结“观生意”与“寻云”两个配亭。此轩隐于山间，幽雅清静，是赏秋的极佳之处。

⑩ 万寿山

为燕山山脉，传说曾有老人在此山凿得石瓮，故名瓮山。它前临翁山泊，又称西湖，即今昆明湖。乾隆十五年（1750年）为庆祝皇太后六十寿辰，改名万寿山，并以此为轴线建造了颐和园。

⑪ 乐寿堂

乐寿堂是一座大型的四合院，曾为慈禧太后的寝宫。这座四合院的大殿红柱灰顶，垂脊卷棚呈歇山式，甚是堂皇。此外，“乐寿堂”黑底金字横匾为光绪帝手书，堂前有专门供慈禧乘船的码头；堂内西内间为慈禧寝宫，东内间为慈禧更衣室；正厅设有宝座、御案、掌扇、屏风等；堂阶两侧对称排列铜铸梅花鹿、仙鹤和大瓶，为取谐音“六合太平”之意。

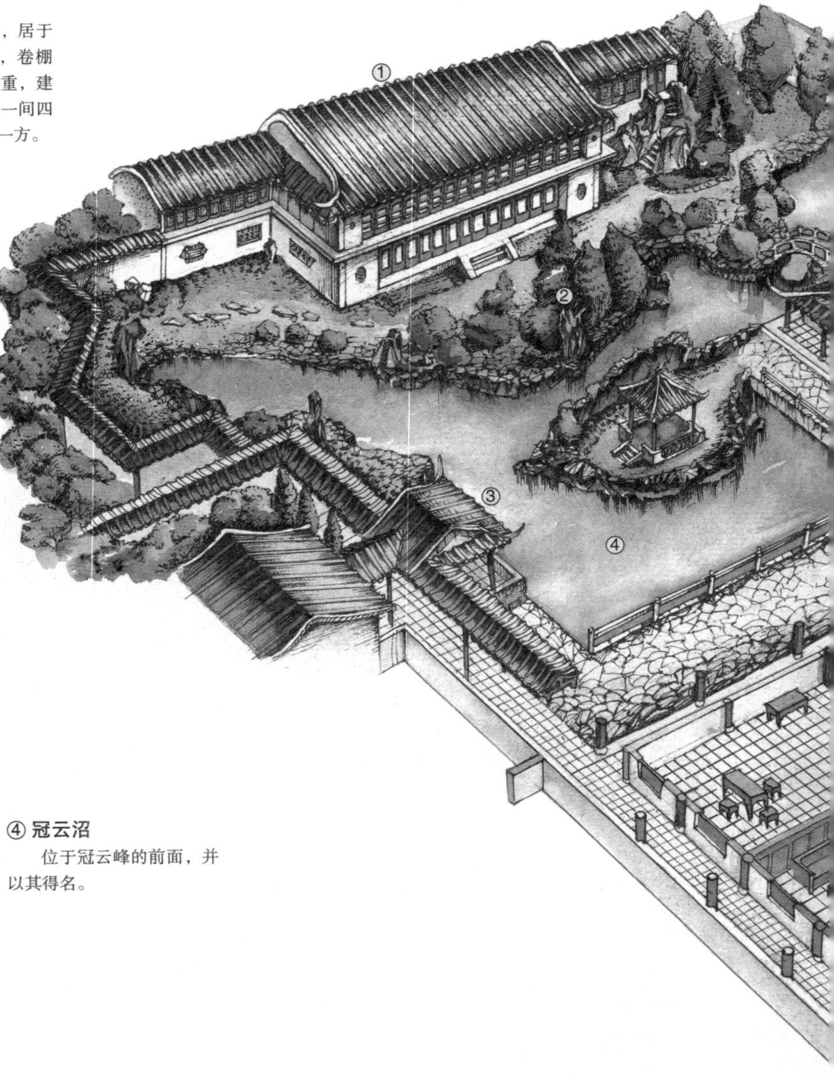

① 冠云楼

冠云楼是冠云峰庭院的主体建筑，居于庭院北部，是一座两层的宽大楼阁，卷棚顶，灰瓦，朱红隔扇，形体稳固、庄重，建筑为三开间五架屋，东西两面又各接一间四架屋，楼下正中壁上嵌有古代鱼化石一方。

② 冠云峰

留园内的冠云峰是太湖石中绝品，集太湖石“瘦、皱、漏、透”四奇于一身，相传这块奇石还是北宋末年花石纲中的遗物。冠云峰所在的园林之中的各个建筑物均以此峰命名，可见该园主人对于此石的热爱。

③ 冠云台

冠云台位于冠云峰的西南角，建筑呈正方形，单檐歇山造，是一座小亭的形式，屋顶隔廊与西面的“佳晴喜雨快雪亭”相连，檐角飞翘灵动。

④ 冠云沼

位于冠云峰的前面，并以其得名。

◎四大名园平面图示·留园

留园始建于明嘉靖年间，原为明代徐时泰的东园，清代归刘蓉峰所有，遂改称寒碧山庄，俗称“刘园”。清光绪二年又为盛旭人所据，始称“留园”。全园分为四个部分，同一个园林中能分别领略到山水、田园、山林、庭园四种不同景色：中部以水景见长，是全园的精华所在；东部以曲院回廊的建筑取胜；北部具农村风光，并有新辟盆景园；西区则是全园最高处，有野趣，以假山为奇，土石相间，堆砌自然。全园最大的特色就是在有限的空间里面，营造出多种多样、层次丰富的意境。

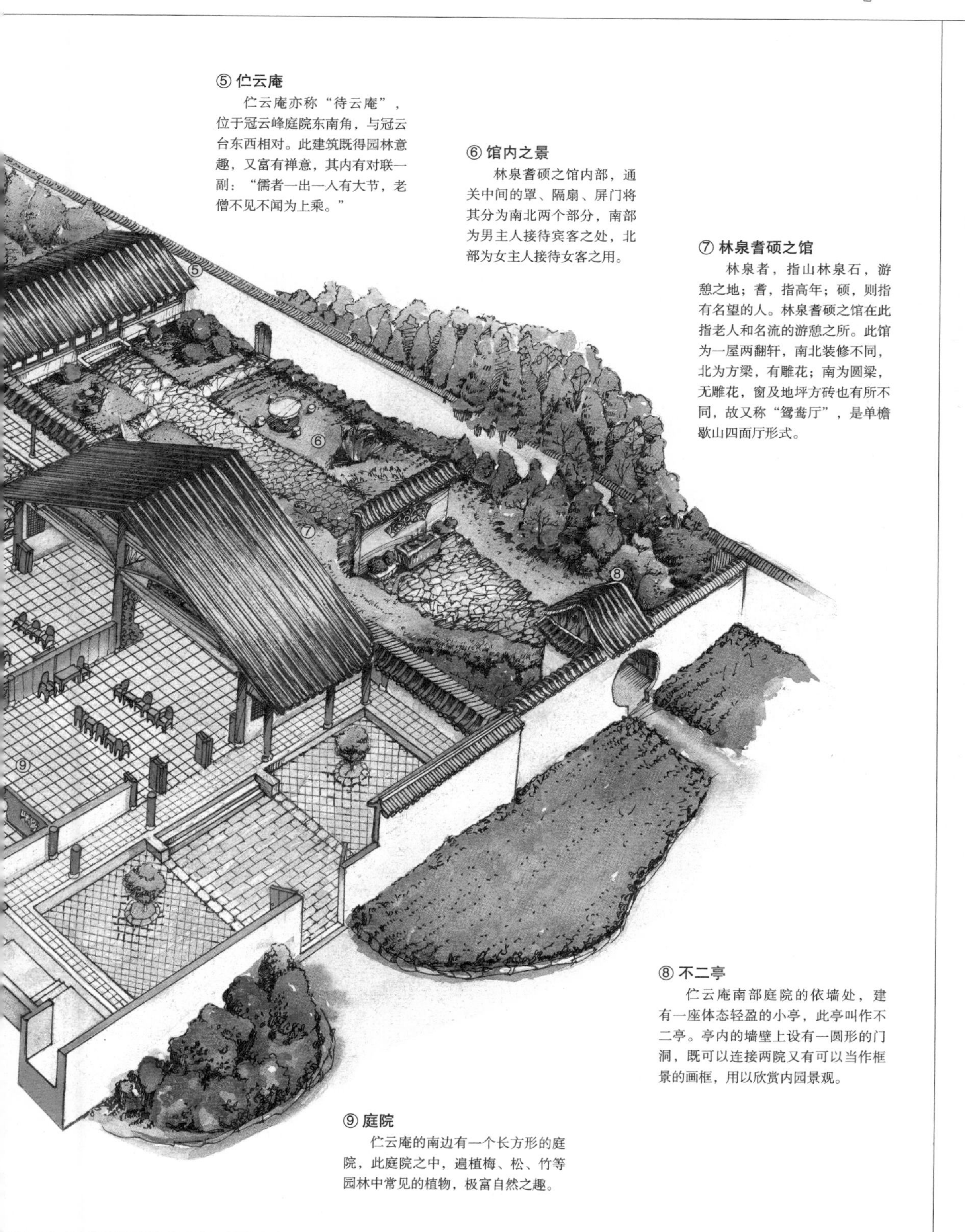

⑤ 伫云庵

伫云庵亦称“待云庵”，位于冠云峰庭院东南角，与冠云台东西相对。此建筑既得园林意趣，又富有禅意，其内有对联一副：“儒者一出一入有大节，老僧不见不闻为上乘。”

⑥ 馆内之景

林泉耆硕之馆内部，通关中间的罩、隔扇、屏门将其分为南北两个部分，南部为男主人接待宾客之处，北部为女主人接待女客之用。

⑦ 林泉耆硕之馆

林泉者，指山林泉石，游憩之地；耆，指高年；硕，则指有名望的人。林泉耆硕之馆在此指老人和名流的游憩之所。此馆为一屋两翻轩，南北装修不同，北为方梁，有雕花；南为圆梁，无雕花，窗及地坪方砖也有所不同，故又称“鸳鸯厅”，是单檐歇山四面厅形式。

⑧ 不二亭

伫云庵南部庭院的依墙处，建有一座体态轻盈的小亭，此亭叫作不二亭。亭内的墙壁上设有一圆形的门洞，既可以连接两院又有可以当作框景的画框，用以欣赏内园景观。

⑨ 庭院

伫云庵的南边有一个长方形的庭院，此庭院之中，遍植梅、松、竹等园林中常见的植物，极富自然之趣。

① 嘉实亭

位于拙政园中园东部枇杷园内的一座小亭，其名出自宋代诗人黄庭坚的诗句“江梅有嘉实”。小亭为矩形，面积很小，设计得独具匠心。一方面利用其南面界墙的一段作为背景，墙前栽翠竹；另一方面园主在亭的南壁墙上开了一个很大的空窗，正好框住后面的青竹美石。亭旁植有多株枇杷，相传为太平天国忠王李秀成所栽。

② 听雨轩

位于嘉实亭之东，轩前有一泓清水，植有荷花；池边则种有芭蕉、翠竹；轩后也植有一丛芭蕉，前后相映，无论春夏秋冬，都能听到各具情趣的声音，别有一番韵味。如遇落雨，在此下棋品茗，边听雨打芭蕉、翠竹、荷叶之声，正是应了南唐诗人李中诗句中“听雨入秋竹，留僧复旧棋”的意境。

③ 梧竹幽居亭

位于拙政园中部水池东端，为一正方形平面、单檐四角攒尖顶的亭式建筑。该亭最大的特点是它的四壁方墙上开了四个圆形洞门，坐亭中心石凳向外望，景色面面不同：南面可品春日百花齐放之盛景；西面可赏夏日十里荷花之壮景；北面可观秋日落叶缤纷之佳景；东面则可看冬日落雪纷飞之美景。

④ 雪香云蔚亭

雪香指梅花，云蔚指花木繁盛。此亭亭旁植梅，暗香浮动，适合冬末春初之时赏梅，故又被称为“冬亭”。而且亭子周围竹丛青翠，林木葱郁，又有一种城市山林的趣味。据史载，此亭是专门供主人赏雪的地方，它恰好与远香堂是对景——冬天与夏天的一对，高与低的一对，煞是好看。

◎四大名园平面图示·拙政园（中园）

拙政园借西晋文人潘岳《闲居赋》中“筑室种树，逍遥自得……灌园鬻蔬，以供朝夕之膳（馈）……此亦拙者之为政也”之句取名。拙政园全园占地62亩（1亩约合666.67平方米），是苏州古典园林中面积最大的山水园林，分东园、中园和西园三个部分，最精彩的是中园，西园次之。中园是拙政园的主景区，面积约18.5亩。它以水池为中心，亭台楼榭皆临水而建，有的亭榭则直出水中，具有江南水乡的特色，总的格局也依然保持着明代园林浑厚、质朴、疏朗的艺术风格。

⑤ 远香堂

古人造园，讲究“奠一园之势者，莫如堂”，因此厅堂在园中位置的确定需要再三推敲斟酌。故远香堂位于离园大门不远的主要游览线上，是园内最为重要的建筑，也是整个园内最理想的赏景点。远香堂是一座四面厅，处于若墅堂的旧址上，为清乾隆年间所建。由于此处面水而建，夏日可在此赏池中田田荷叶，嗅迎风而来的淡淡荷香，别有一番韵味，故名“远香”。堂内装饰透明玲珑的玻璃落地长窗，因此即使在堂内也可通过透明的玻璃来观赏堂四周的曼妙景致。

⑥ 小飞虹

小飞虹是苏州园林中唯一的廊桥，它位于倚玉轩西南，斜跨于从大水池分流南去的河汊上，东接由倚玉轩南下的曲廊，西接得真亭。其廊桥还成为远香堂西南隅小沧浪水院的北部边界，这座木构廊桥采用了中跨高、边跨低的结构形式，宛若拱桥，意境幽深。

⑦ 松风水阁

松风水阁又名“听松风处”，是看松听涛之处，此阁两面邻水，阁后植松，风过枝摇，松涛作响，色声皆备，是别有风味的一处景观。这座水阁攒尖方顶，空间封闭，由廊间小门出入，其余三面均采用半墙加半窗的结构。

⑧ 荷风四面亭

亭名因荷而得，坐落在园中小岛上，四面皆水，湖内莲花亭亭净植，湖岸柳枝丝丝婆娑，亭单檐六角，四面通透，亭中有抱柱联：“四面荷花三面柳，半潭秋水一房山。”是一处赏景的绝佳之处。

⑨ 与谁同坐轩

依据苏东坡的词“与谁同坐？明月、清风、我”，而得名“与谁同坐轩”。又因其傍水而建，其平面形状为扇形，连带屋面、轩门、窗洞、石桌、石凳以及轩顶、灯罩、墙上匾额、半栏均呈扇面状，而被叫作“扇亭”。在轩中既可凭栏远眺，亦可依窗近观，小坐歇息。

⑩ 见山楼

见山楼是一座建在水上的楼阁，三面环水，两侧傍山，从西部可通过平坦的廊桥进入底层，而上楼则要经过爬山廊或假山石级。它是一座具有典型江南风格的民居式楼房，重檐卷棚，歇山顶，坡度平缓，粉墙黛瓦，古朴典雅。

◎四大名园平面图示·承德避暑山庄

位于河北省承德市，曾是中国清朝皇帝的夏宫，由皇帝宫室、皇家园林和宏伟壮观的寺庙群组成。它始建于1703年，历经清朝三代皇帝——康熙、雍正、乾隆，耗时八十九年建成。山庄的建筑布局大体可分为宫殿区和苑景区两大部分，苑景区又可分成湖区、平原区和山区三部分。内有康熙乾隆钦定的七十二景（其中康熙以四字组成三十六景，乾隆以三字组成三十六景）。拥有殿、堂、楼、馆、亭、榭、阁、轩、斋、寺等建筑一百余处。它的最大特色是山中有园，园中有山。与北京紫禁城相比，避暑山庄以朴素淡雅的山村野趣为格调，取自然山水之本色，吸收江南塞北之风光，成为中国现存占地最大的古代帝王宫苑。

① 修路

山庄内的道路在宫殿区多用漫砖地；湖区以石块砌成冰裂地；峡谷通向广元宫、山近轩的斜坡上，修有弯曲的蹬道；从松云峡入口通向西北门处，用花岗岩大石条砌有石板御路，长达1700余米。

② 理水

就低势凿水，利用储存的泉水和雨水，按自然落差形成瀑布。松林谷中将泉水储入水库，所谓“一勺之多众山里，涓涓不停注宛委。瀑源本在此谷中，旧贮木匣存积水”（《承德府志》卷首二十四，《山庄》三，琰：《瀑源歌》）。

③ 山峦区

山峦区在山庄的西北部，面积占了全园的五分之四，此处山峦起伏，众多的楼宇、殿堂、寺庙点缀其间，充满了诗意。

④ 平原区

平原区在湖区北面的山脚下，地势开阔，这里碧草茵茵，树木茂盛，是典型的北方草原的景象，万树园和试马埭就位于此处。

⑤ 湖泊区

湖泊区在宫殿区的北面，湖泊面积包括洲岛，占地约43公顷，有八个小岛屿，将湖面分割成大小不等的区域，层次分明，洲岛错落，碧波荡漾，极富江南水乡的特色。它的东北部有清泉，即著名的热河泉。

⑥ 外八庙

外八庙指的是环绕在避暑山庄东面和北面，武烈河两岸和狮子沟北沿的山丘地带的一组规模宏伟的皇家寺庙群，这些建筑群陆续建于清代康熙和乾隆年间，是清代喇嘛教的中心之一，也是供西方、北方少数民族的上层及贵族朝觐皇帝时用的场所。外八庙事实上共有十一座寺院，因分属八座寺庙管辖，其中的八座由清政府直接管理，又都在古北口外，故被称为“外八庙”（即口外八庙之意）。此庙为其中之一。

⑦ 宫殿区

宫殿区位于湖泊南岸，地形平坦，是皇帝处理朝政、举行庆典和生活起居的地方，占地10万平方米，由正宫、万壑松风、松鹤斋以及东宫四组建筑组成。此处春日山清水秀，生机盎然；夏日凉风习习，荷香四溢；秋日可乘船采莲；冬日又可滑冰赏雪。

⑧ 造林

湖区原来是起伏不平的沼泽地带，挖湖时将长有松树和林木的地方留下，成为洲岛。挖湖造园时，将土方堆叠于湖畔，形成连绵而又断续的丘陵，丘陵上种植大量苍松柏，丘陵上的松柏和长堤上的杨柳起到划分空间、组织层次的作用。山庄外围寺庙群，也进行了大面积绿化。

园 说

此为全书的总论，阐述了园林用地、景物设计、审美情趣等造园理论。强调造园不是对自然单纯的模仿与再现，而应真实地反映自然，又高于自然，达到“虽由人作，宛自天开”的境界。

【原文】凡结[1]林园，无分村郭，地偏为胜，开林择剪蓬蒿[2]；景到随机，在涧共修兰芷[3]。径缘三益[4]，业拟千秋[5]，围墙隐约于萝间，架屋蜿蜒于木末。山楼凭远，纵目皆然；竹坞[6]寻幽，醉心即是。轩楹[7]高爽，窗户虚[8]邻；纳千顷之汪洋，收四时之烂漫。梧阴匝[9]地，槐荫当庭；插柳沿堤，栽梅绕屋；结茅竹里，浚[10]一派之长源；障[11]锦山屏，列千寻[12]之耸翠，虽由人作，宛自天开。刹[13]宇隐环窗，仿佛片图小李[14]；岩峦堆劈石，参差半壁大痴[15]。萧寺[16]可以卜邻，梵音到耳；远峰偏宜借景，秀色堪餐。紫气[17]青霞[18]，鹤声送来枕上；白苹红蓼[19]，鸥盟同结矶边。看山上个篮舆[20]，问水拖条枥杖[21]；斜飞堞雉[22]，横跨长虹；不羡摩诘辋川[23]，何数季伦金谷[24]。一湾仅于消夏，百亩岂为藏春；养鹿堪游，种鱼可捕。凉亭浮白[25]，冰调竹树风生；暖阁偎红，雪煮[26]炉铛涛沸。渴吻消尽，烦顿开除。夜雨芭蕉，似杂鲛人之泣泪；晓风杨柳，若翻蛮女[27]之纤腰。移竹当窗，分梨为院；溶溶月色，瑟瑟风声；静扰一榻琴书，动涵[28]半轮秋水，清气觉[29]来几席[30]，凡尘顿远襟怀；窗牖无拘，随宜合用；栏杆信画，因境而成。制式新番，裁除旧套；大观[31]不足，小筑[32]允宜。

【注释】〔1〕结：建筑、营造。

〔2〕蓬蒿：这里指野生杂草。

〔3〕兰芷：兰、芷皆为香草。

〔4〕三益：指梅、竹、石，合称“三益之友”。《鹤林玉露》卷

五：“东坡赞文与可《梅竹石》云：‘梅寒而秀，竹瘦而寿，石丑而文，是为三益之友。’”

〔5〕千秋：指时间很长，久远之意。

〔6〕竹坞：地势周围高中间凹的地方，此处解释为四边如屏的竹林深处。

〔7〕楹：厅堂前部的柱子，借指廊间。

〔8〕虚：同“墟”，地势低洼的丘陵。

〔9〕匝：环绕，满。

〔10〕浚：疏通的意思。

〔11〕障：古同“幛”，指画轴。

〔12〕千寻：古以八尺为一寻。“千寻”，形容极高或极长。

〔13〕刹：梵语“刹多罗”的简称，多指寺庙佛塔。

〔14〕小李：指李昭道，唐朝李思训的儿子，画家。

〔15〕大痴：元代画家黄公望（1269—1354年），号大痴，为“元末四大家”之一。

〔16〕萧寺：梁武帝崇佛，喜造寺，并在寺庙大书“萧”字，后世将佛教寺庙泛称“萧寺”。

〔17〕紫气：紫色的霞气，古人以为瑞祥的征兆，常有“紫气东来”一说，指房屋风水至尊至贵。

〔18〕青霞：引申为隐居、修道之所，此处意为道观，与“萧寺”相对。

〔19〕白苹红蓼：白苹，水上的浮草；红蓼，水边生长的蓼科草类。

〔20〕篮舆：藤轿或竹轿，四川盛行的滑竿，游山多用此物。

〔21〕枥杖：枥木做的手杖。

〔22〕堞雉：堞，齿形的女墙；雉，城上排列如齿状的矮墙，做掩护用。古代计算城墙面积的单位，长三丈、高一丈为一雉。

〔23〕摩诘辋川：摩诘，指唐朝诗人王维，字摩诘；辋川，王维所建“辋川别业”。

〔24〕季伦金谷：指石崇的金谷园，见前注。

〔25〕浮白：原指罚饮一满杯酒，后亦称满饮或畅饮。

〔26〕雪煮：煮雪烹茶。

〔27〕蛮女：白居易家中一名善于跳舞的婢女，腰肢纤细，舞技精湛。白居易为其诗曰：“杨柳小蛮腰。”

〔28〕涵：包容，沉浸。

〔29〕觉（jué）：在此解释为使……感觉。

〔30〕几席：古人凭依、坐卧的器具。

〔31〕大观：规模宏大的壮丽景物。

〔32〕小筑：规模小而比较雅致的住宅。

【译文】 大凡营造园林，不论在乡村还是城镇，都以远离街市喧闹繁华的地方为佳，种植林木，要将杂草清除；景观应借自然环境来营造，在涧流边种植兰花芷草，使之交相辉映。园中小径开辟在有“三益之友”松、竹、梅的花木丛中，这样可以在很长时间里惠泽后代。围墙应掩藏在藤萝间，却又隐约可见，屋架在树梢末端弯弯曲曲地延伸。在依山上的楼阁中极目远眺，放眼望去皆是美景；信步竹林深处，寻求幽胜，因喜爱而醉心其间。屋宇轩昂，廊间空气流通，使人感到高爽，窗户开敞，窗外是低伏的丘陵，这样便能接纳汪洋般的波光，将四季烂漫的花信尽收眼底。梧桐树影洒满大地，槐树的绿荫充满庭院；沿着河堤插种杨柳，绕着房屋栽种梅花；在竹林里结庐造景，开凿一条溪流从旁绕过；山峦叠嶂如锦绣画屏，门前翠景高耸，虽然皆为人工造景，却似天然生成。古刹庙宇在窗中若隐若现，就像唐代李昭道所绘的金碧山水画一般；用劈石堆成的岩峦，又像元代画家黄公望笔下参差雄伟的山水。可以选择萧寺为邻，诵经声便能时常传到耳中；远处山峰更适合借景，利于饱览山间秀色。遥望紫气缭绕的道观，睡时仿佛有仙鹤之声传到枕畔；近看水中漂浮的白苹红蓼，与矶石上的鸥鸟为友。游山，可乘坐竹轿；玩水，手中有枥木手杖。城上齿形的矮墙斜飞半空，水面横跨拱桥，不必去羡慕王维的辋川别墅，也不必去与石崇的金谷园攀比。一湾清水也能消夏避暑，百亩园林不只是为了藏春；驯养鹿群可以用来游猎，养殖的鱼儿可以用来垂钓。夏天在凉亭中饮酒，调冰润渴，可以感觉到竹林中凉风习习；冬天围坐在阁楼的暖炉旁，煮沸雪水，水炉沸腾犹如波涛。唇口的干渴全都消解，所有的烦闷顿时一

① **花墙洞**

即便是墙，古人也能利用各种方式加以装饰，花墙洞就这样产生了。它的作用主要有两个：一个是装饰墙面，另一个是借此处观景。

② **芭蕉**

芭蕉最适宜植于小型庭院的一角或假山之畔。不宜成行栽植，宜散栽几株丛植，绿荫如盖，相当别致。

③ **园门**

此处设门，既能作为联结两个庭院的通道，又可作为漏窗，观看另一园的景色。

④ **铺地**

以冰裂纹的砖铺地，既能防止雨水的冲刷，保护地面，又能作为景致之一装饰整个庭院。

□ **苏州拙政园海棠春坞庭院图示**

苏州拙政园主要分东园、中园、西园三部分。东园占地41亩，以平冈草地为主，环以山地亭阁，山峦明秀、景物疏旷，大门后的主建筑物为兰雪堂，堂中有一屏风分隔为两厅；“兰雪堂”之名取自李白诗“独立天地间，清风洒兰雪”之意。中园是拙政园的精华所在，面积18.5亩，水面约占二分之一，总体布局以水池为中心，临池建有形体不同、高低错落的建筑。海棠春坞是其中一个独立的小庭院，因院中多植海棠而得名。

扫而空。夜晚雨打芭蕉，好似夹杂着鲛人的泪滴；清晨微风吹拂着柳枝，就像小蛮扭动的纤细腰肢。移植几株修竹在窗前，分栽几棵梨树于庭院。月色荡漾，照入室内，吹动床上的琴书，瑟瑟秋风，掠过水面，吹皱了倒映着的半轮明月。在矮榻上浅卧，感觉到清风袭来，胸气顿时远离凡尘。天窗与窗户不必拘泥于定式，怎么方便就怎么修，但要与环境相宜才合用；栏杆可以随手设计式样，也要根据具体环境而定。图式设计要有新意，要裁除陈旧的套路，这样为之，虽然对景象盛大的建筑不会有大的影响，但对规模小且比较雅致的宅院却很适宜。

相地

详述园地的勘察选择。包括环境和自然条件的评价，地形、地势和造景构图关系的设想，内容和意境的规划性考虑等。

【原文】园基〔1〕不拘方向，地势自有高低；涉门成趣，得景随形，或傍山林，欲通河沼。探奇近郭，远来往之通衢〔2〕；选胜落村，藉参差之深树。村庄眺野，城市便家。新筑易乎〔3〕开基，只可栽杨移竹；旧园妙于翻造，自然古木繁花。如方如圆，似偏似曲；如长弯而环璧〔4〕，似偏阔以铺云〔5〕。高方欲就亭台，低凹可开池沼。卜筑贵从水面，立基先究源头，疏源之去由，察水之来历。临溪越地，虚阁堪支；夹巷〔6〕借天，浮廊〔7〕可度。倘嵌他人之胜，有一线相通，非为〔8〕间绝，借景偏宜；若对邻氏之花，才几分消息，可以招呼，收春无尽。架桥通隔水，别馆〔9〕堪图；聚石叠围墙，居山可拟。多年树木，碍筑檐垣〔10〕，让一步可以立根，斫〔11〕数桠不妨封顶〔12〕。斯谓雕栋飞楹构易，荫槐挺玉成难。相地合宜，构园得体。

【注释】〔1〕园基：建造园林的地基。

〔2〕衢：四通八达的道路。

〔3〕乎：介词，同“于”。

〔4〕环璧：圆形的玉器，这里比喻地形幽雅曲折。

〔5〕铺云：像铺满层层的云。

〔6〕夹巷：夹在街道两旁的小巷。

〔7〕浮廊：空廊。

〔8〕非为：不是为了。

〔9〕别馆：帝王在京城主要宫殿以外的备巡幸用的宫室，即所谓“离宫别馆”。此处指建立在别地的馆舍。

〔10〕碍筑檐垣：指树木靠近建筑物，妨碍挑檐和砌墙。

〔11〕斫：大锄；引申为用刀、斧等砍。

◎ 择宅风水图示

《释名》中说："宅，择也，择吉处而营之也。"在建造房屋时，房子的北面最好有山岭屏障以阻挡寒风，南面最好有辽阔的平原以便耕作，房屋侧面最好有水源顺注，远处最好有宜人的风景，此即为建造园林最基本的条件。

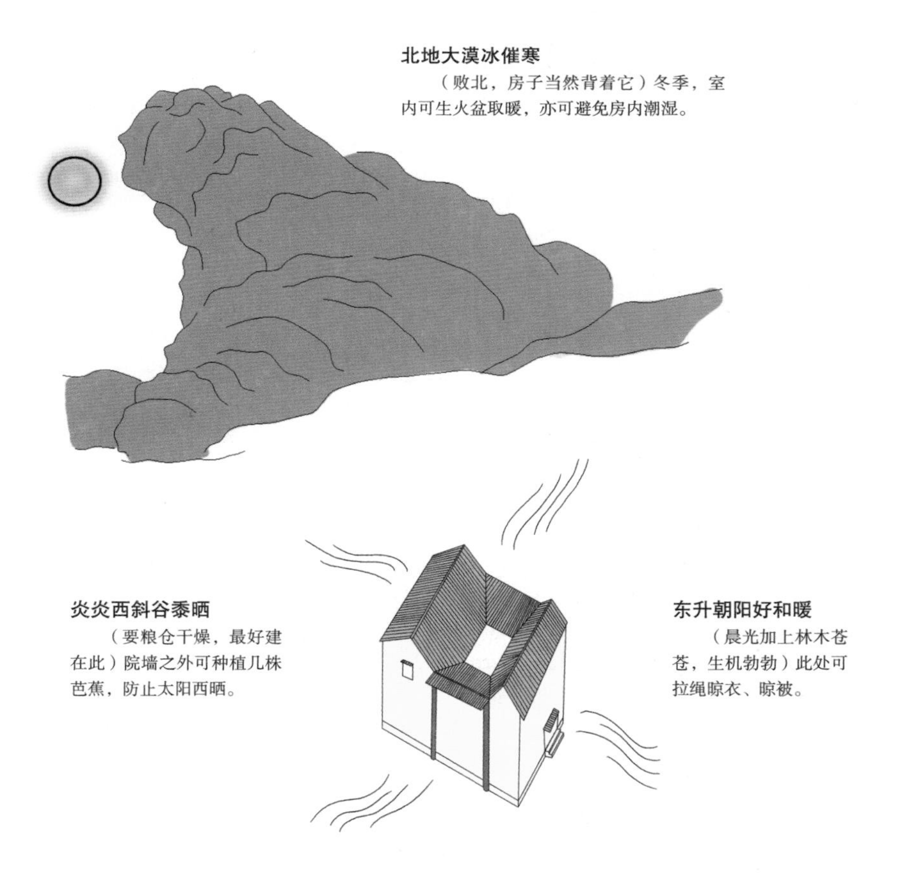

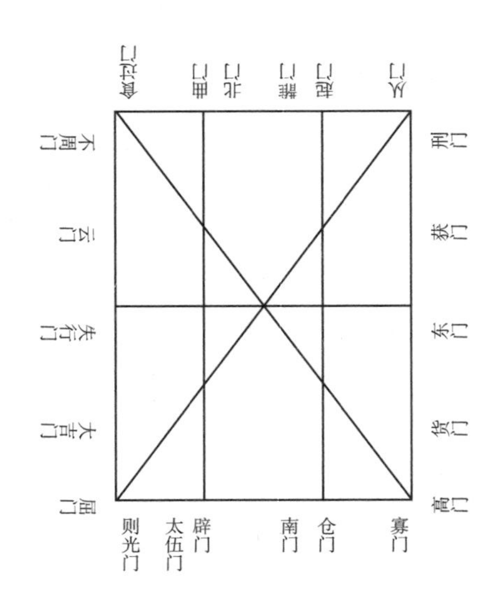

□ **置室门吉凶图示**

此图所示主要涉及二十二扇门所主的吉凶祸福。图为下南上北的宅院，院的北面有大殿，殿左有猪圈和仓囤，殿右有羊圈；左右各有五扇门，上下各有六扇门。古人建房选址均将风水作为首要，为了避免所谓“凶宅”之祸，对住宅建筑的选址十分讲究。清代高贝南曾说：“欲求住宅有数世之安，须东种桃柳，西种青榆，南种梅枣，北种奈杏。”细究起来，此种说法很有些科学道理，因为它符合植物学中树种的生理特性，如桃、柳喜欢温暖向阳，因此宜栽于宅之东；而梅树、枣树喜阳，宜种于宅之南；榆树的枝叶可挡住西晒太阳，故栽于宅之西最佳；而杏树不喜欢阳光，因而宜种于宅之北面。选择“吉宅”宅地，古人所谓的“风水”，其实讲究的是居住环境的幽静、透光、通风、舒适和绿化。

〔12〕封顶：植株的顶芽停止生长。

【译文】园林的地基不受方向的限制，地势也可以任其高下起伏。进入园林就应有山水的趣味，景观都得自自然的地形，要么与山林相依，要么与河沼相连。要想在临近城郭处获得妙景，应远离四通八达的交通要道；要想在乡村田园得到幽静胜景，则要借用高低起伏的丛林。在村庄建造园林，要眺望田园，在城郭建造园林则要便于居家。新建园林，容易先开出地基，同时移栽杨林和竹丛；旧有的园林，可以巧妙地翻新改造，自然就可以巧用原有的古树和繁花。园林的布局，要利用天然的地势，当方则方，当圆则圆，当偏则偏，当曲则曲。长而弯曲的地形就

立意

诗画讲究“以意为先”“贵先立意”“意犹帅也”，造园艺术同样如此。中国园林在造园时便有明确的立意，园中建筑和景物皆根据其“意”来营造，例如苏州网师园的命名立意：网师者，渔人也，即屈原诗中写到的渔父，古人常把此作为隐居山林江湖的比喻。围绕这一立意，网师园中所建亭阁房屋，都如村舍般简实平朴，无富贵之气。所有景物处处以水为邻，真切地呈现“渔隐”的诗情画意。

高下

园林忌讳营造得像平原一样平，必须要有高低起伏的轮廓变化。不只是园林，住宅也应该如此。前面低后面高，这是一般的道理。然而假如地势不是这样，却勉强要这样去做，也就犯了拘泥死板的毛病。然则因地制宜的办法是：地势高的地方造屋，地势低的地方建楼，这是一种办法；低的地方叠石造假山，高的地方引水建水池，这又是一种方法；还有一种方法，依地势高低，高则把它变得更高，在高坡上修亭阁、垒石峰，低则把它变得更低，在低洼潮湿的地方挖塘凿井。这些都没有固定的办法，但对因地而宜的变化，其领会也全在营造者本人。

要设计成圆环碧玉状，开阔的斜坡则要设计成层层错落的铺云状。高的地势应在其高方处修筑亭台，低凹处则应就其低洼开掘池塘；园林建筑的位置贵在靠近水面，确定地基要先探察水源，既要疏通水的出口，又要察明水的源头。紧邻溪流的开阔之地，适合架设虚阁以远眺游憩，借照天光的夹巷，房廊应当可以通度。倘若有他处的胜景嵌入，只要有一线相通，就不要隔绝，即使偏一些，也要借用。对面邻家园子里的花草，即使只露出几分，也足够生情，感受到无限春光。架一小座小桥可以沟通隔水，这样也便于在僻静处构筑馆舍；用乱石垒砌围墙，也能有山居的感觉。假如有多年的老树，靠近建筑，妨碍挑檐和砌墙，不妨把建筑物退一步，以保护树木。砍掉一些枝桠，不会妨碍顶芽生长。这就是所谓的雕栋飞檐容易修建，而挺拔玉立的槐荫古树却难长成。总的来说，选择的地形如果合宜，营造的园林自然得体。

山林地

【原文】园地惟山林最胜，有高有凹，有曲有深，有峻而悬，有平而坦，自成天然之趣，不烦人事之工。入奥〔1〕疏源，就低凿水，搜土开其穴麓〔2〕，培山接以房廊。杂树参天，楼阁碍云霞而出没；繁花覆地，亭台突池沼而参差。绝涧安其梁，飞岩假其栈；闲闲〔3〕即景，寂寂探春。好鸟要朋，群麋偕侣。槛逗几番花信〔4〕，门湾一带溪流，竹里通幽，松寮〔5〕隐僻，送涛声而郁郁，起鹤舞而翩翩。阶前自扫云，岭上谁锄月。千峦环翠，万壑流青。欲藉陶舆〔6〕，何缘谢屐〔7〕。

【注释】〔1〕奥：指地势隐蔽。

〔2〕麓：山脚下。

〔3〕闲闲：从容自得的样子。

〔4〕槛逗几番花信：槛，栏杆；逗，停留；花信，花信风的简称，即花开时带来开花讯息的风。

◎圆明园之方壶胜境图示

方壶胜境是圆明园四十景之一，位于圆明园福海东北角，是海神的祭祀之处。它的主要建筑由临水的一组对称的宫室组成，东西各有一组小型的建筑小品，东为蕊珠宫，西为仿西湖十景之一的三潭印月；前部是三座重檐大亭，呈“山”字形伸入湖中；中后部的九座楼阁中供奉着两千多尊佛像、三十余座佛塔，建筑宏伟辉煌，是一处仙山琼阁般的著名景观，主体阁楼实为一座寺庙建筑。

① 建筑

此处的建筑依山傍水，周围的山脉、水流、朝向都与穴地协调，房屋左右对称，聚财聚气。正如《阳宅撮要》所说的：“凡阳宅须地基方正，间架整齐，若东盈西缩，定损丁财。”

② 水

水为生气之源，按照风水学的理念，水主财，水来之处谓之“天门”，若不见源流谓之“天门开”；水去之处谓之“地户”，若不见去处谓之“地户闭”。天门开，象征财源不断；地户闭，象征财用不竭。入水口和出水口均为暗道，分别象征天门开和地户闭。风水观念在这里被表现得透彻淋漓，每一个景点都以风水的用语来表现兴隆的象征。此处不仅风水极好，还保持自然的野趣，追求建筑和自然环境的“天人合一”，这也正是绝佳的风水与山水、建筑的自然完美结合才能达到的境界。

③ 山

清代的《阳宅十书》指出："人之居处宜以大地山河为主，其来脉气势最大，关系之人祸福最为切要。"风水学重视山形地势，把小环境放入大环境考察。风水学把绵延的山脉称为"龙脉"。龙脉的形与势有别，千尺为势，百尺为形，势是远景，形是近观。势是形之崇，形是势之积。有势然后有形，有形然后知势。势住于外，形住于内。势如城郭，形似楼台。势是起伏的群峰，形是单座的山头。认势则难，观形则易。势为来龙，若马之驰，若水之波，欲其大而强，异而专，行而顺。此处的山形厚实、积聚、藏气，还有朝案之山，所谓"朝山""案山"指的是似朝拱伏案之形的山，就像臣僚簇拥着君主，这种山势也寓意"此处为帝王将相之地"。

④ 气

气是万物的本源，太极即为气，一气积而生两仪，一生三而五行具，土得之于气，水得之于气，人得之于气，气感而应，万物莫不得于气。在有生气的地方修建城镇房屋，这叫做"顺乘生气"。只有得到滚滚的生气，植物才会欣欣向荣，人方能健康长寿。此处气行水随，紫气如盖，苍烟若浮，云蒸雾霭，石润而明，一片生机勃勃的景象，是生气集聚的地方。

◎山林地图示

陶渊明的《归园田居》给世人留下了众多想象，高渺悠远的文学意境与中国古典园林的造园境界高度契合，诗中所述“种豆南山下，草盛豆苗稀。晨兴理荒秽，带月荷锄归。”的隐居状态，不仅体现了古人与荒林山行的密切关系，也为园林选地提供了平朴的可能。

① 桥梁

在水涧绝径之处安架桥梁，这样既利于交通又可增添几分趣味。

② 流水

依照山势，利用地形自然排水，具有灌溉、抗旱、防灾等多重作用。

③ 山涧

山隙之中，潺潺溪水流过，可赏，可玩。

④ 植物

随山势高低不同使山上植被随意变化，丰富了园林的构建元素。

⑤ 居室

在山林之地，最大的优势就是可在山中建屋，林中修房。此处，春日花香鸟语，夏日溪水潺潺，秋日落叶缤纷，冬日大雪漫天，四季妙景均可赏到。

⑥ 建筑

依山势建筑能使园林更富情趣。

⑦ 亭

亭、阁、轩、榭是园林之中运用得最灵活的构景元素，山坡建亭有点景之意。

〔5〕寮：小窗、小屋。

〔6〕陶舆：陶指陶渊明，又名潜，东晋文学家。《陶潜传》中写道：“向乘篮舆，亦足自适。”

〔7〕谢屐：谢指谢灵运，东晋年间的著名诗人。在寻山涉水时，为防止打滑，发明了一种木屐，上山去其前齿；下山去其后齿，世称“谢公屐”。

【译文】营造园林以山林为最佳，因为这里有高有洼，有曲有深，或是峻峭的悬崖，或是开阔的平地，本身就很有天然雅趣，无须劳烦人力去改造。到隐蔽处疏浚源流，在低洼处开凿池塘；挖掘土方，以开辟洞窟和山脚，培土成山，以连接房屋和长廊。园林中杂树参天，楼阁高耸，好似妨碍了云霞的出没，地面上繁花覆被，亭台突出于池塘边而显得高低错落。水涧绝径处架设桥梁，飞岩悬崖处铺设栈道。从容自得时处处皆是景色，孤寂落寞时随处可得春光。美丽的小鸟呼朋唤友，欢快的鹿群结伴而行。栏杆里逗留几番花信，园门外环绕一湾清流；竹林里幽径通往深处，松林里小屋隐于偏僻之地，松涛阵阵，如仙鹤展翅。台阶前白云抚地飘动，山岭上是谁正将乌云锄开，显出新月？青翠的草木环绕千重山峦，碧绿清泉流入万条沟壑。如果游山玩水，可以像陶渊明那样乘坐竹轿，更不必担心与谢灵运的木屐无缘了。

城市地

【原文】市井〔1〕不可园也；如园之，必向幽偏可筑，邻虽近俗，门掩无哗。开径逶迤，竹木遥飞叠雉；临濠〔2〕蜒蜿，柴荆横引长虹。院广堪梧，堤湾宜柳；别〔3〕难成墅，兹〔4〕易〔5〕为林。架屋随基，浚水坚之石麓；安亭得景，莳〔6〕花笑以春风。虚阁荫桐，清池涵〔7〕月。洗出千家烟雨〔8〕，移将四壁图书〔9〕。素入镜中飞练，青来郭外环屏。芍药宜栏，蔷薇未架；不妨凭石，最厌编屏〔10〕；未久重修，安垂不朽？片〔11〕山多致，寸〔12〕石生情；

山林地园林

商周时期，帝王粗辟原始的自然山水丛林，以狩猎为主，兼供游赏，称为苑、囿。由此可见，山林地不仅是建造园林的佳地，也是中国园林的源起之地。山林地园林多为帝王宫苑，占地广，少则几百公顷，多则方圆几百里。如始建于秦代的上林苑，经汉武帝重新修葺后，其范围“南至宜春、鼎湖、御宿、昆吾；旁南山，西至长杨、五柞；北绕黄山，滨渭而东。周袤数百里”。从汉代起，始有达官贵人在山林地造园，《西京杂记》载：“茂陵富人袁广汉，藏镪巨万，家僮八九百人，于北邙山下筑园，东西四里，南北五里，激流水注其内，构石为山，高十余丈，绵延数里。养白鹦鹉、紫鸳鸯、牦牛、青兕、奇禽怪兽委积其间，积沙为洲屿，激水为波澜。其中江鸥海鹤，孕雏产，延漫林池，奇树异草，靡不具植。屋皆徘徊连属，重阁修廊。”隋唐时，山林地造园盛极一时，如王维的辋川别业、白居易的庐山草堂、李德裕的平泉山庄皆建于山野之地，以园林建筑和富有特色的山水、植物为主体，构成一个个雅致独特的园林景观。

◎城市地图示

在城市中造园极其不易，车马喧嚣，人声鼎沸，很容易破坏园林意境。因此，若真要在城市地中建造园林，务必闹中取静，独辟幽径。择一处佳境，能将凡俗隔离屏蔽，一如陶渊明的诗中“结庐在人境，而无车马喧”之境界，如此，造园方可能成功。

① 墙

前面的院墙要筑得低矮一些，如果要在墙下种植爬藤植物，可往墙面洒上鱼腥水，以使草的藤蔓顺墙攀沿。

② 树

幽静的房屋旁边只要有空地，就可种上芭蕉。芭蕉能使人有情趣且免于俗气，与竹子有着同样的作用，而且芭蕉树更容易栽种，一般一两个月就可成荫。

③ 坐凳

露天坐凳，宜用矮平的太湖石，将它们散放四周。其他的石墩、瓷墩之类，都不可用。

④ 亭

亭内可设茶具，作为茶寮。风和日丽之时雇用小工专事煮茶，专供白天夜晚清谈闲聊的茶水，这是山林隐士的首要之事，不可或缺。

⑤ 桥

曲折蜿蜒的河流之上，须用文石架桥，石桥上雕刻云气、景物，做工务求精细，不可流俗。若是小溪山泉，则用石子垒成小桥最好，四周还可种上绣墩草。

⑥ 铺路

道路及庭院地面用武康石块铺设，最为华丽整洁。林间的小道、池水岸边，用石子铺砌，或者用碎瓦片斜着嵌砌，雨水经久便生苔藓，自然天成，古色古香。

⑦ 庭院

庭院里可浇洒一些米汤，雨后就会生出厚厚的苔藓，青翠可爱。还可以沿着屋基种满翠云草，夏日茂盛时，苍翠葱茏，随风浮动，煞是好看。

⑧ 流水

潺潺的流水之中，可放养一些鱼，闲时便可观鱼以打发时间。观鱼应当早起，最好在日出之前，不论池塘中还是盆缸里，此时鱼儿都在水中游动。若在凉爽的月夜观鱼，则另有一番美景，此时水映月影，鱼儿穿梭腾跃，鳞波闪闪，令人耳目一新。至于清风徐徐，泉水潺潺，雨后新涨，绿波荡漾，这都是观鱼的胜境。

窗虚蕉影玲珑，岩曲松根盘礴[13]。足征[14]市隐，犹胜巢居[15]，能为闹处寻幽，胡舍近方图远；得闲[16]即诣[17]，随兴携游。

【注释】〔1〕市井：街市，古代城邑中集中买卖货物的场所。

〔2〕濠：底部安放有竹刺的护城河。

〔3〕别：另外。

〔4〕兹：这个，此。

〔5〕易：改变。

〔6〕莳：移植，栽种。

〔7〕涵：沉，潜。

〔8〕千家烟雨：指千家万户都笼罩在烟雨迷蒙之中，形容雨后初晴。

〔9〕四壁图书：指书在房间里将四面墙都占满，形容藏书之富。

〔10〕编屏：用花木编成的屏风。

〔11〕片：少，零星。

〔12〕寸：短小，引申为极短。

〔13〕盘礴：盘屈牢固貌。

〔14〕征：证明。

〔15〕巢居：指上古或边远之民于树上筑巢而居，这里解释为隐居山野。

〔16〕闲：安静，清净。

〔17〕诣：到。指要达到的境界。

【译文】 市井中不适合营造园林。如果要营造，必须选择幽静偏僻处，虽然邻近凡尘喧嚣，但掩上门便没有喧哗声了。开辟的小径蜿蜒曲折，在竹丛中遥遥可见斜飞的城墙；底部安放有竹刺的护城河弯弯曲曲地伸向远方，柴门直接与拱形长桥相通。宽敞的庭院可以种植梧桐，弯弯的河堤适合栽插杨柳；难以营造别墅的地方，可以变为林地。构筑房屋应按园基的布局，疏通流水要用石头砌成坚固的墙堤；安置亭台是为了造景，栽种的花草在春风中含笑。虚阁隐藏在梧桐的树荫里，月亮潜沉在清澈的池水

布局

园林营造，在布局上须做到互相因借，巧妙联系，有主从之分，达到和谐统一的节奏与韵律。布局形式通常有五种：一是由单独的建筑物与周围景物结合，构成开放的观赏空间，建筑物是这个空间的主体，因此对建筑物本身的造型要求很高，即要能在自然环境的衬托下给人美感；二是由建筑群组合构成的开放性空间，即由多个分散的厅、阁、亭、榭等，在园林形成分隔与穿插的空间，再由桥、廊、铺地、路等将这些分散的建筑物互相连接，就地形高下，随势转折；三是以建筑物围圈起来的庭院空间，可以是单一庭院，也可由多个大小不同的庭院相互穿插、渗透成统一空间，这种组合方式，有众多房间来满足园林主人的需要，也可以山水花木的配合来突出庭院的自然意境；四是混合式的空间组合，即结合以上几种组合形式使用；五是统一园林的总体布局，对规模较大的园林，从地理条件、功能等把统一的空间划分成多个有特色的区域式景点。

中，月光洗净了千家烟雨，照亮了四壁图书。瀑布如白绢映入镜中，青山如翠屏环绕廊外。芍药宜用围栏保护，蔷薇也不必搭建花架，围栏可以用山石构筑，而花卉要忌用架编成花屏。如果花木不经常修剪，怎么能使之永保鲜艳茂盛？零星的山可以增加情致，小小的石头也足以生情。窗户虚掩，透进玲珑的芭蕉树影，山岩曲折，嵌入盘屈的松柏树根。这足以证明，隐居于闹市中，也可能胜于隐居山野。能在嘈杂纷扰的市井中寻得幽静，何必一定得舍近求远？能在悠闲中得到这般境界，兴致来了还可邀友同游。

村庄地

【原文】 古之乐田园者，居于畎亩〔1〕之中；今耽〔2〕丘壑者，选村庄之胜。团团篱落，处处桑麻；凿水为濠，挑堤种柳；门楼〔3〕知稼，廊庑连芸〔4〕。约十亩之基，须开池者三，曲折有情，疏源正可；余七分之地，为垒土者四，高卑无论，栽竹相宜。堂虚绿野犹开，花隐重门若掩。掇石莫知山假，到桥若谓津〔5〕通。桃李成蹊〔6〕，楼台入画。围墙编棘，窦〔7〕留山犬迎人；曲径绕篱，苔破家童扫叶。秋老蜂房未割，西成鹤廪〔8〕先支。安闲莫管稻粱谋〔9〕，沽酒不辞风雪路。归林得意〔10〕，老圃〔11〕有余。

【注释】 〔1〕畎亩：指田地、田间、田野。《孟子·告子下》："舜发于畎亩之中。"

〔2〕耽：沉溺，迷恋。

〔3〕门楼：门楼是汉族传统建筑之一，作为一户人家贫富的象征。这里泛指大门。

〔4〕廊庑（wǔ）连芸：廊庑，堂前的廊屋。《史记·魏其武安侯列传》："所赐金，陈之廊庑下。"《汉书·窦婴传》引此文，颜师古注："廊，堂下周屋也。庑，门屋也。"清代吴伟业《赠苍雪》诗："通泉绕阶除，疏岩置廊庑。"芸，香草名，也称"芸香"。

◎村庄地图示

篱笆土墙，枯树柴门，在村庄地建造园林尽管少了山林地的大气磅礴，也没有城市地的交通便利、曲径通幽，却多出了许多野逸之风。放眼远眺，能见万亩良田、十里荷花，能真正达到“不设藩篱，恐风月被他拘束；大开户牖，放江山入我襟怀”的境界。

① 山

村庄山野之地，妙在浑然天成的自然之趣，在此可像隐士一般，避开凡俗尘物、车马喧闹，静享桃源般的生活。若有山，可以山为屏，山下种植各种花木，使四季皆可欣赏佳景；山上修建小亭，亭中摆放桌凳，即可于此处领略山下美景。

② 佛堂

佛堂筑五尺高的台基，建阶梯通往堂前。佛堂前设小轩，两侧开旁门，后面与供奉佛像的厅堂相通。厅堂用石子铺砌地面，陈设幡等佛事用具，另外开设一门通往后面小室，小室内可放置卧榻。

③ 丈室

丈室用于隆冬寒夜，其规格大约与北方的暖房相同，室内可设置卧榻和禅椅等。前面的庭院要宽敞，便于接收阳光；西面开设窗户，用来接收西斜的日光，北面不必开窗。

④ 浴室

浴室用墙分隔为前后二室。水锅、炉灶前后分置，前室架铁锅盛水，后室砌炉灶烧火。前室密闭，不让寒风进入。靠近墙边凿井并架设辘轳提水，在墙上凿孔引水入内，屋后开沟排水。

⑤ 水

山因水而灵，乡野之地多了水，就多了几分灵气。此外，还可将竹子剖开，连接在一起，将水直接引入菜圃中，这样就省去了挑水种菜的辛劳。还可在地下挖出管道，将潺潺的溪水直接引入庭院之中，院中修池，这样就可以用活水在院中养鱼了。

⑥ 菜圃

蔬菜超过肉食的最大好处，独在一个“鲜”字。在乡村田野之地开几亩薄地，种植新鲜蔬菜，此种享受唯居住在村野之人才有。

⑦ 亭

亭台水榭不能遮蔽风雨，因此，内置器物用具不必特别贵重，但过于粗俗也难以使用，应置备一些厚实耐用、古朴自然的桌凳。

⑧ 种树

碧桃、人面桃开花迟一些，但比一般的桃花更美，池塘边、庭院内可多种一些。但是，桃树不要与柳树种在一起，那样会显得很俗气。

〔5〕津：渡口。

〔6〕桃李成蹊：源自西汉司马迁《史记·李将军列传论》：谚曰："桃李不言，下自成蹊。"意为桃树虽不招引人，但因它有花和果实，人们在它下面走来走去，就走成了一条小路。

〔7〕窦：孔道，指狗洞。

〔8〕酉成鹤廪：酉成，秋季收成；鹤廪，指俸禄，唐代俸禄称"鹤料"。廪，粮米。

〔9〕稻粱谋：原指鸟觅食，后比喻人谋求衣食。

〔10〕意：心愿，愿望 。

〔11〕老圃：老农。

【译文】 古时喜欢田园风光的人，常居住在乡野里；而今迷恋山陵和溪谷的人，常选择风景迷人的村庄居住。家家柴门篱笆，到处桑树苎麻；开凿水源而修壕沟，培土筑堤栽插杨柳。立于门楼之上就能看见庄稼，廊屋与芸香相连。十亩左右的地基，应当用十分之三的面积开凿成池塘，使之曲折而有情致，也正好可以疏通水源；余下十分之七的地基，用十分之四来垒土造山，所造的山不论高矮，以种竹最为适宜。厅堂轩敞，以利面开开阔的绿野；花木掩映，深深庭院，花隐重门若闭。垒石成山，使人难辨真假；断处架桥，路尽处要有渡口可通。桃李树下，自成小径，亭台楼阁皆可入画。用荆条编成的围墙，留出的孔道刚好适合山犬出迎宾客；曲径为篱笆环绕，苔藓因家仆打扫落叶而踏破。秋光已老，蜂房的蜂蜜还没有割取，但秋季的收成和俸禄足可提前享用。安闲无忧不用为生计口粮担忧，买酒自乐也不怕风雪阻道。如愿以偿归隐山林，如老农一般劳作也是自足有余。

郊野地

【原文】 郊野择地，依乎平冈[1]曲坞[2]，叠陇[3]乔[4]林，水浚通源，桥横跨水，去城不数里，而往来可以任意，若为快也。谅[5]地势之崎岖[6]，得基局之大小；围知版筑[7]，构拟习池[8]。开荒欲引长流，摘[9]

挖湖堆山

原有地形、地貌是园林择地的关键因素，但整体构思时又不能过于拘泥于原有条件，应根据造园的需要挖湖堆山。挖湖堆山是造园的大事，须注意以下几方面。第一，山丘、湖泊的大小要结合园林的整体大小，计算因挖湖堆山所减少的平地使用面积，以使山、湖、地比例适度。过高、过陡的堆山，超过土壤和地面承载力，容易坍塌。第二，因地制宜，就地取材改造地形，高的位置堆山，低的地势挖湖；根据当地水文、气象等情况，考虑整体景观的协调性，以利用为主，改造为辅，严密计算挖填数量运距，减少工程量和运输量。第三，符合自然山水形成规律，营造小气候环境。西北面堆山，可以遮挡冬天的寒风，向阳的地方增加植物种植面积。风水学称："左有流水谓之青龙，右有长道谓之白虎，前有污池谓之朱雀，后有丘陵谓之玄武，为最贵地。"第四，充分认识地表植物的固土作用，合理配置山体植物，不要只种植乔木或灌木，如果忽略草本地表植物种植，容易形成山体泥石坍塌，造成树木倾倒，根部裸露，植物无法正常生长。

景全留杂树。搜根[10]带水，理顽石而堪支；引蔓通津，缘飞梁[11]而可度。风生寒峭，溪湾柳间栽桃；月隐清微，屋绕梅余种竹。似多幽趣，更入深情。两三间曲尽春藏，一二处堪为暑避。隔林鸠唤雨，断岸马嘶风。花落呼童，竹深留客。任看主人何必问，还要姓字不须题。须陈风月清音，休犯山林罪过。韵人安亵，俗笔偏涂。

【注释】〔1〕平冈：指山脊平坦处。

〔2〕坞：四面高中间凹下的地方，即山坳。

〔3〕陇：土埂。

〔4〕乔：高

〔5〕谅：同“量”，衡量。

〔6〕崎岖：山路高低不平。

〔7〕版筑：夹板中填入泥土，用杵夯实而筑的土墙。

〔8〕习池：习家池，一处历史悠久的郊野园，位于今湖北襄阳。

〔9〕摘：借。

〔10〕根：挖掘墙壁的根部。

〔11〕飞梁：凌空而架的桥。

【译文】在郊野选择园地，要依山利用自然的地形，如平缓的小山、曲折的山坳、层叠的土埂、茂密的树林，修浚要有连通的源头，河水要有横跨的桥廊，到城廓不过数里之遥，利于任意往来，若是这样，就十分称心如意了。规划布局要衡量地势的高低不平的程度，以决定地基的大小；围墙适宜泥土夯成，池塘可以仿照习池来构建。当开辟荒地时要疏引长流，当借物取景时要完整地保存杂树。墙壁的基底应填充坚硬的石头才足以支撑，同时防止水的侵蚀；将涓涓细流导入池水，可以凌空架设渡槽。初春寒风料峭的时候，在溪湾柳林间栽种桃树；夜晚星疏月淡的时候，在围绕屋子的梅花间隙里种植几株修竹。这样会多一些幽雅情致，更多出几分诗情画意。两三间书斋画室尽可收藏春色，一二处水榭凉亭是可以清凉消暑。隔着树林倾听呼雨的鸠鸟，断岸之处听马儿嘶鸣般的呼风。满

理水

理水，指各类园林中的水景处理，如水的源头，池塘湖泊的大小与分隔，河流溪涧的长短与曲折，水面与倒影的设计，乃至水中植物、鱼类的养殖等，还包括水与园林所有事物之间的相互联系。古典理水方法主要有两种。第一为“掩”，利用建筑和绿化将曲折的池岸加以掩映。除主要厅堂前的平台外，为了突出临水建筑的位置，皆可往前架空挑出水面，这样一来，水就宛如自下流出，打破了岸边的视线局限；还可以临水种植蒲苇，杂草迷离，给人以池水无边的视觉感受。第二为“隔”，陈从周在《说园》中谈到“水曲因岸，水隔因堤”，建造堤、廊、桥等将水面横断，再配置适当的植物，可增加风景的幽深和层次感。皇家园林大多是以一山一岛为中心，以水围绕，水面有聚有分，聚则水面辽阔，分则增加层次变化，并以此组织不同的景区。苏州园林则多以水池为中心，建筑围池而建，少有岛屿和桥梁。水中植荷花、睡莲、荇、藻等，或放养观赏鱼类，再现林野荷塘、鱼池的景色。水的处理不是孤立的，必须与山、建筑、周围的环境结合。理水的方法，重点在于意境，故虽有法，亦不能拘于法。

◎郊野地图示

明末以来士人最崇尚郊野墅园。山间村野，水边林下，和优美的自然环境融为一体。清代的沈复在《浮生六记》中曾称赞郊野地："村在两山夹道中，园依山而无石，老树多极纡回盘郁之势。亭榭窗栏尽从朴素，竹篱茆舍，不愧隐者之居，中有皂荚亭，树大可两抱。余所历园亭，此为第一。"

处于郊野的士大夫宅园有泉石之幽、亭台之胜、花木之荣，不仅宜居，而且宜游、宜诗、宜画、宜聚，而这亦是文人士大夫建造园林的首选。

① 楼

郊野地，最绝妙之处在于只需筑墙习池，开荒引流，理顽石，支小桥，修楼建房即可。不过需要注意的是，在郊野建楼，若用作居住的，应小巧玲珑；若专供登高望远的，须宽阔敞亮；若用于藏书画的，则必须地势高凸、干爽透风。

② 庭院

郊野之地，贵在自然野趣，因此庭院地面不可铺砌细方砖，屋顶露台倒是可以铺。忌在两根立柱当中的横梁与屋顶脊梁之间镶嵌斜向的支撑木柱，这是旧式做法，不太雅致。忌用木板隔墙，凡是隔墙必须用砖。忌在梁椽上描画花纹图案，如年久老屋，木色已旧，确需绘饰，必须由手艺高超的工匠操作。

③ 大门

凡是进门之处，一定要稍有曲折，不能太直。房屋的前部必须有三根门柱，旁边再附一小间，能置放卧榻。朝北的庭院，不要太大，因为北风猛烈。

④ 室

此处可作琴室，闲时可在此赏景作乐。古代有些人会在琴室的地下埋一口大缸，里面悬挂铜钟，用此与琴声产生共鸣，但是这不及在楼房底层弹琴的效果。因为上面是封闭的，声音不会散；下面空旷，声音也透彻。或者设在大树、修竹、岩洞、石屋之下，地清境净，更具风雅。

⑤ 石阶

门前石阶，最好在三级到十级之间，一般来说，越高越显得古朴，但是要用有纹理的石头剖开制成。可在石阶缝隙里种上一些沿阶草或者野花草，枝叶纷纷，披挂在石阶上，别有一番风趣。

⑥ 草木

庭院中的草木不可过于繁杂，也不可随处种植。应该让它四季更替，即可景色不断。但是，桃、李不可植于庭院，只宜远望；红梅、绛桃，只是林中点缀，也不宜多植。

⑦ 池塘

湖、池塘之中可放长一丈多、宽三尺左右的小船，有时湖面泛舟，有时停靠柳岸，月夜垂钓。用蓝布作船篷，两边伸出作檐，前面用两根竹竿支撑，后面固定在船尾。但需一小童撑船。

园落花催促仆童打扫，幽深迷人的竹林吸引客人停留。客人随兴观赏无需主人陪同，甚至无需向主人报题姓名。郊野造园，必须展现风清月朗的自然韵律，千万不要犯破坏山林的罪过。风雅的人不会亵渎天然美景，只有庸俗的人才会醉心于信笔涂鸦。

傍宅地

【原文】宅傍与后有隙地可葺园〔1〕，不第便于乐闲，斯谓护宅之佳境也。开池浚壑，理石挑山。设门有待来宾，留径可通尔室。竹修林茂，柳暗花明；五亩何拘，且效温公之独乐〔2〕；四时不谢，宜〔3〕偕小玉〔4〕以同游。日竟花朝〔5〕，宵分月夕〔6〕。家庭侍酒，须开锦幛〔7〕之藏；客集征诗，量罚金谷之数。多方题咏，薄有洞天。常余半榻琴书，不尽数竿烟雨。涧户〔8〕若为止静，家山何必求深。宅遗谢朓〔9〕之高风，岭划孙登之长啸〔10〕。探梅虚蹇〔11〕，煮雪当姬。轻身尚寄玄黄〔12〕，具眼胡分青白〔13〕。固作千年事，宁知百岁人；足矣乐闲，悠然护宅。

【注释】〔1〕葺园：原指用茅草覆盖房子，后泛指修理房屋。此处指建造园林。

〔2〕且效温公之独乐：见“自序”注释。

〔3〕宜：应该，应当。

〔4〕小玉：泛指侍女。

〔5〕花朝：有鲜花的早晨。

〔6〕月夕：有明月的夜晚。指美好的时光和景物。

〔7〕锦幛：锦制的帷幕。

〔8〕涧户：在两山夹水处建造的房屋。

〔9〕谢朓：南朝齐诗人，以山水诗闻名于世。

〔10〕孙登之长啸：孙登，三国时魏人，弃世隐居山林，与阮籍交好。一次，阮籍至半岭，闻孙登长啸，声如凤凰。

〔11〕探梅虚蹇：探梅指的是踏雪寻梅的典故。张岱的《夜航船》

里记载，孟浩然情怀旷达，常冒雪骑驴寻梅，曰：“吾诗思在灞桥风雪中驴背上。”虚，无的意思。蹇，即驴。

〔12〕玄黄：指天地的颜色，玄为天色，黄为地色。这里指天地。

〔13〕具眼胡分青白：不必用青、白眼看人。青眼表示对人的嘉许，白眼表示对人的轻蔑。这里指无须太过在意世间好坏。

【译文】 住宅旁边或屋后的空地都可以用来营造园林，不但便于行乐消闲，而且可以为住宅营造最佳的景致。开凿池塘，疏浚沟壑，垒石成峰，取土造山。开出专用的园门以接待来访的宾客，留出便道以便通向住宅的内室。翠竹修长，柳暗花明，环境清旷而幽秘；仅有五亩园地也无妨，完全仿效司马温公的“独乐园”的异趣；一年四季花开不谢，很适合偕妙龄侍女一同游玩。花朝节可整日尽情观赏，中秋节可整夜欢聚团圆。举办家庭酒宴，尽可将设置的锦幛收起来，女眷无须遮藏；宾客宴聚吟诗，不胜者可按金谷之量罚酒。多几处诗文题咏，也能让园景小有洞天。一张卧榻常堆半床琴书，数丛修竹透出无尽烟雨。在山涧结庐若是为求得幽静，家园造山又何必一定得追求高深。住宅应继承谢朓高风亮节的品质，造山须尽显孙登高声长啸的情怀。梅园在旁，探悉梅迹无须远足，煮雪品茶身边有美姬相伴。辞官归隐却仍然生活于天地间，而且也可以无须太过在意世间冷暖。文章固然可以流传千古，但人生在世不过百来年；只要能行乐消闲，人生便知足了，何况还能悠然看护自己的家宅。

江湖地

【原文】 江干湖畔，深柳疏芦之际，略成小筑，足征大观也。悠悠烟水，澹澹云山，泛泛鱼舟，闲闲鸥鸟。漏层阴而藏阁，迎先月以登台。拍起云流〔1〕，觞飞〔2〕霞伫。何如缑岭〔3〕，堪偕子晋吹箫〔4〕？欲拟瑶池〔5〕，若待穆王侍宴〔6〕。寻闲是福，知享即仙！

◎傍宅地图示

“景有尽而意无穷”是中国园林的精要之一。即使是住宅后面很小的地方，古人也能将之利用起来，创造出“山重水复疑无路，柳暗花明又一村”的景致。下图描绘的是《东庄图册》中一处住宅背后的园林建筑“续古堂”。

① 种松

松有画意，自古以来就是文人墨客笔下的素材。松优美的姿态自然天成，无须加工即可成为一道雅致古朴的风景。

② 置石

傍宅地掇山置石，既可孤置，也可群置；既能全石堆砌，也能土石混合。傍宅地的妙处就是可随意造型，随心建筑。

③ 植柳

“碧玉妆成一树高，万条垂下绿丝绦。不知细叶谁裁出，二月春风似剪刀。”柳，以其柔美的枝条、摇曳的身姿成为历代文人笔下的素材和园林之中的景致。在傍宅地建筑之前或之后种植杨柳数株，别有野趣。

④ 理水

“水不在深，妙在曲折。”水面的曲折蜿蜒可以使整个水面产生延伸不尽的效果，自然而然地拉伸了园林的空间。此处的水，曲折而幽深，清澈而荡漾，可荡舟，可赏荷，极富情趣。此处还可修建亭、台、楼、榭，建成之后可用蓝绢做帷幔，遮挡日光；或用紫绢做幔帐，遮挡风雪。忌讳用布质的幔帐，因其如同游船画舫和市井药铺的招幡。

⑤ 栽花

园林中的花以其诱人的芳香、艳丽的色彩映现出浓浓的诗情画意，加上它们与人为建筑的相互交融，为园林本身增添了无尽的风采。因傍宅之地狭小，故花宜种植得紧凑。待花开之时，蝶飞蜂舞，一派生机盎然的景象。

⑥ 铺路

园林中的地面铺路，既可防止地面被雨水冲刷，起到耐磨防滑的作用，又可作为装饰园林的景致。石、砖、瓦、石板是常见的园林铺路的材料，材料不同，装饰出的效果也不同。用石铺路有雅致古朴之感，用砖铺路有平整规则之感，用瓦铺路有朴素清晰之感，用石板铺路则有细腻豪华之感。傍宅之地，本身就有自然野趣，因此以乱石铺路为佳。

⑦ 建亭

亭有点景、赏景之用，既可建在幽静的小岛上，也可附于楼阁间。规整的园林亭子的形制和方位均是固定的，修建时难免会受到限制。然而，傍宅之地的亭子没有形制与方位的固定要求，因此修建时相当随意。此亭建于花木之中，花作裙，树作衣，花与亭相映成趣。

◎江湖地图示

不论哪一种类型的园林，水都是最富有生气的元素，正所谓无水不活。计成认为，最讨巧的用地是江湖地，只要“略成小筑，是征大观”。尤其是一般自然式园林，大多以表现水面平静如镜或烟波浩渺、寂静深远的境界取胜，瘦西湖就是其中的范式之一。

① 熙春台

熙春台坐落在二十四桥西侧，共分两层，由主楼和前阁组成。主楼是重檐歇山顶，前阁则取双檐卷棚顶，错落有致，层次分明，避免了一般古建筑平面、单一的通病。据传当年乾隆皇帝曾在此大摆宴席，为母祝寿。

② 游船

“造园必有水，无水难成园。”水往往是园林造景不可缺少的元素。瘦西湖就以水著称，夏日荷叶连连之时，可在此泛舟沿水赏景，它的景致如一幅长卷般展现在面前。

③ 十字形攒尖角楼

十字形攒尖角楼位于熙春台右偏北的地方，熙春台的南部还矗立着一座双檐六角攒尖亭。它们分别由串廊、栈道与主楼连接，形成拱卫之势，其间点缀着树木花草、假山湖石，与近在咫尺的白塔、五亭桥、小金山组成了一道浑然天成、相得益彰的人间胜景。

④ 二十四桥

二十四桥有两种说法：一说谓之二十四麻桥；一说桥名“二十四”，或称二十四桥、廿四桥。李斗《扬州画舫录》录十五：“二十四桥即吴家砖桥，一名红药桥，在熙春台后。”但不管怎样，二十四桥在瘦西湖的构景上起到了莫大的作用，在此处白天可赏碧波荡漾的湖中景色，晚上则可观天上明月与水中明月交相辉映的妙境。

⑤ 瘦西湖

瘦西湖园林景色宜人，融南秀北雄为一体，因其“瘦”而得名。它在清代康乾时期已形成基本格局，有“园林之盛，甲于天下”之誉，正所谓“两堤花柳全依水，一路楼台直到山”。其名园胜迹，散布在窈窕曲折的一湖碧水两岸，荡舟湖上，沿岸美景纷至沓来，让人应接不暇，心迷神驰。此外，瘦西湖“L”形狭长河道的顶点是眺景最佳处，其由历代挖湖后的泥堆积而成，登高极目，全湖景色尽收眼底。

⑥ 小李将军画本

小李将军指的是唐代大画家李思训的儿子李昭道。这一对父子虽然不曾带过兵，却都有将军的封号和待遇。他们二人都是当时著名的大画家，共同开创了中国唐代“金碧山水画派”。取名“小李将军画本”，是指此地的景色和小李将军的山水画意境十分相近。“小李将军画本”景点的匾额是郑板桥所题，它的东面是望春楼，西面是熙春台。

⑦ 望春楼

望春楼与玲珑花间隔湖相对，建筑规模从属于熙春台，色调显得清新淡雅，体现了南方之秀。望春楼下层南北两间分别为水院、山庭，将山水景色引入室内。卸去楼上的门窗就变成了露台，是中秋赏月的好地方。

【注释】〔1〕拍起云流：音乐的节拍随浮云流动。

〔2〕觞飞：觞为一种酒器，这里有传杯之意。

〔3〕缑岭：缑岭山，位于今河南偃师县东南，多指修道成仙之处。

〔4〕子晋吹箫：相传周灵王太子子晋善吹箫，后在缑岭山巅乘白鹤而去。

〔5〕瑶池：传说中西王母的住地，在昆仑山。

〔6〕穆王侍宴：《穆天子传》卷三中有“天子侍宴西王母于瑶池之上”的记载。

【译文】 在江边湖畔，幽密的柳林与萧疏的芦苇间，简单营造规模小的园子，就足以取得景象盛大的效果。烟波浩渺的水色，云霞荡漾的山影；渔舟在水面起伏飘荡，鸥鸟在水面从容飞翔。阳光照出的树荫掩藏着楼阁，登上楼台可以与新出的月亮相迎；敲起的节拍随浮云流动，传杯酣饮间便把霞光留住。何必非如缑岭山，一定要协同子晋骑鹤升仙？更不必自比瑶池，等待穆王列席酒宴。能得悠闲是为福，懂得享受就是仙。

独乐园

宋代司马光罢相后，于洛城家中筑园，取名为“独乐园”。据司马光留下的文字记载，其园子的格局大致为：园中建有一堂，内藏书五千余卷，名为“读书堂”；堂南有一所“弄水轩”，有水自南向北，贯穿屋下；屋南中间是方形水池，宽深各三尺，水分五股注入池中，形似虎爪；堂北有一池塘，池中有形似玉玦的小岛，岛上种竹，挽结竹梢，像渔夫们住的窝棚，名为“钓鱼庵”；池塘北面有六间房屋，门朝东，窗户南北相对而开，以便凉风掠过，屋子前后多种翠竹，取名“种竹斋”；池塘以东，整地一百二十畦，用以杂种各种草药，畦北为“采药圃”，夹道如走廊，用藤蔓类的草药覆盖，四周则种木本药做藩篱。圃南是芍药、牡丹、杂花共六栏，各有两栏，每个品种只种两棵；栏北为亭，取名“浇花亭”。洛阳城附近有山，但由于树木茂密，常不易看见，于是在园中筑高台，台上建屋，用以望山，取名“见山台”。司马光闲时看书，倦了就投竿钓鱼，或挽起衣袖采药、浇花，或操斧砍竹、濯热灌水。站在高处纵目驰骋，放宽心胸，还会有什么乐趣能取代这种美好的生活！

立基

本节论述了园林中房舍与景区基础总体布局的关系，以及厅堂、楼阁、门楼、书房、亭榭、房廊、假山等建筑布局与设计的原则要求。

【原文】凡园圃立基，定厅堂为主。先乎取景，妙在朝南，倘有乔木数株，仅就中庭[1]一二。筑垣[2]须广，空地多存，任意为持，听从排布；择成馆舍，余构亭台；格式随宜，栽培得致。选向非拘宅相[3]，安门须合厅方。开土堆山，沿池驳岸[4]；曲曲一湾柳月，濯魄[5]清波；遥遥十里荷风，递香幽室。编篱种菊，因之陶令[6]当年；锄岭栽梅，可并庾公[7]故迹。寻幽移竹，对景莳花。桃李不言，似通津信[8]；池塘倒影，拟

① 勾连搭

指的是两栋或多栋房屋的屋面沿进深方向前后相连接，在连接处做一水平天沟向两边排水的屋面做法，其目的是扩大建筑的室内空间。

② 清水脊

多见于北京四合院的大门上，极富装饰性。

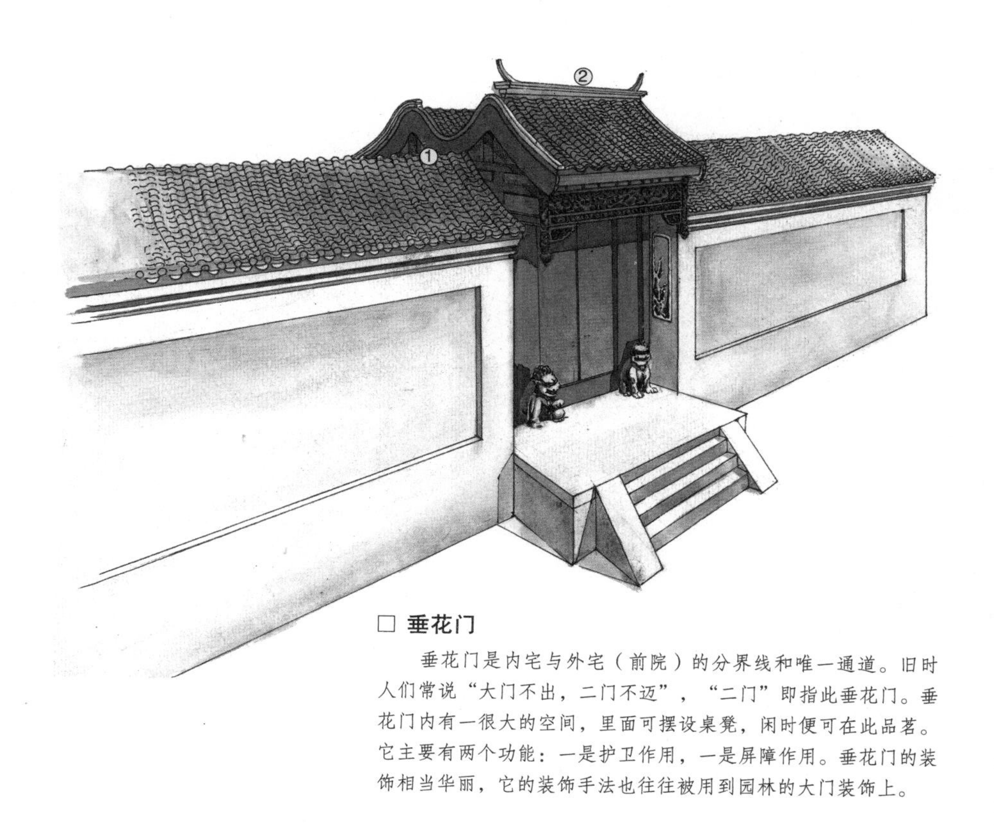

□ 垂花门

垂花门是内宅与外宅（前院）的分界线和唯一通道。旧时人们常说“大门不出，二门不迈”，“二门”即指此垂花门。垂花门内有一很大的空间，里面可摆设桌凳，闲时便可在此品茗。它主要有两个功能：一是护卫作用，一是屏障作用。垂花门的装饰相当华丽，它的装饰手法也往往被用到园林的大门装饰上。

入鲛宫[9]。一派涵秋，重阴结夏[10]。疏水若为无尽，断处通桥；开林须酌有因，按时架屋。房廊蜒蜿，楼阁崔巍[11]，动“江流天地外”之情，合“山色有无中”之句[12]。适兴平芜眺远，壮观乔岳[13]瞻遥。高阜[14]可培，低方宜挖。

【注释】〔1〕中庭：厅堂前的庭院中。

〔2〕垣：围墙。

〔3〕宅相：指住宅的风水相。

〔4〕驳岸：用石头砌成的水岸。

〔5〕濯魄：源自李白的诗句“夜来月下卧醒，花影零乱，满人衿袖，疑如濯魄于冰壶”。意为清洗魂魄。

〔6〕陶令：陶渊明曾任彭泽县令，因不堪吏职，少日解归。

〔7〕庾公：指汉武帝时的庾姓将军。庾将军曾在塞岭下筑城，遂称“大庾岭”；唐代此岭为通粤要道，开凿新路后多植梅树，故又称“梅岭”。

〔8〕似通津信：似乎可引人通向渡口。

〔9〕鲛宫：水中鲛人的宫殿。

〔10〕结夏：佛教僧尼自农历四月十五起静居寺院，九十日不出门行动谓之“结夏”，又称“结制”。

〔11〕崔巍：形容山、建筑物等高大雄伟。

〔12〕动“江流天地外”之情，合“山色有无中”之句：此两句诗为王维《汉江临眺》中的诗句。原意为“远望江水好像流到天地外，近看山色缥缈若有若无中”。

〔13〕乔岳：高耸的大山。

〔14〕高阜：高的土山。

【译文】在园圃造园立基，以选定厅堂的位置为主。首先在取景，以朝南方为妙。如果地基上原本就生长着树木，仅在中庭保留一两株就行了。修建围墙应尽量宽广，要多留空地，这样，可以让园林的立意构思少受限制，也可以有充分的空间布局景观；选择适当的位置筑成馆舍，散点构筑亭台；建筑样式应与整个园林的布局和整体风格相应，花木的

□ **影壁**

影壁是设在建筑或院落大门里面或者外面的一堵墙，面对大门，在园林之中，往往承担了屏障的作用，旧时又称“萧墙”。影壁在风水上有闭气驱鬼的作用，在园林布局中其实是为了阻隔视线，形成深宅大院的神秘感。园林中的影壁除了要讲求自身的修饰之外，还可在影壁之前种植色泽艳丽的花木，但不宜过高。

古人在选择宅基地时的避讳

古人对宅基地的选择有许多禁忌。《阳宅十书》云：“南来大路直冲门，速避直行过路人，急取大石宜改镇，免教后人哭声顿。”“东西有道直冲怀，定主风病疾伤灾，从来多用医不可，儿孙难免哭声来。”“宅前有水后有丘，十人遇此九人忧，家财初有终耗尽，牛羊倒死祸无休。”明朝《营造门》又说：凡宅宜居官观仙居侧近处，主益寿延年，人安物阜。不宜居当冲口处，不宜居塔冢、寺庙、祠社、炉冶及故军营战地，不宜居草木不生处，不宜居正当流水处，不宜居山有冲射处，不宜居大城门口及狱门、百川口去处。这些都是民间的避讳。

园林中的植物

园林建筑对植物造景起到背景、框景、夹景的作用。江南古典私家园林以墙为纸，以植物为绘，以沿阶草、湖石镶边，平直的墙壁也能充满诗情画意；各种门、窗、洞形成“尺幅窗”和“无心画”，与植物一起组成优美的构图。适宜的植物能使园林建筑的主题和意境更加突出，植物的柔软、曲折能丰富建筑平直、机械的线条，软化建筑的生硬构图。不同风格、类型、功能的建筑以及建筑的不同部位所配置的植物也各不相同。植物应赋予建筑以时间、季节感。同时，亦应考虑植物的生态习性、含义，以及植物、建筑及整个环境的协调性。 比如，中国皇家园林为了尊显帝王至高无上的权力，宫殿建筑具有气势恢宏、布局严整、等级分明、金碧辉煌等特点，因此常选择姿态苍劲、意境深远的植物，如白皮松、青檀、七叶树、海棠、玉兰、牡丹等；江南园林小巧玲珑、精雕细琢，以咫尺之地表现“城市山林”，建筑物多为粉墙、灰瓦、栗柱，以显示文人墨客的清淡和高雅的品性，因此多在墙基、角隅处植松、竹、梅、兰等有象征意义的植物。

栽培应体现出适当的情致。选择建筑的朝向可以不受房宅风水的束缚，园林大门的位置应与厅堂的方位一致。取土垒山，池塘应用石头砌成水岸。一湾曲池倒映出明月和柳姿，明月与波光交相辉映；清风吹拂，遥遥十里荷塘把陈陈清香送入幽静的居室。在编织的篱笆旁种植菊花，会有陶渊明的闲居之境。开凿新路多植梅树，可以与庚公所为相提并论。想有幽静的环境可多移栽竹丛，想面对更丰富的景致可多栽种花草。安静的桃李下小径蜿蜒，仿佛可以将人引向渡口；阁楼倒映在清澈的池水中，仿佛在诱人进入鲛人的宫殿。一派清流蕴含着秋色，浓重的树荫驱除了炎夏。疏浚出的流水要有无尽意味，可在断水处架设引桥；花木的选择要考虑时节和形色，而且应构筑与之相应的亭台与楼阁。房廊要蜿蜒曲折，楼阁要高峻凌空，给人以“江流天地外”的无限情思，以及“山色有无中”的朦胧意境。要让胸怀壮阔，可遥望高耸的山峰。高处可培土，使之更高；低处宜挖掘，使之更低。

□ 万卷堂

厅堂是园林建筑的主体，是园主办事与接待宾客之处，也是整个园林的构造中心，因此对其装修或陈设摆放都十分考究。此图为网师园的万卷堂，取藏书万卷之意，处于网师园最中心的位置，也是整个园中最佳赏景处。

◎民间建房禁忌图示

园林之中建造房屋宜将风水置于首位，因为风水并非只是迷信，而是环境对人的心理影响的体现，也是传统审美的视觉要求。所谓风水，即通过勘察自然，进而顺应自然，并有节制地利用和改造自然，选择和创造出适合人的身心健康及其行为需求的最佳建筑环境，使之达到阴阳之和、天人之和、身心之和的至美境界。以下几幅图所展示的建造房屋禁忌，就其诗句而言，其所禁忌的至少在审美上是对的，但诗的后几句所谓的妨害，定然没有依据。

诗曰

门高胜于厅，后代绝人丁。
门高胜于壁，其家多哭泣。

诗曰

门扇或斜欹，夫妇不相宜。
家财常耗散，更防人谋散。

诗曰

门柱补接主凶灾，仔细巧安排。
上头目患中劳吐，下补脚疾苦。

诗曰

门柱不端正，斜欹多招病。
家退祸频生，人亡空怨命。

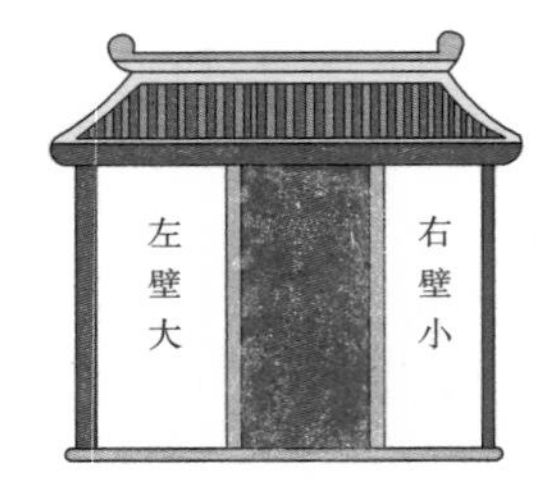

诗曰

门边土壁要一般，左大换妻更遭官。
右边或大胜左边，孤寡儿孙常叫天。

诗曰

门上莫作仰供装，此物不为祥。
两边相指或无言，论讼口交争。

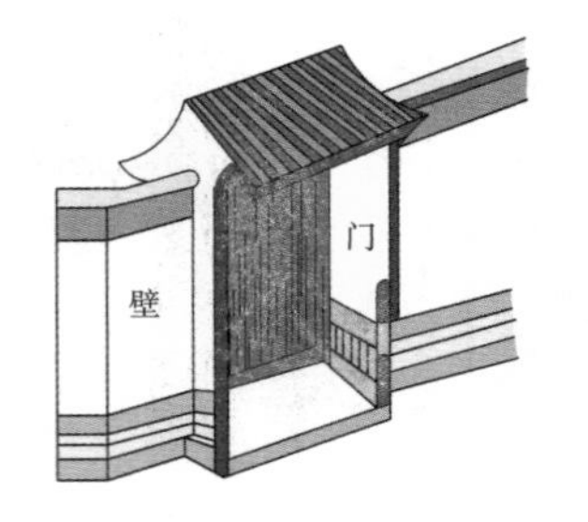

诗曰

门前壁破街砖缺，家中招病长不悦。
小口枉死嚯无医，急要修整莫再迟。

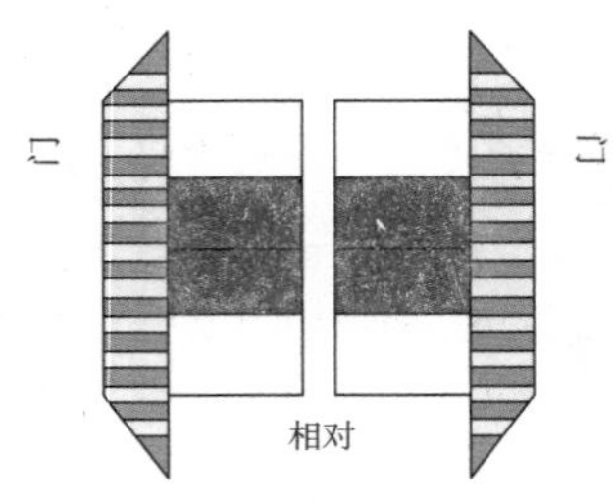

诗曰

二家不可门相对，必主一家退。
开门不得两相冲，必有一家凶。

诗曰

一家不可开二门，父子没慈恩。
必招进舍嗔门客，时师须会识。

诗曰

一家若作两门出，鳏寡必多屈。
不论家中正主人，大小自相凌。

诗曰

厅屋两头有屋横，飞祸起纷纷。
便曰名为抬丧山，人口不平安。

诗曰

门前有路如圆障，八尺十二数。
此窟名如陪地金，旋旋人庄田。

诗曰

当厅若作穿心梁，其家定不祥。
便言名日停丧山，哭泣不曾闲。

诗曰

人家相对仓门开，定断有凶灾。
风疾时时不可医，世上少人知。

诗曰

石如酒瓶样一般，楼台田满山。
其家富贵一求得，斛注使金银。

诗曰

西廊壁枋不相接，必主相离别。
更出人心不伶俐，疾病谁医治。

诗曰

土堆似人拦路抵，自缢不由贤。
若在田中却是吉，名为印绶保千年。

诗曰

路成八字事难逃，有口何能下一挑。
死别生离争似苦，门前有此非吉兆。

◎网师园平面图示

网师园是苏州中型古典山水宅园的代表，位于苏州药门附近的带城桥南阔家头巷。园址原为南宋吏部侍郎史正志于淳熙年间所建“万卷堂”旧址，亦称“渔隐”。乾隆末年园归瞿远村，按原规模修复并增建亭宇，俗称“瞿园”。今网师园规模、景物建筑是瞿园遗物，保持着旧时世家一组完整的住宅群及中型古典山水园。网师园布局精巧，结构紧凑，以建筑精巧和空间尺度比例协调而著称。园的东部为住宅，中部为主园。主园池区用黄石装饰，其他庭院用湖石，不相混杂。

① 殿春簃

“殿春”，即春末。楼阁边小屋称“簃”，旧为书斋庭院。此处为春末景点，庭中遍植芍药，故名。

② 看松读画轩

看松读画轩，面宽为四间，四周古木颇多，轩名即由庭前古柏苍松而得。其古柏相传为南宋时园主史正志手植，至今已历时九百多个春秋。此处为冬景所在。子曰：“岁寒，然后知松柏之后凋也。”严冬万木凋零，唯松柏常青，此时观赏，更见精神。

③ 濯缨水阁

此处为夏日景点，亦是炎炎夏日纳凉之处。水阁是歇山卷棚式，纤巧空灵，坐南朝北，高架水上，凉爽宜人，可凭栏观荷赏鱼。其名“濯缨水阁”，源于《孟子·离娄》：“……有孺子歌曰：‘沧浪之水清兮，可以濯我缨；沧浪之水浊兮，可以濯我足。’”意为达则濯缨（缨，指官帽帽带），隐则濯足。其内有一副郑板桥书写的对联：“曾三颜四，禹寸陶分。”

④ 集虚斋

取《庄子·人间世》“惟道集虚，虚者，心斋也”而得名，意为清除思想上的杂念，让心灵澄澈明朗，为修身养性之所，是园主读书之处。

⑤ 五峰书屋

该书屋前后均有庭院，叠以峰峦。门前庭院有山有峰，为庐山五老峰之写意。此处亦是主人藏书、读书之处。

⑥ 竹外一枝轩

为园中春景景点，其名取宋代苏轼“江头千树春欲暗，竹外一枝斜更好”之意。

⑦ 撷秀楼

“撷秀”，即收取秀色之意。为住宅的后厅，也称“女厅”。主要供园主生活起居兼会客之用。

⑧ 小山丛桂轩

此为秋日景点，取“桂树丛生山之阿”（《楚辞·小山招隐》）之意。轩南为太湖石庭院山；轩北有黄石主峰云冈；山间有桂树、翠竹、丁香、梧桐、海棠等花木；院墙上嵌有一排精美的雕刻花窗，整个小院，花石与建筑浑然一体。这南北二石，一玲珑，一粗拙，势成幽谷。匝种桂花，秋日竞放，香气蕴郁谷间，久聚不散。

⑨ 轿厅

轿厅，又称“茶厅”，是主人迎宾送客、停轿备茶的地方。一般宾客往来，主人都是在此迎送客人。

厅堂基

【原文】厅堂立基，古以五间三间为率；须量地广窄，四间亦可，四间半亦可，再不能展舒，三间半亦可。深奥曲折，通前达后，全在斯[1]半间[2]中，生出幻境也。凡立园林，必当如式[3]。

【注释】〔1〕斯：这，指示代词。

〔2〕半间：此处并非指建筑的间数，而指“留夹”之地，即山墙与院墙间留出的通廊夹巷。

〔3〕如式：这种原则或模式。

【译文】 厅堂立基，古时大都以五间或三间为标准；这需要测量地基的宽窄，宽的可以建成四间，也可以建成四间半；如果地窄，无法扩展，则可建成三间半。庭院的深奥曲折，前通后达，全都在这半间所形成的通廊夹巷中，产生出空间往返回复的幻境。凡是营造园林，必须掌握这一原则和模式。

楼阁基

【原文】楼阁之基，依次序[1]定在厅堂之后，何不立半山半水之间？有二层三层之说：下望[2]上是楼，山半拟为平屋，更上一层，可穷千里目也。

【注释】〔1〕次序：指布局中的空间次序。

〔2〕下望：从山下望。

【译文】 楼阁立基的位置，按照传统的空间次序，须在厅堂之后，这似乎已是定式。但为什么不可以设立在半山半水之间呢？这有二层变为一层之说：从山下上望，是二层楼阁；但从半山腰看去，仿佛是一层平房；待入楼远眺，大有“欲穷千里目，更上一层楼”的妙趣。

大厅

住宅的大厅，主要是用于迎接贵宾、办理婚丧大礼和开展祭祀活动等，也作为日常起居场所，它往往是整座住宅的主体部分。大厅多为明厅，三间敞开，两根圆柱显示着大厅的气派；也有用活动隔扇封闭的，以便冬季使用。一般大厅设二廊，面对天井。大厅式住宅可从正中入口处设屏门，平常从屏门两侧出入，遇有礼节性活动则由屏门中门出入；也有在侧面开边门出入，天井下方则设客房；还有由正门出入，门两侧设二厢房者。

楼阁

楼阁，用来居住的，应小巧玲珑；专供登高望远的，应宽阔敞亮；用于藏书画的，必须地势高凸、干爽透风。这些是建造楼阁的基本要求。楼阁四面开窗，前面的做成透光窗，后面及两旁的做成木板窗。楼阁是四方形的，四面都应一样。楼前忌讳设置露台、阳篷。楼板上不能铺砖，否则就与平房没什么区别了。楼阁筑成三层，最为俗气。楼下立柱稍高，上面可设平顶。

□ **撷秀楼**

撷秀楼位于万卷堂之后，面阔五间，附带厢房，建于光绪丙申年（1896年），乃李鸿裔嗣子李赓猷在原女厅基础上所建。楼上设仿宋砖刻凭栏，登楼俯瞰，满园景色尽收眼底，远眺天平、灵岩、上方诸峰，黛痕一抹。撷秀楼的建筑格局与家具陈设均无万卷堂的宏丽堂皇，显得精雅古朴。庭前对称植两株桂树，秋来满室生香。

门楼基

【原文】园林屋宇，虽无方向，惟门楼基，要依厅堂方向，合宜则立。

【译文】园林中的屋宇，虽然没有方位朝向的规定，但唯有园林大门门楼的地基，必须与厅堂的方位一致，这才符合总体布局的要求，才可以确立。

书房基

【原文】书房之基，立于园林者，无拘内外，择偏僻处，随便通园[1]，令游人莫知有此。内构斋、馆、房、室，借外景，自然幽雅，深得山林之趣。如另筑，先相基形[2]：方、圆、长、扁、广、阔、曲、狭，势如前厅堂基余半间中，自然深奥。或楼或屋，或廊或榭，按基形式，

门当与户对

“门当”，即大宅门前的一对石鼓，也有的石鼓坐落于门基之上。因鼓声宏阔威严、厉如雷霆，所以民间有鼓能辟邪之说。百姓将石鼓放于门口，作镇宅之用。“户对”，即置于门楣上或门楣双侧的砖雕、木雕，典型的有圆形短柱，短柱长一尺左右，与地面平行，与门楣垂直，由于它位于门户之上，且取双数，有的两个一对，有的四个两对，故名“户对”。民间所说的“门当户对”就是指这石鼓和门簪。旧时大户人家有财不外露，一般很难打听到财产情况，儿女定亲之前，一般都暗暗派人到对方家的门前看一看，通过门当上雕刻的纹饰，就能了解对方家所从事的行当。如果石鼓镌刻花卉图案，表明该宅第为经商世家；如果石鼓为素面无花卉图案，则为官宦府第。

① 兜肚　⑤ 挂落
② 拱垫板　⑥ 上枋
③ 斗拱　⑦ 下枋
④ 字牌

□ 网师园门楼图示

建造园林，除了大门，其他的建筑物都是比较随意的。大门与厅堂应处于建筑的中轴线上。事实上，大门本身也是建筑的一个重要组成部分，门开启时，内外互相贯通；门闭合时，内外互相隔绝。此图描绘的是网师园门楼。

临机应变而立。

【注释】〔1〕随便通园：随便，自然而然；通园，通向园林的其他地方。

〔2〕基形：地基的形状。

【译文】书房的地基位置，凡是在园林中的，不管在园景内，还是园景外，都应选择既能与园林各处相通，又偏僻的地方，让游人不知道书房的具体位置。可以构建成斋、馆、房、室等样式，借助外面的景观，使之自然优雅，有山林的意趣。如果建造在园林之外，则应先察看地基的形状：是方还是圆、是长还是扁、是广还是阔、是曲还是狭，其形制都应依照前面“厅堂基”中所说的“余半间”来构思，如此才能形成自然幽深的隐秘空间。书房可建造成楼阁或房屋，也可建成房廊或者亭榭，应按照地基的形状随机应变。

亭榭基

【原文】 花间隐榭[1]，水际安亭，斯园林而得致者。惟榭只隐花间，亭[2]胡[3]拘水际，通泉竹里，按景山颠，或翠筠[4]茂密之阿[5]；苍松蟠郁[6]之麓；或借濠濮[7]之上，入想观鱼；倘支沧浪之中，非歌濯足[8]。亭安有式，基立无凭。

【注释】 〔1〕榭：是一种借助于周围景色而常见的园林休憩建筑，多建在高土台或水面(或临水)上。

〔2〕亭：有顶无墙，供休息用的建筑物，多建筑在路旁或花园里。

〔3〕胡：疑问代词，何。

〔4〕翠筠：绿色的竹子。

□ 殿春簃图示

殿春簃为一独立小院。“殿春”出自苏东坡的“尚留芍药殿春风”一句，“簃”指阁楼旁的小屋。尽管整个小院占地不到一亩，但景观丰富而又不觉局促。殿春簃主体建筑将小院分为南北两个空间，北部为一大一小宾主相从的书房，是实地空间，但实中有虚，藏中有露；南部为一个大院落，散布着山石、清泉、半亭，南北两部形成空间大小、明暗、开合、虚实的对比。

◎三种常见门户式样图

门户在居住建筑中是不可或缺的重要组成部分。门户的主要功能有二：一是使住宅进出内外间有一定的过渡，二是防盗保安全。门常见的设置有单扇和双扇两种，单扇称“户”，双扇称“门”。为了美观，也为了显示身份与地位，门上的装饰成为大门非常重要的部分，进而逐渐演变成门楼装饰。此外，门楼的修建应与厅堂的方位相一致。以下三幅图是比较典型的大门式样。

① 斗拱

斗拱是中国古代建筑上特有的构件，是由方形的斗、升、拱、翘、昂组成。一般来说，它多被用于较大建筑物的柱与屋顶间的过渡部分。它在其中起到了承重和装饰的双重作用。

④ 滴水

滴水指的是在建筑物屋顶仰瓦形成的瓦沟最下面的特制瓦。一般设置在屋檐、窗台的下侧，其主要用于防止雨水沿屋檐、窗台侵蚀墙体。目前所知的最早的滴水形象见于唐代的绘画和石刻。宋辽时期滴水为重唇板瓦，明清时期渐渐演变发展成为如意形滴水。

⑤ 墀头

墀头是古代硬山式建筑的山墙侧面（即建筑的正立面方向），它是连檐与拔檐砖之间嵌放的一块雕刻花纹或人物的戗脊砖，以丰富生动的图案见长。现多见于北京四合院。

② 瓦当

瓦当又称“瓦头”，指的是陶制筒瓦顶端下垂的特定部分。“瓦”，即具有圆弧的陶片，用于覆盖屋顶。所谓“当”，有“当，底也，瓦覆檐际者，正当众瓦之底，又节比于檐端，瓦瓦相盾，故有当名”之说。瓦当是瓦的头端。瓦用于中国古代建筑的屋面，主要的功能是防水、排水，保护木构的屋架部分，装饰屋面。

③ 铺首

铺首是门扉上的环形饰物，大多为兽首衔环之状。金者，称金铺；银者，称银铺；铜者，称铜铺。其形制，有冶蠡状者，有冶兽吻者，亦有冶蟾状者，又有冶龟蛇状及虎形者，均取其镇凶辟邪之用。此外它不光作为一种装饰，还有实用意义，叩环有声，便于敲门。

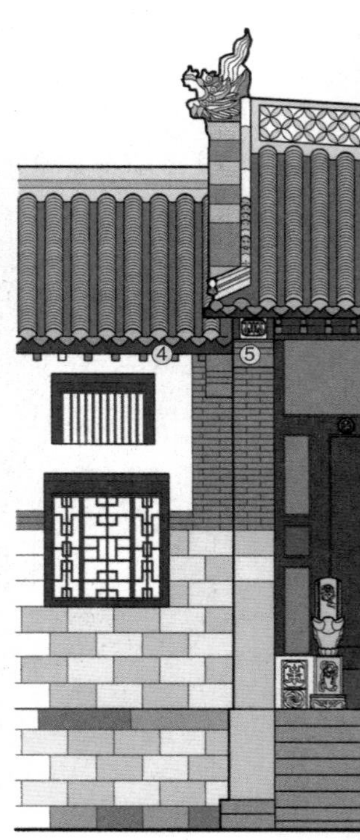

格式门簪及各式铺首图式

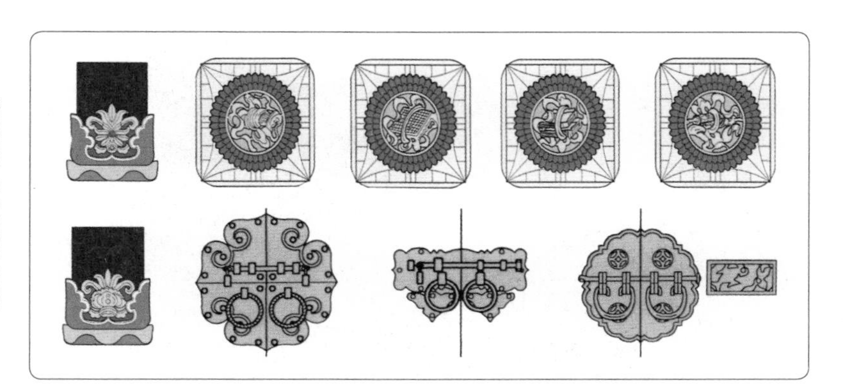

⑥ 门簪

门簪是连楹固定在上槛的构件，其形制略似妇女头上的发簪，少则两枚，通常四枚，或数枚。门簪有方形、长方形、菱形、六角形等样式，正面或雕刻，或描绘，饰以花纹图案。其图案以四季花卉为多见，四枚分别雕以春兰、夏荷、秋菊、冬梅，图案间多见“吉祥如意”“福禄寿德”“天下太平”等字样。若只有两枚门簪，则多雕刻“吉祥”等字样。

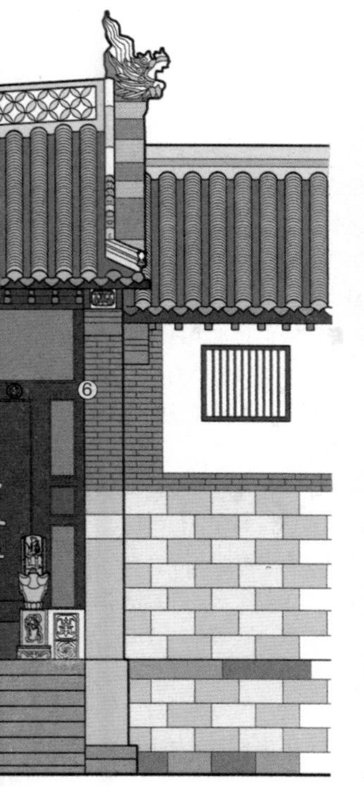

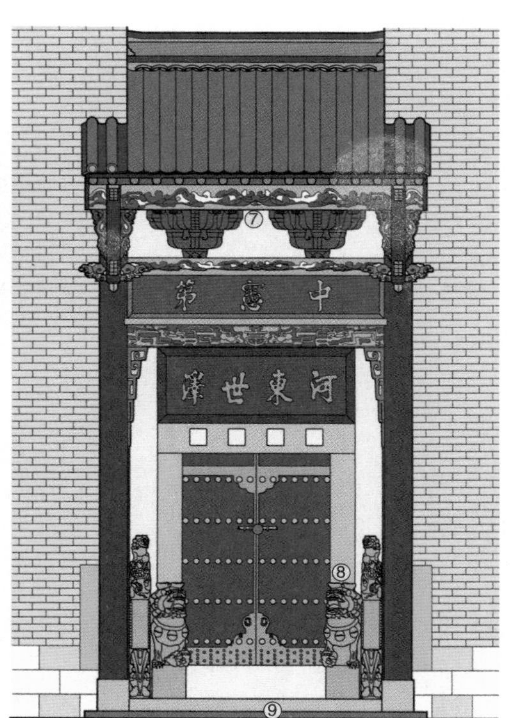

⑦ 挂落

挂落是额枋下的一种构件，常用木格或镂空的雕花板做成，也可由细小的木条搭接而成，多用作装饰或用来划分空间。

⑧ 门墩

门墩，又称门座或门台，是中国老式住宅四合院中用来支撑正门的门槛、门框和门扇的石头。

⑨ 门槛

此门槛可抽出，供马车行走。在民俗中，门槛有能坐、不能踩的规矩。辽宁西部地区有端午之日偏要坐一坐门槛的习俗。在台湾一些地方，新娘娶进门之前，门槛已放上铜钱，称为“缘钱”，“人未到，缘先到”。苏州坐月子的妇女要遵守不到别人家串门的禁忌，据说若踏了别人的门槛，下一世要替人洗门槛。

□ **月到风来亭**

榭宜常建于花间、岩间等隐秘之处，亭宜依水而立。风到月来亭就建于网师园的彩霞池西边，它呈六角攒尖形，三面环水，戗角高翘，黛瓦覆盖，青砖宝顶，线条流畅。亭内设“鹅颈椅”，供人坐憩。正中有一面很大的镜子，在明月当空的月夜里，水中、镜中、天上三个圆月珠联璧合，形成“三月同辉”的奇景。

〔5〕阿：山之隅、水之涯。

〔6〕蟠郁：盘曲茂密。

〔7〕濠濮：二水名，泛指水。

〔8〕沧浪濯足：出自《孟子·离娄上》，“有孺子歌曰：‘沧浪之水清兮，可以濯我缨；沧浪之水浊兮，可以濯我足。’”后遂以“沧浪”指此歌。

【译文】 在花间造榭，于水边建亭，这是园林造景的情致所在。榭必定要隐藏于花间，而亭则不一定拘泥于水边，在泉水流淌的竹林，或景观迷人的山巅，或翠竹茂密的

廊

廊，泛指屋檐下的过道、房屋内的通道或独立有顶的通道，是建筑的组成部分，也是构成建筑外观特点和划分空间格局的重要元素。园林中的廊有多种形制，如直廊、回廊、曲廊、复廊、水廊、双层廊、叠落廊、抄手廊等，常配有几何纹样的栏杆、坐凳、鹅颈椅、挂落、彩画，隔墙上装饰什锦灯窗、漏窗、月洞门、瓶门等。不仅可以供人游玩、小憩、遮风避雨，更具有划分园林景区、形成空间变化、增加景深和引导的功能。

假山

早在殷末周初，帝王园囿中的“台”便具备了假山的雏形。秦汉时的假山多以远景式的土山和土石结合为主。而在中国古典园林中为人们熟知的假山叠石，则是在魏晋南北朝才出现，并逐渐确立其在园林艺术中的主导地位，此后逐步转向近景式的写实风格。隋唐时期，山石的观赏价值得到人们的一致认可，被广泛置于园林或供于盆中珍赏，不过此时的人工造山并不多见。直到宋代，以临摹自然为主的写实式山石掇叠方法的出现，才令假山艺术达到巅峰，并且出现了一批专门叠山的匠人，开始使用天然石块堆叠假山。明清两代进一步将宋代的叠山技艺发展到“一卷代山，一勺代水”的写意阶段，从此名家辈出，中国古典园林中的叠石造山艺术逐渐进入成熟阶段。

个园叠石

个园以假山堆叠而名噪当时。《扬州画舫录》谓之"扬州以园亭胜，园亭以叠石胜"，个园的假山即是例证。个园的立意颇为不凡，它采取分峰用石的方法，创造了象征四季景色的"四季假山"，这在古典园林中确实独一无二。分峰用石又结合不同的植物配置：春景为石笋与竹子，夏景为太湖石山与松树，秋景为黄石山与柏树，冬景的雪石不用植物以象征荒漠疏寒。它们以三维空间的形象表现了"春山怡淡而如笑，夏山苍翠而如滴，秋山明净而如妆，冬山惨淡而如睡"，以及"春山宜游，夏山宜看，秋山宜登，冬山宜居"的画理。这四组假山环绕于园林的四周，从冬山透过墙垣上的墙孔又可以看到春日之景，寓意"一年四季，周而复始；隆冬虽届，春天在即"，从而为园林创造了一种别开生面、耐人寻味的意境。

□ **樵风径**

修建园林时，应首先留出房廊的地基，但是也可直接利用房檐，在檐下建廊。樵风径是一条高低蜿蜒的爬山走廊，其名取自宋之问诗句"归舟何虑晚，日暮有樵风"和杜牧诗句"陶潜官罢酒瓶空，门掩杨花一径风"。

山弯，或苍松葱郁的山麓，都可以建亭。亭也可以建在水桥上，观赏游鱼便可入亭凭栏；倘若把亭建在池水中，清清池水则可荡涤身心。亭的建造有一定的形制，亭基的确立却没有明确的准则。

房廊[1]基

【原文】廊基未立，地局[2]先留，或余屋之前后，渐通林许[3]。蹑[4]山腰，落水面，任高低曲折，自然断续蜿蜒，园林中不可少斯一断[5]境界。

【注释】〔1〕廊：有顶的过道，走廊。

〔2〕局：布局的意思。

〔3〕林许：林木之前。

〔4〕蹑：踩。

〔5〕断：同“段”。

【译文】在房廊的地基尚未确立之前，应留出房廊的位置，或留出房屋前后的屋檐作为檐廊，接引房廊以通至园内的林木前。房廊可架上山腰，建在水面，随园区地势曲折起伏，自然能显现出断续蜿蜒的趣味，这是园林建造不可缺少的一段境界。

假山基

【原文】假山之基，约大半在水中立起。先量顶之高大，才定基之浅深。掇石须知占天，围土必然占地，最忌居中，更宜散漫。

【译文】假山的地基，大都选择在有水的地方。砌筑时，应先确定假山的高低，顶的大小，估出体量的轻重，然

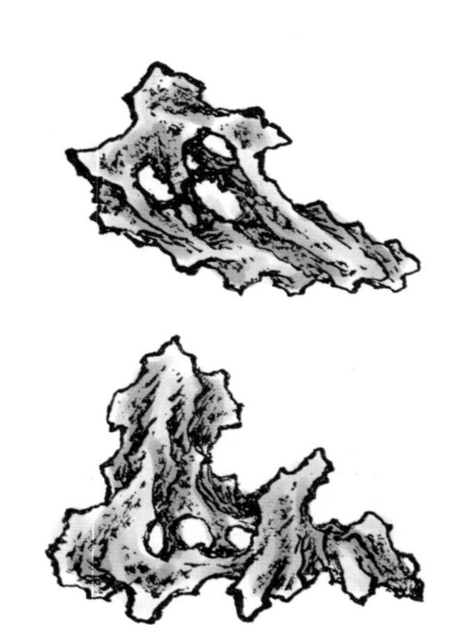

□ **园林假山**

假山是以营造景观、增加园林的自然情趣为目的，用土、石为基材，以自然山水为蓝本再造山水的通称。假山的堆砌离不开天然形成的怪石，对于这些石头的选料要掌握三个统一，即石种要统一，切忌不同的石料混堆；石料纹理要统一，按纹理进行堆叠，切忌横七竖八乱堆；石色要统一，尽量选用色彩协调的石种，不要差别太大。

□ **湖石**

“天地至精之器，结而为石”，园林之中，石是不可或缺的构成元素。园林叠山选石时主要从两个方面进行选择：一是从外部看山体的层次，二是看山体的结构和内容。在所有的石材中，湖石因其秀丽的姿态、古拙的形体，往往成为园林中独立或者群叠假山的佳石。

后确定基础的深浅。叠石筑峰必须估计假山所占空间的视觉效果，培土垒山必然考虑地形效果。假山最忌讳建在庭院和园景的正中间，适合随境砌筑，散漫布局。

◎造园假山图示

园林中堆叠假山始于秦汉时期，并从“筑土为山”逐渐发展为“构石为山”。假山具有多方面的造景功能，可以构成园林的主景或地形骨架，划分和组织园林空间，布置庭院、驳岸，设置自然式花台等。

①亭

亭的运用相当灵活，可建在园林的任何地方，尤其适宜建在水边或山石处，有点景赏景之用。

②峦

假山的结顶之处，不是峦就是峰。此处为峦，造就出重峦叠嶂、参差不齐、高低不一却相得益彰的感觉。

③松

松的体形挺拔，四季常青，植在假山之侧，与山的刚硬相得益彰。因此松深受历代造园人喜爱，成为造园树木中最为常见的树种，特别是在假山旁，更是多见。

④植物

全山石的假山以其石形、石质、石态取胜，因此园林中的假山多由山石构成。然而此假山则是土石相间的，土中能长出小草野花，这样便使假山多了几分自然之气。

⑤土石混合山

古典园林中，堆砌假山的材料有多种，常见的主要有三种：一种是全石的假山，一种是全土假山，另外一种是土石混合的假山。其中，第三种在园林假山中最为多见，这是因为土石混合假山的牢固性要远远高于其他两种。最重要的是，在土石堆砌的假山上可以种植一些花花草草，山边还可以种植树木，这样本无生气的假山就会变得生机盎然。此外，土石混合的假山又有石多土少和土多石少的区别。

屋宇

从四个方面论述园林建造之道。一是总论；二是各类园林建筑物的名称和释义；三是梁架结构及其变化；四是园林建筑物的平面图。

【原文】凡家宅住房，五间三间，循次第而造；惟园林书屋，一室半室，按时景为精。方向随宜，鸠工合见[1]；家居必论[2]，野筑惟因[3]。虽厅堂俱一般，近台榭有别致。前添敞卷[4]，后进余轩；必重椽[5]，须支草架；高低依制，左右分为。当檐最碍两厢[6]，庭除[7]恐窄；落步但加重庑[8]，阶砌犹深。升栱不让雕鸾[9]，门枕胡为镂鼓；时遵雅朴，古摘端方[10]。画彩虽佳，木色加之青绿；雕镂易俗，花空嵌以仙禽。长廊一带回旋，在竖柱之初，妙于变幻；小屋数椽委曲，究安门之当，理及精微。奇亭巧榭，构分红紫之丛；层阁重楼，回出云霄之上；隐现无穷之态，招摇不尽之春。槛外行云[11]，

□ 苏州留园林泉耆硕之馆的厅堂示意图

厅为男主人接待客人处，堂为女主人接待女客处。厅与堂的装饰也是截然不同的。“林泉耆硕之馆”意为德高望重之人以及一些隐士名流游憩之所，“林泉”就是指山林和泉石。林泉耆硕之馆为四面厅建筑，厅内南北梁架有扁、圆之分，俗称“鸳鸯厅”。厅内陈设红木家具，整个厅堂装修精美，雕刻玲珑剔透，富丽堂皇，是苏州园林中颇具特色的房屋建筑。

◎园林营造中常见屋顶式样图示

中国的传统建筑主要是以木结构为体系，建筑的式样也比较多。下图展示的是较为常见的中国古建筑的屋顶式样。

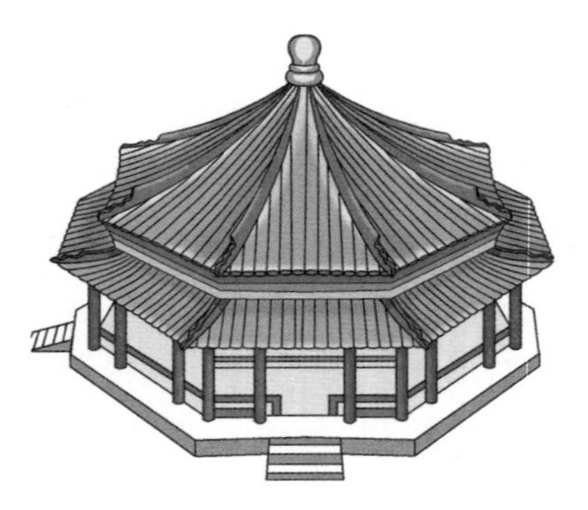

八角攒尖

攒尖形式的一种，因有八条垂脊而得名。

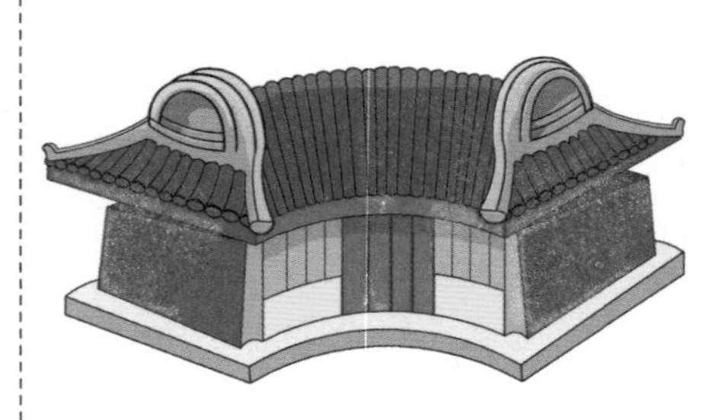

扇 面

扇面，因形制类似于扇子而得名。

硬 山

屋面双坡，两侧山墙同屋面齐平，或略高于屋面。

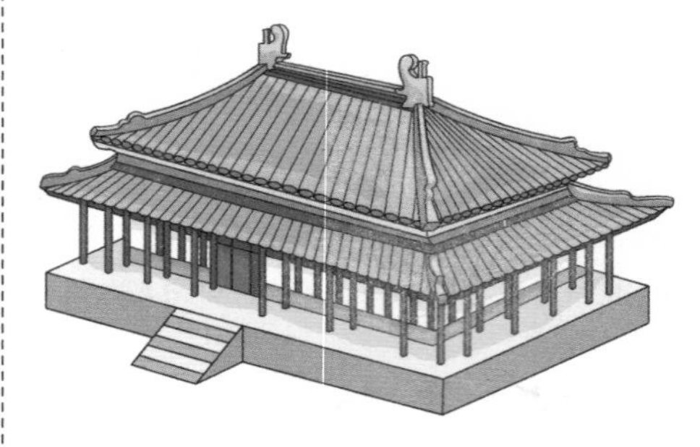

重 檐

重檐，即两层屋檐。

悬 山

屋面双坡，两侧伸出山墙之外。屋面上有一条正脊和四条垂脊，又称“挑山顶”。

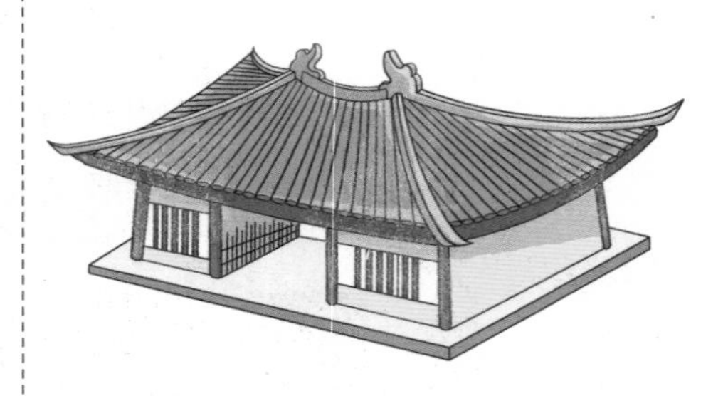

庑 殿

四面斜坡，有一条正脊和四条垂脊，屋面稍有弧度，又称“四阿顶”。

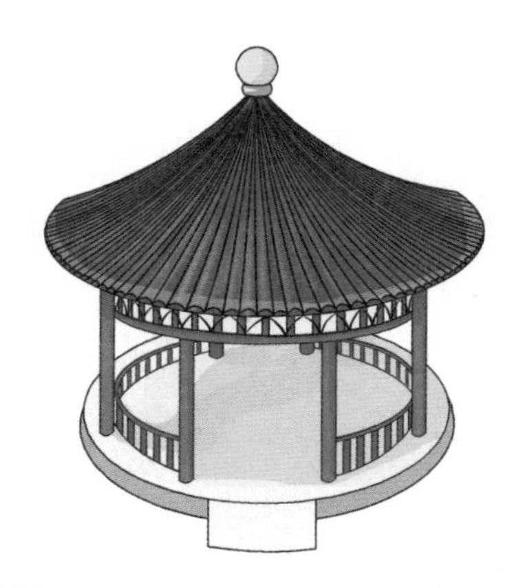

圆攒尖

平面为圆形或多边形，屋顶为锥形，没有正脊，有若干屋脊交于上端。一般亭、阁、塔常用此样式的屋顶。

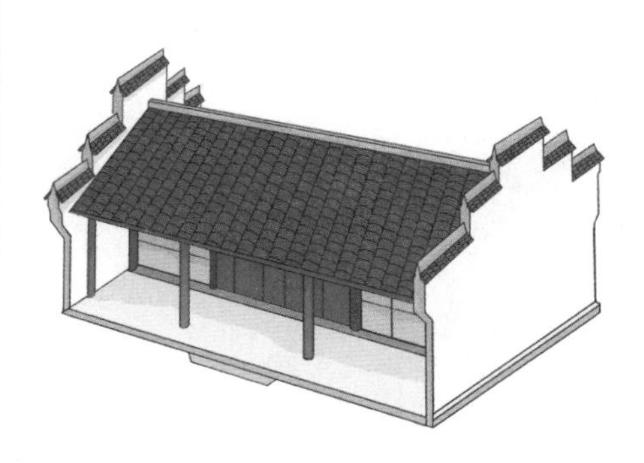

风火山墙

山墙，指的是房子两侧上部成山尖形的墙面。高出的山墙称风火山墙，其主要作用是防止发生火灾时火势顺房蔓延。

歇 山

歇山是庑殿顶和硬山顶的结合，即四面斜坡的屋面上部转折成垂直的三角形墙面。由一条正脊、四条垂脊、四条依脊组成，所以又称“九脊顶”。

盔 顶

盔顶没有正脊，各垂脊交会于屋顶正中，即宝顶。盔顶多用于碑、亭等礼仪性建筑。

卷 棚

屋面双坡，没有明显的正脊，即前后坡相接处不用脊而砌成弧形曲面。

盝 顶

盝顶是在四边形平顶的基础上，四角又各添了一条垂脊。

◎清代木结构房屋建筑图示

“天有时，地有气，材有美，工有巧，合此四者，方可为良。”《考工记》中的这句话反映出了中国古代建筑对于建造房屋的时间、环境、材料以及技艺的严格要求。此图所描绘的是清代木结构建筑的图式。

① 进深

进深指建筑物纵深各间的长度，即位于同一直线上相邻两柱中心线间的水平距离。各间进深总和又称“通进深”。

② 椽

椽指的是放在檩上架着屋顶的木条，其作用是分担屋顶的重量。

③ 正脊

正脊是指房屋最上边正中的脊。

④ 正吻

正吻，也称“吻”或“大吻”，是明清时期建筑屋顶的正脊两端的装饰构件，为龙头形，龙口大开咬住正脊，主要作装饰之用。

⑤ 垂脊

垂脊是屋脊的一种，在歇山顶、悬山顶、硬山顶的建筑上指的是自正脊两端沿着前后坡向下的脊，在攒尖顶的建筑上指的是自宝顶至屋檐转角处。

⑥ 柁墩

柁墩指用在两柁梁之间，支起上梁的建筑构件。

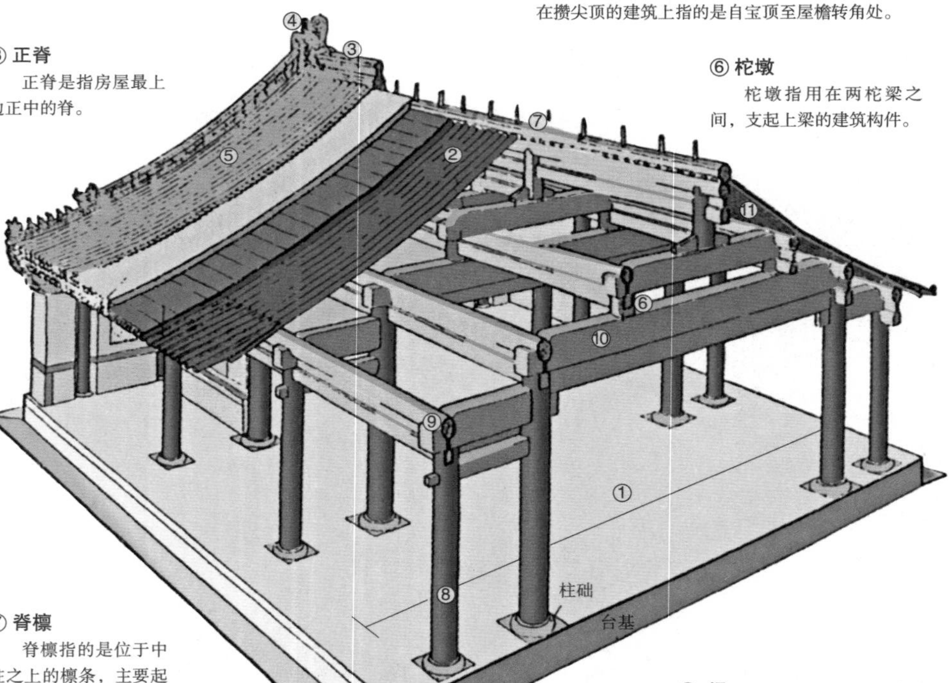

柱础

台基

⑦ 脊檩

脊檩指的是位于中柱之上的檩条，主要起到牢固、支撑的作用。

⑧ 柱子

柱子是屋宇重要的部分，柱子的破坏将会导致整个建筑的损坏与倒坍。

⑨ 檩

檩指架在梁头位置的沿建筑面阔方向的水平构件，其作用是直接固定椽子，并将屋顶荷载通过梁而向下传递。

⑩ 梁

梁是水平方向的长条形承重构件，专指顺着前后方向架在柱子上的长木。

⑪ 瓜柱

宋时称“蜀柱”或“侏儒柱”，指的是古建筑木梁架中的矮柱，一般置于上下梁之间，承托上梁的梁端，或置于最上面一根梁的中央，承托脊檩。前者称为“金瓜柱”，后者称为“脊瓜柱”。若瓜柱高度小于其本身的宽度，则改称柁墩。

◎殿堂用脊图示

屋脊曲施及纹头，可自由酌定，瓦条线路亦可增减。

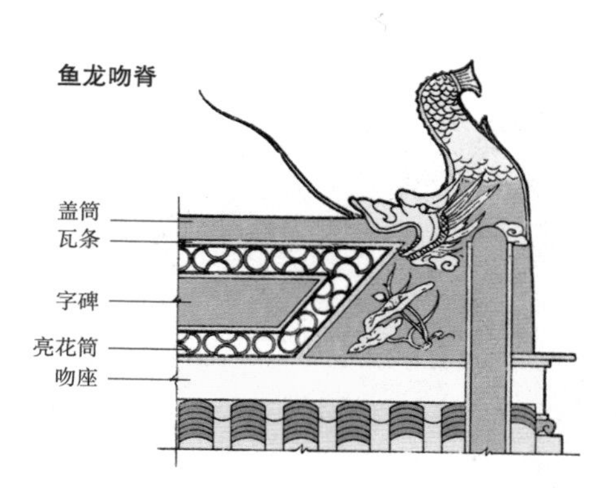

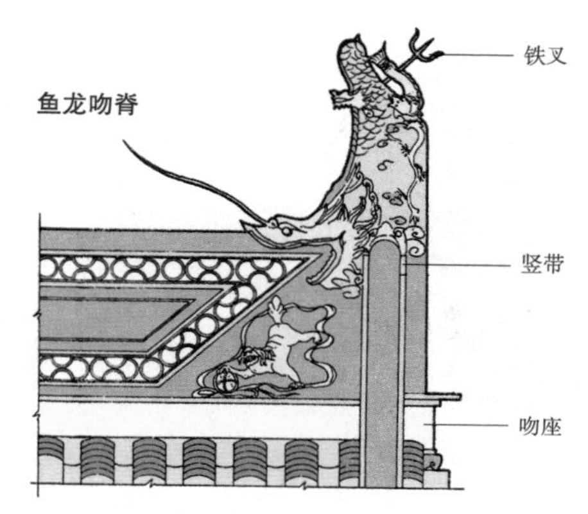

屋脊的最初功用是为了压住屋坡边缘上的瓦片，以防止瓦片和屋顶被风吹掉。唐朝以前，屋脊是以短厚为主，显得粗犷雄浑；宋代以后逐渐变得精巧细致。屋脊依所在位置不同，主要分为以下两种：一种是正脊，即屋坡顶端的屋脊；另外一种是垂脊，即屋坡两侧下垂的屋脊。古人为了驱逐来犯的厉鬼，守护家宅的平安，并祈求丰衣足食、人丁兴旺，不论是建筑等级高或低的宅主均在戗脊端、角脊上饰"龙"来辟邪，并以此显示宅主的职权和地位。一般来说，屋脊又分为厅堂用脊和殿堂用脊两种。上图中所绘的这些屋脊形式均为古典建筑上常用的装饰方式。

镜中流水〔12〕，洗山色之不去，送鹤声之自来。境仿瀛壶〔13〕，天然图画，意尽林泉之癖，乐余园圃之间。一鉴〔14〕能为，千秋不朽。堂占太史〔15〕，亭问草玄〔16〕，非及云〔17〕艺之台楼，且操般〔18〕门之斤斧。探奇合志，常套俱裁。

【注释】〔1〕鸠工合见：鸠工，指工匠。合见，统一意见，指符合主人的心意。所谓"三分匠七分主"。

〔2〕论：讲究。

〔3〕野筑惟因：建筑园林房屋要讲求因地制宜。

〔4〕敞卷：在顶上建成拱形，称敞卷。

〔5〕椽：装于屋顶以支持屋顶盖材料的木杆。

〔6〕两厢：正房两边的房屋。

〔7〕庭除：院落，院子。

〔8〕重庑：堂下周围的走廊、廊屋。

◎厅堂用脊图示

厅堂正脊分游脊、甘蔗、雌毛、纹头、哺鸡、哺龙诸式。游脊以瓦斜平铺，简陋过甚，不宜用于正房，甘蔗、雌毛、纹头等，用于普通平房，厅堂多用哺鸡，哺龙则用于寺宇之厅堂。

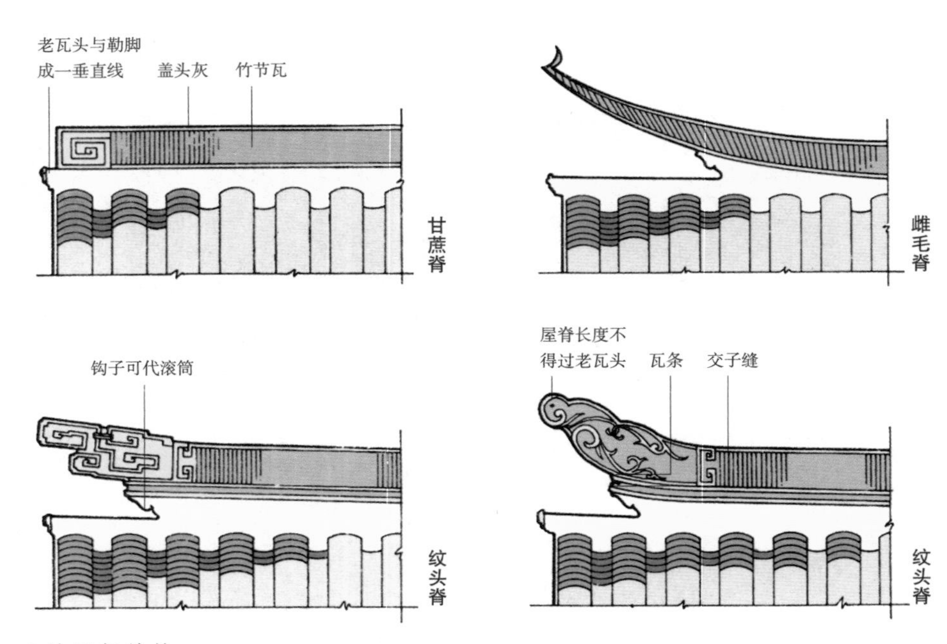

三种屋架结构

抬梁、穿斗、井干这三种不同的结构方式是中国古代常见的木构架。抬梁式是在立柱上架梁，梁上又抬梁，这种结构方式广泛地运用于宫殿、坛庙、寺院等大型建筑物中。穿斗式是用穿枋把一排排的柱子穿连起来成为排架，然后用枋、檩斗接而成，小型建筑物和民居中较多使用。井干式是用木材交叉堆叠而成的，因其所围成的空间似井而得名。

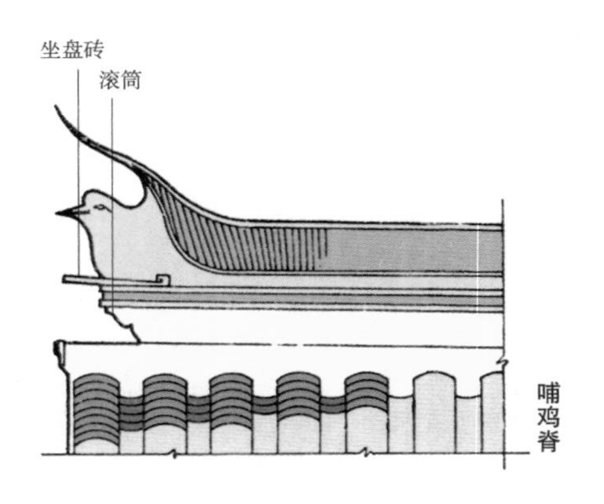

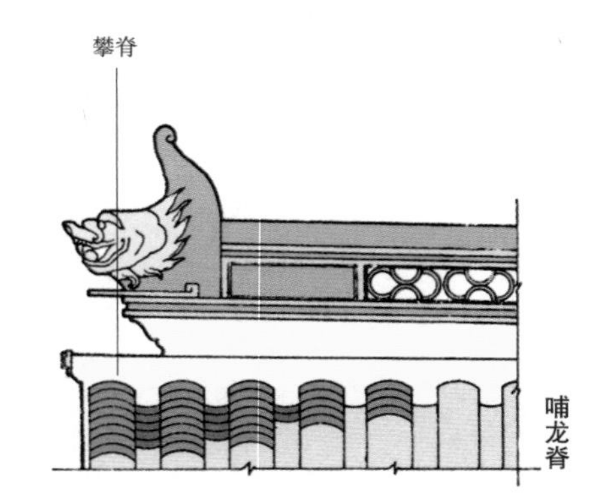

〔9〕升栱不让雕鸾：升栱，斗栱的简称。又称斗科、欂栌。在立柱和横梁交接处，从柱顶上加的一层层探出呈弓形的承重结构叫栱，而栱与栱之间垫的方形木叫斗，为中国传统建筑造型的主要特征之一。雕鸾，雕刻纹饰。

〔10〕古摘端方：仿古也要选择端正大方的风格。

〔11〕槛外行云：比喻建筑物非常高。

〔12〕镜中流水：比喻池水平面如镜。

〔13〕瀛壶：瀛洲。

〔14〕一鉴：这里指文人隐居于此，为园林著述立言。

〔15〕太史：源自唐朝诗人牛凤及，撰有《唐书》。牛凤及是牛弘的曾孙，官至中书门下侍郎，撰《唐书》，一百一十卷。因一生主要功绩是修国史，故堂号叫“太史堂”。

〔16〕草玄：源自汉朝扬雄，曾著《太玄》，其在四川成都的住宅遂称草玄堂或草玄亭，亦简称“玄亭”。与太史堂相对。

〔17〕云：指陆云。

〔18〕般：同“班”，指鲁班。

【译文】 凡是构建家居住宅，不管三间五间，都要按空间序列依次建筑。但是园中书屋，不论是一室还是半室，按自己景色的变化来建造才好。朝向随意，这是建园者的共识。家居房屋建筑必须讲究定规法度，而园林建筑则应因地制宜。虽然厅堂的建造基本一样，但接近台榭的应建造得风格别致。前檐要添建敞卷，后檐要退留余轩；屋顶必须构建木杆以做假顶，还须支起草架；根据形制造作，前檐高而后檐低，前高后低的造法不同，要分别造作。正堂的檐最影响两侧厢房的构建，很容易使庭院空间显得狭小。解决的办法是在檐下添置走廊或廊屋，台阶会因之变得宽展。立柱与横梁交接处的拱和拱间方形的斗都不用雕刻纹饰，门枕也不必刻镂成鼓；样式要高雅古朴。仿古也要追求端正大方。彩画虽好，却不如在木色上饰以青绿的颜色更雅致；雕镂很容易流于俗套，如在镂花间嵌入仙禽就不适宜。建造回旋的带状长廊应在竖柱之初精心构思，多一些变幻之妙；建造仅有数椽的小屋，庭院和门户的安排应更加考究，要明白精巧微妙

檐分上出与下出

古建筑多有深远的出檐，其出檐大小也有尺寸规定。小式房座，以檐檩中至飞檐椽外皮（如无飞檐则至老檐椽头外皮）的水平距离为出檐尺寸，称为“上檐出”，简称“上出”。由于屋檐向下流水，故上檐出又被称为“出水”。古建筑都是建在台基之上的，台基露出地面部分称为“台明”。台明由檐柱中向外延出的部分为“台明出檐”，对应屋顶的上檐出，又称为“下出”。古建筑的上出大于下出，二者之间有一段尺度差，这段尺度差便为“回水”。其作用是保证屋檐流下的水不会浇在台明上，从而起到保护柱根、墙身免受雨水侵蚀的作用。

宛转往复的至理。巧小奇妙的亭榭，要区别构建在紫木丛花之中；建造层叠的楼阁，要追求耸立于浩空云霄的感觉。姿态隐现，才有无限变化的趣味，恍惚招摇间，方显出迷人媚态。高栏外行云移动，平静的水面如明镜一般，雨水洗不去秀美山色，阵阵清风又把鹤鸣声送来。仿佛蓬莱仙境，又仿佛天然画卷，能极大地满足人们对山林清泉的痴爱，也能让人自乐于园中花圃之间。造园能有这一境界，一定是千秋不朽之作。厅堂应有太史公司马迁所说的“高山景行”的风范，亭台应有扬雄草玄堂的明澈淡泊。并不是说我的境界有多高，姑且班门弄斧罢了。想要渗透园林营造之妙，尚需志趣投合者共同探究，在这里，陈规俗套的知识就不必再议了。

门 楼

【原文】 门上起楼，象城堞有楼以壮观也。无楼亦

① 垂脊

垂脊是在歇山顶、悬山顶或硬山顶的建筑上，自正脊两端沿着前后坡向下的屋脊。在攒尖顶建筑中位于宝顶至屋檐转角处。

② 正脊

正脊，又叫大脊、平脊，位于屋顶前后两坡相交处。它的两端一般有吻兽，望兽，中间多有宝瓶等装饰物。

□ 门楼图示

门楼一般是单独建造在大门之上的，即在大门上添加一层楼或类似楼的装饰性建筑。一般是在大门上端增加砖雕的仿楼结构，其雕刻图案有梅、兰、竹、菊等植物图案，或故事、传说、戏文的场景，尤以生动的人物雕刻居多。在江南园林中门楼又称“匠门”，大多数的门楼没有楼，但建筑雄伟，似城门上筑楼一样，精雕细刻，形成了特有的园林景观。

呼之。

【译文】 在大门加建楼阁，就像在城门之上造楼阁一样，可以增添雄伟宏壮的气象。没有修造阁楼也称为门楼。

堂

【原文】 古者之堂，自半已前[1]，虚之为堂。堂者，当[2]也。谓当正向阳之屋，以取堂堂[3]高显[4]之义。

【注释】〔1〕自半已前：房内前半部。

〔2〕当：正、主的含义，指厅堂坐北向南，处于主轴线正中，因此堂又被称为正屋。

〔3〕堂堂：形容盛大有气魄。

民居的朝向

《易经》说："圣人南面而听天下，向明而治。"中国历代皇宫、州县官府衙署都是南向的，因此古代住宅也多向南。但因怕"煞气"太重，住宅很少朝向正南、正北、正东、正西的四正方向。古代堪舆学上将住宅分为"东四宅"和"西四宅"。"东四宅"是指坐东朝西（震宅）、坐东南朝西北（巽宅）、坐北朝南（坎宅）、坐南朝北（离宅）四种坐向的房子；"西四宅"是指坐西北朝东南（乾宅）、坐西南朝东北（坤宅）、坐东北朝西南（艮宅）和坐西朝东（兑宅）四种坐向的房子。

□ **拙政园远香堂侧面图示**

拙政园远香堂虽名为"堂"，实际上是一座平面为矩形的四面厅。它坐北朝南，开有一列落地长窗，东西两面亦是，这一四周为窗的做法在古典园林营造学上称为"落地明罩"，能使整个厅堂之内非常空透，亦便于赏景。

□ **拙政园远香堂正面图**

厅堂是由古代单体建筑拆分而成的园林中的独立建筑。在古代建筑中，它们主要的区别是厅为会客、宴会、行礼用的房间，堂则为单体建筑中居中、向阳而宽大的那一间，也是更重要的社交活动场所。

〔4〕高显：宏大显敞。

【译文】 古代的堂屋，指厅房的前半部分。“堂”，是“当”的意思。是指处于居宅中轴线上正面向阳的房屋，即取其“堂堂高显”之意。

斋

【原文】 斋较堂，惟气藏〔1〕而致敛，有使人肃然斋敬之意。盖〔2〕藏修〔3〕密处之地，故式不宜敞显。

【注释】 〔1〕气藏：指人的精气聚集。

〔2〕盖：因为，由于。

〔3〕藏修：亦作“藏脩”，脩，习也，“藏修”指专心学习。

【译文】 斋与堂屋相比，斋更能藏养精气，其气象也更内敛，令人有穆然虔敬之意。都因其修筑在隐秘的地方，所以不适宜明显敞露。

斋的布置

园林中的斋乃主人修身养性的地方，相对于轩、榭的开敞来说，其空间要封闭一些。斋室应当明亮洁净，不要太宽大。明净可以让人心神爽快，过于宽大就有些费眼神了。或者靠近屋檐处开设窗户，或者开在走廊一面，要根据地形环境设置。中堂前的庭院稍微大一些，可以种上些花木，摆设盆景，夏天卸去北面的门扇，前后贯通，便于通风。庭院里浇洒一些米汤，雨后就会生出厚厚的苔藓，青翠可爱。沿着屋基全都种满翠云草，夏日之时，苍翠葱茏，随风浮动。前面的院墙要筑得低矮一些，有的人将薜荔草的根埋在墙下，再往墙面洒上鱼腥水，使草的藤蔓顺墙攀沿。这样，虽然有幽深的风味，但还是不如白色粉墙好。

① **后舱**

后舱上下两层，重檐歇山卷棚顶，室内以八扇冰纹落地长窗与中舱隔开，窗上配嵌十六幅图画，左右墙壁，开有六角形窗洞。

② **前舱**

前舱为卷棚歇山顶敞轩，轩前平台上有黄石栏柱和石几一条，凭栏俯视水面，游鱼可数；轩内设石台、石凳，可以小憩。

③ **平台**

前部平台伸入池水之中，台下由湖石支撑架空；两侧临池之处与其他池岸一样叠石而成。平台又有一小石桥与池岸相连，仿佛登船跳板。

④ **中舱**

中舱卷棚顶与前舱同样高低，但坡顶方向与前舱、后舱垂直，舱左右共十六扇冰纹扇窗，窗下设宫式花纹尺栏，图案精美。

□ **怡园画舫斋**

位于怡园西北，三面临水，仿拙政园香洲而建，围抱绿湾池水边的船形建筑。整个建筑仿船身样式，分为前舱、中舱、后舱三部分。登楼而上，举目四望，东面景色最佳。池水绕石而过，流经石桥两重，形成三个水面，层次分明，意犹未尽，十分雅致。

室

【原文】古云，自半已后，实为室〔1〕。《尚书》〔2〕有“壞室”〔3〕，《左传》〔4〕有“窟室”〔5〕，《文选》〔6〕载“旋室㛹娟以窈窕〔7〕”指“曲室”也。

【注释】〔1〕自半已后，实为室：化自《说文解字》中的“古者有堂，自半已前，虚之谓之堂，半已后，实之为室”。

〔2〕《尚书》：又称《书》或《书经》，是中国第一部古典文集和最早的历史文献，是儒家经典之一。

〔3〕壞室：土室，类似于窑洞。

〔4〕《左传》：又称《春秋左氏传》或《左氏春秋》。儒家经典之一。编年体春秋史，相传是春秋时鲁国史官左丘明著。

〔5〕“窟室”：指掘地为室。

〔6〕《文选》：书名，由南朝昭明太子萧统选录秦、汉、三国以及齐、梁之诗文而成。

〔7〕旋室㛹娟以窈窕：旋室，指代曲折回环的宫室；㛹娟，迂回

丈室与琴室

丈室用于隆冬寒夜，其规格大约与北方的暖房相同，室内可设置卧榻和禅椅等。前面的庭院要宽敞，便于接收阳光；西面开设窗户，用来接收西斜的日光；北面不必开窗。琴室：古时有人在平房的地下埋一口大缸，里面悬挂铜钟，用此与琴声产生共鸣。但是这不及在楼房底层弹琴的效果，因为上面是封闭的，声音不会散；下面空旷，声音也透彻。或者设在大树、修竹、岩洞、石屋之下，地清境静，更具风雅。

□ **狮子林卧云室**

卧云室呈“凸”字形，为两层楼形式，旧时为禅室，是苏州园林中唯一一座“室”。卧云室的上、下各六只戗角飞翘，造型奇特，周围的空间非常狭小。从南面看，它的屋顶是横脊极短的歇山式；从北面看，则向外凸出。由于它被环抱于各种形态的峰石中，四周境界幽静，如在云间，故名。

曲折；窈窕，深邃的样子。

【译文】 古人说，房屋后半部，四壁相对封闭，其空间适合人居住，所以称为室。《尚书》记载有“壤室”，《左传》记载有“窟室”，《文选》记载的“旋室女便娟以窈窕”，是指曲折回环而且幽深的“曲室”。

房

【原文】 《释名》〔1〕云：房者，防也。防密〔2〕内外以为寝闼〔3〕也。

【注释】 〔1〕《释名》：东汉末年一部专门探求事物名源的著作，作者刘熙。

〔2〕防密：隐蔽。

〔2〕寝闼：卧室的门。

【译文】 《释名》说：所谓房，有防的意义。指空间隐

① 明瑟楼　② 涵碧山房

□ 留园涵碧山房

涵碧山房为留园中部主要建筑，面临荷花水池，盛夏纳凉，荷香四溢，极为惬意，俗称“荷花厅”。

蔽，内外有门通闭，用于睡觉的卧室。

馆

【原文】散寄[1]之居，曰“馆”，可以通别居者。今书房亦称“馆”，客舍[2]为“假馆”。

【注释】〔1〕散寄：随意、临时起居于某处。

〔2〕客舍：供旅客住宿的房屋，现称旅馆。

【译文】用于临时起居的住处，称为“馆”，是可以通到别处的。现在的书房也称馆，旅舍则称“假馆”。

楼

【原文】《说文》[1]云：重屋[2]曰“楼”。《尔雅》[3]云：陕[4]而修曲为“楼”。言窗牖虚开，诸孔慺慺然[5]也。造式，如堂高一层者是也。

【注释】〔1〕《说文》：中国第一部系统地分析汉字字形和考究字源的字书，东汉许慎著。正文十四篇，另有叙目一篇。正文以小篆为主，收字9353个，又古文、籀文（汉字的书体名称，又称大篆）等异体字1163个，解说133441字。每字均按"六书"（指事、象形、形声、会意、转注、假借）分析字形，诠解字义，辨识音调。书中保留大量古文字资料，对研究甲骨、金石等古文字有极高的参考价值。

〔2〕重屋：指屋顶分两层的房屋。从古代建筑实例来看，这"重"字不限于两重，二层以上的都称之为"楼"。

〔3〕《尔雅》：中国最早解释词义的专著，也是第一部按照词义系统和事物分类来编纂的词典。《汉志·尔雅》30篇，流传至今只有19篇。后世经学家多用以考证解释儒家经典的意义。儒家《十三经》之一。

〔4〕陕：同"狭"，狭隘。

〔5〕愯愯然：恭谨、勤恳的样子。用以形容一排窗户的槅扇虚开，孔调排列整齐的样子。

□ **拙政园卅六鸳鸯馆**

卅六鸳鸯馆的名称来历主要有两种说法：一种是这里的主人曾在前面的池子中养过三十六只鸳鸯，故得名；另外一种是此馆在建筑风格上采用了"鸳鸯厅"的造型特点。事实上，卅六鸳鸯馆是美化了的"鸳鸯厅"结构，其内部用屏风、罩、纱窗将一间大厅分为两个部分。从外观上看是一个屋顶，里边则是四个屋面；事实上它是一个大厅，里边则被分为两个客厅——北面客厅用于夏季纳凉，南面客厅用于冬季取暖。

□ **避暑山庄烟雨楼**

烟雨楼位于如意洲之北的青莲岛上，卷棚歇山布瓦顶，上下围廊以苏画装饰。门殿北有围廊，方形；与主楼四面围廊相通。主楼五楹，两层，进深两间，稍间为楼梯，周围廊。北、西廊外湖中起台、置汉白玉望柱。前檐高悬乾隆皇帝题写的云龙金匾“烟雨楼”，楹联为：“百尺起空蒙碧涵莲岛，八窗临渺弥澄印鸳湖。”登楼北眺，澄湖碧空如洗，万树园莽莽无际。每当山雨迷蒙、风卷之际，湖山若隐，雨雾如烟，令人赏心悦目。烟雨楼与门殿之间是个规整的方院，月台下两座石雕须弥座上曾有铜鹿一对。

【译文】《说文》说：在房屋上再建房屋称为“楼”。《尔雅》说：建于高台上的狭曲而修长的房屋称为“楼”。就是说门窗虚开，射到房内的光线里面空明敞亮。它的建筑形式与堂相似，但比堂再加高一层。

台

【原文】《释名》云：“台者，持[1]也。言筑土坚高，能自胜持[2]也。”园林之台，或掇石而高上平者；或木架高而版平无屋者；或楼阁前出一步而敞者，俱为台。

□ **甲秀楼**

甲秀楼位于贵阳南明塘，兀立在南明河中的巨石——鳌矶上，是一座三层三檐四角攒尖顶阁楼，这种构造在中国古建筑史上是独一无二的。它右倚观音寺、翠微阁；下为浮玉桥，桥上有小巧玲珑的涵碧亭。楼高约二十米，飞甍翘角，十二根石柱托檐，护以白色雕塑花石栏杆，翘然挺立，烟窗水屿，如在画中。登楼远眺，四周景致，历历在目。楼名取“科甲挺秀，人才辈出”之意。

【注释】〔1〕持：扶助，匡扶。

〔2〕能自胜持：能以自身的坚固支撑，而不致崩塌。

【译文】《释名》说：“所谓台，是指它有支撑的作用。是说用土筑台，应坚固高耸，能够以自身的坚固支撑起台上的建筑物。”而园林中的台，或用石头垒砌很高但顶部平坦，或用木材构架而顶部平铺木板而不建房屋，或者在楼阁前伸出一步的宽度，三面开敞开，这些都叫做台。

阁

【原文】阁者，四阿〔1〕开四牖。汉有麒麟阁〔2〕，唐有凌烟阁〔3〕等，皆是式。

楼阁的变迁

楼与阁在早期是有区别的，楼是指重屋，阁是指下部架空、底层高悬的建筑。楼区别于平房建筑，至少有两层，以形成高大的体量；屋顶多使用硬山式或歇山式，显得稳重、简洁；阁一般有两层以上，也有一层的，造型上多用攒尖形的屋顶，显得华丽多姿而富有变化。楼主要是供人居住，阁则大多用来储藏物品。如始建于明嘉靖四十年的浙江宁波天一阁，就是至今最古老的藏书楼阁。此阁为面宽六间的两层楼房，其中西进间为楼梯间，下层楼作阅览图书和收藏石刻用。

后世“楼”“阁”二字互通，无严格区分。现存古代楼阁多为木结构，有多种构架形式：将单层建筑逐层重叠而构成整座建筑的，称“重屋式”；以方木相交叠垒呈井栏形状所构成的高楼，称“井口式”；唐宋时期，在层间增设平台结构层，其内檐形成暗层和楼面，其外檐挑出成为挑台，称为“平坐式”；明清以来的楼阁构架，将各层木柱相续，成为通长的柱材，与梁枋交搭成为整体框架，称之为“通柱式”，等等。楼阁四周多设回廊、栏杆或隔扇，供人远眺、游憩。

① **屋顶**

戏台屋顶最常见的多为双坡卷棚硬山顶和双坡硬山顶，顶部一般为青瓦覆盖。

② **隔断**

戏台的前后隔断多采用木质隔扇屏风，两侧设上下场门，多书“出将”“入相”。

③ **台基**

台基平面多呈长方形，少量为凸字形。

□ 佛山祖庙万福台

“台”本身是保持的意思，意为筑土高而坚，使它能够保持自己。大凡庭院中的台，或叠石很高，而上面平坦；或用木架支高，而上铺平板无屋。园林之中，台的用途很多，既可作为戏台听曲看戏，也可作为远眺赏景的平台。

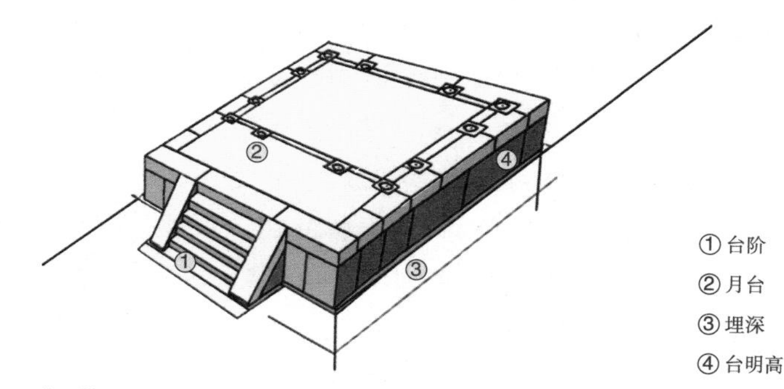

□ 台 基

台和台基是两个不同的概念，台是建筑物的联合基座，台基则是单座建筑物的基座。由于古人习惯席地而坐，台基能有效地防止湿气的侵入。台基由埋在地下的埋深和露出地面的台明两部分构成，地上的高度叫作台明高。其中，台明是台基的主体，月台是台基的延伸，月台通常比台明高度稍低以避免雨水淹进室内。台基又称基座，大致分四种等级：一种是普通台基，这类台基多用素土或灰土或碎砖三合土夯筑而成，约高一尺，常用于小式建筑；一种是较高级台基，常在台基上边建汉白玉栏杆，用于大式建筑或宫殿建筑中的次要建筑；一种是更高级台基，这种台基即须弥座，又名金刚座；还有一种是最高级台基，这类台基由几个须弥座相叠而成，从而使建筑物显得更为宏伟高大，常用于最高级建筑。如故宫三大殿和山东曲阜孔庙大成殿，皆耸立在最高级台基上。

【注释】〔1〕四阿：庑殿式（中国古代建筑的一种形式）屋顶的四面，即现在的四坡顶，可使水从四面流下。

〔2〕麒麟阁：汉代阁名，建于未央宫中，因汉武帝元狩年间打猎获得麒麟而命名。主要用于藏历代记载资料和秘密历史文件。甘露三年（前51年），汉宣帝因匈奴归降，回忆往昔辅佐有功之臣，乃令人画十一名功臣图像于麒麟阁以示纪念和表扬。

〔3〕凌烟阁：唐朝为表彰功臣而建筑的绘有功臣图像的高阁。本是皇宫内三清殿旁的一个不起眼的小楼，贞观十七年二月，唐太宗李世民为怀念当初一同打天下的众位功臣，命阎立本在凌烟阁内描绘了二十四位功臣的图像，褚遂良题字，皆真人大小，时常前往怀旧。

【译文】 阁，就是有庑殿式四坡屋顶并在四面墙上开设窗户的建筑物。汉代的麒麟阁，唐代的凌烟阁等，都是这种建筑形式。

□ **瘦西湖熙春台**

熙春台是二十四桥景区的主体建筑。它与小金山遥遥相对，面东三楹，二层重檐，前加抱厦，上覆绿色琉璃瓦，脊饰龙藻图案，飞甍反宇。楼前有临水平台，“横可跃马，纵可方轨”，主楼坐西朝东，楼高两层，碧瓦飞檐，青顶装饰有黄色飞龙。所谓“熙春”是取《诗经》中“众人熙熙，若登春台”之意。过熙春台往前行不远，可登上一座由黄石和竹木构成的桥，名为“山间栈道”。

亭

【原文】《释名》云：“亭者，停也。人所停集也。”

□ 佛香阁

佛香阁是颐和园的主体建筑，南对昆明湖，背靠智慧海，气势宏伟。该阁仿杭州的六和塔建造，建在万寿山前高20米的方形台基上，八面三层四重檐。阁内有八根巨大铁梨木擎天柱，直贯顶部，结构相当复杂，为古典建筑精品。阁上层榜曰 “式延风教”，中层榜曰“气象昭回”，下层榜曰“云外天香”。内供接引佛，每月望朔，慈禧在此烧香礼佛。

□ 浮翠阁

浮翠阁为八角形双层建筑，是拙政园内立于主厅对面山巅的楼阁。登楼四望，满园葱翠皆在脚下，好似建筑浮于树丛之上，故摘苏东坡“二峰已过天浮翠”之句而名之。楼内原本悬过一副对联：“天连树色参千尺，地借波心拓半弓。”

□ 松风水阁

后世的阁是私家园林中最高的建筑物，主要供游人休息品茗、登高观景用。松风水阁是拙政园内一座颇负盛名的阁子，又名“听松风处”，因为此处是看松听涛之处。若有风拂过，松枝摇动，松涛作响，色声皆备，别有一番风味。

司空图[1]有休休亭，本此义。造式无定，自三角、四角、五角、梅花、六角、横圭、八角至十字[2]，随意合宜则制，惟地图[3]可略式也。

【注释】〔1〕司空图：晚唐诗人、诗论家。字表圣，自号知非子，又号耐辱居士。曾建亭，取名“休休”。

〔2〕三角、四角、五角、梅花、六角、横圭、八角至十字：都是筑亭的平面图式。梅花为五瓣形。圭为古代帝王或诸侯在举行典礼时拿的一种玉器，上圆（或剑头形）下方。横圭则为横着的上圆下方的圭形。

□ **千秋亭**

千秋亭位于北京御花园西侧，因西方与秋季对应，故名千秋，即流传千古之意。千秋亭平面呈十字形，由一座方亭各面出抱厦形成。四面抱厦前各出白玉石台阶，周围为白玉石栏板，绿色琉璃槛墙饰黄色龟背锦花纹，槛窗和隔扇门的槅心都是三交六椀菱花，梁枋施龙锦彩画。重檐攒尖顶，下层檐施单昂三踩斗拱，下层檐以上改成圆形，施单昂五踩斗拱。圆攒尖顶，明代称为“一把伞”式，覆黄琉璃竹节瓦。亭的宝顶由彩色琉璃宝瓶承托鎏金华盖组合而成。上圆下方的屋顶取仿“天圆地方”的古明堂形制。

① **植物**
亭周边可种植一些爬藤类的植物。

② **位置**
整个亭子附墙而建，既节约了建筑材料，又让其以别致的形式在园林建筑中取胜。

③ **漏窗**
透过墙上的漏窗可赏墙外的景色。

④ **茶座**
亭内设座，闲时可以在此品茗对弈。

□ **半 亭**

亭子的建造除了要重视它的造型，它与周边环境的配置也极为重要。此亭为半亭，即不完整的亭子。半亭多附建于两边长廊或靠墙垣的一面，此亭为后者。

〔3〕地图：指的是建筑平面图，即施工前绘制的蓝图。

【译文】《释名》说：亭，就是停留的意思，是供人游人聚集停留的地方。唐代的司空图建有一座“休休”亭，便是以这个意思取名的。亭的建造形式没有定规，从三角形、四角形、五角形、梅花形、横圭形、八角形到十字形，只要选择与环境相宜的都可以建造，只要有平面图，就可以反映出它们各自不同的建筑形式。

榭

【原文】《释名》云：榭者，藉〔1〕也。藉景而成者也。或水边，或花畔，制亦随态。

【注释】〔1〕藉：同借，借助，依靠。

【译文】《释名》说：榭，是借助的意思。指借助景观意境建造而成的。或临靠水岸，或隐于花畔，形式灵活多变。

轩

【原文】轩式类车，取轩轩欲举[1]之意，宜置高敞，以助胜[2]则称[3]。

【注释】〔1〕轩轩欲举：轩昂高举的姿态。

□ **避暑山庄水心榭**

水心榭位于避暑山庄卷阿胜境东北，月色江声以南，原是山庄东南宫墙的出水闸，是宫殿区至湖区东路的一处必经之景。康熙四十八年(1709)，从此往东扩建，增开了银湖、镜湖，水闸便位于湖心，遂在闸上架石为桥，桥上置榭三座，康熙题名“水心榭”，俗称“三亭子”。水心榭也是乾隆三十六景之第八景，乾隆常在此处钓鱼。水心榭中者呈长方形，重檐歇山卷棚顶，面宽三楹；南北两榭均重檐攒尖，四角各设一组立柱，每组四根，有矮廊相围。榭下承架石桥，梁下设水闸八孔，俗称“八孔闸”。闸板是多块活动木板，可加可撤，控制水位。

榭

孔颖达疏：“土高曰台，有木曰榭。” 中国古代将地面上的夯土高墩称为“台”，建在高台上的木构房屋称为“榭”。唐代以后，园林中建于水边、花丛中，供人游赏、休息的建筑称为榭。可见，榭是凭借周围景色而构成，又以临水而建的水榭居多。现存古代园林中，水榭的形制一般是在水边筑平台，平台周边围以低矮栏杆；平台上建一单体建筑，四面开敞通透或设隔扇门窗；屋顶通常用卷棚歇山式样，檐角低平，显得玲珑轻巧、简洁大方。

□ 藕香榭

藕香榭建于大观园中轴线以东的水池中，是一处四面有窗临水的敞厅。其左右有回廊，南有竹桥跨水接岸，后面有曲折竹桥，与凸碧山庄隔河遥遥相对，沿河岸东行可通山庄下之凹晶溪馆。亭柱上挂着黑漆嵌蚌的对联“芙蓉影破归兰桨，菱藕香深泻竹桥”。

翼角

翼角是中国古代建筑屋檐的转角部分，主要用在屋顶相邻两坡屋檐之间，因其形状向上翘起，舒展如鸟翼而得名。古建筑中常见的翼角做法分为北方的“清代官式”做法和南方的“发戗”做法。清代官式建筑翼角起翘一般为自正身椽上皮到最末一根角椽上皮升高四椽径，出翘为角梁外端的正投影长出正身椽三椽径，工匠术语称之为“冲三翘四”。而南方因为气候温暖，积雪较少，所以屋角可以翘得更高，其形状弯转如半月，名曰“发戗”。南式发戗有水戗、嫩戗两种。水戗发戗的双层角梁和翼角的构造与北方的基本相同。

□ 豫园九狮轩

轩，是古典园林中小巧玲珑、开敞精致的建筑物，多作赏景用。九狮轩是豫园内一敞开式建筑，它面临大池，前置月台，在此春日可凭栏观赏池中游鱼，夏日则可赏冰清玉洁的荷花。此外，它的西面植有一片杉树，高耸挺拔；东面种有修竹万竿，郁郁葱葱，一派生机盎然的景象。

〔2〕助胜：有助于增添景物之美。

〔3〕称：相称。

【译文】轩的样式，与古代车舆的“轩”相似，取其昂扬高举之意。适合建造于高旷的建筑部位，有助于增加建筑空间的轩昂之气，于是就以此相称。

卷

【原文】卷[1]者，厅堂前欲宽展，所以添设也。或小室欲异人字[2]，亦为斯式。惟四角亭及轩可并之。

□ **卷**

卷即卷棚，为在梁上呈现弧形的木制顶棚。这种建筑的样式增加了建筑物的视觉美，还有利于雨天滴水。从建筑物的结构上来看，加深了出檐的宽阔度，将屋面边缘的承托构建重叠加高。

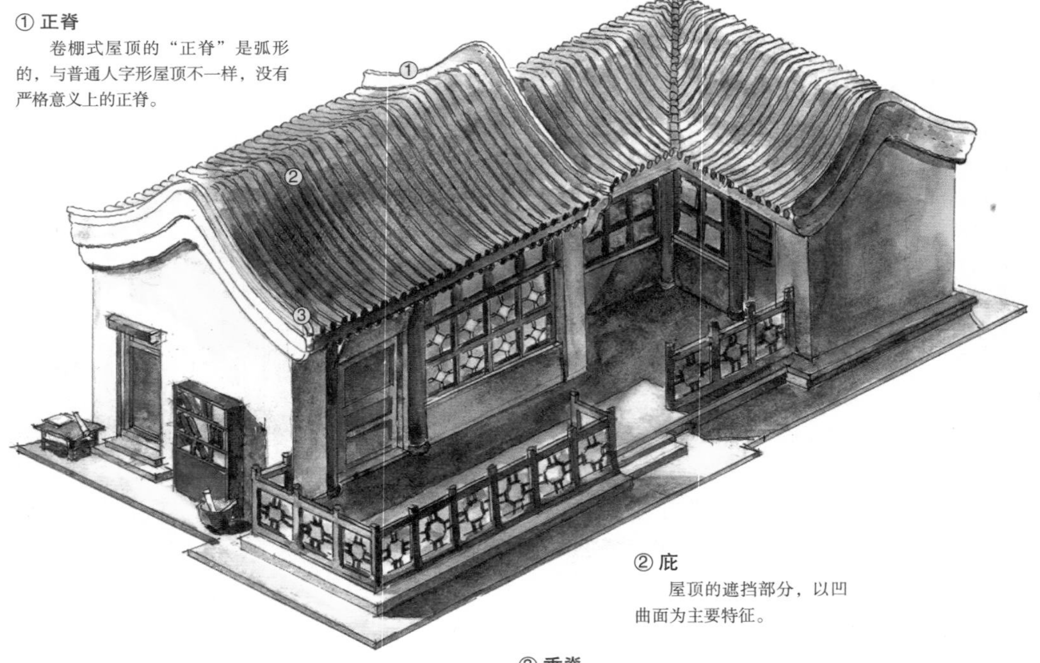

① 正脊

卷棚式屋顶的“正脊”是弧形的，与普通人字形屋顶不一样，没有严格意义上的正脊。

② 庇

屋顶的遮挡部分，以凹曲面为主要特征。

③ 垂脊

正脊两端至屋檐四角的屋脊，垂脊上通常有垂兽作饰物。

【注释】〔1〕卷：曲木。此处指前轩梁上的弧形木顶棚，犹如船篷，中间高平无脊背，两头朝下。

〔2〕异人字：不同于人字形屋顶。

【译文】卷，是为了使得厅堂前部空间更加宽展，所以在廊庑的顶部增加构建。或者面积小的屋子，因要改变“人”字形屋顶的空间，也可以采用这种卷的形式。四角亭和廊轩都可以建这种卷式屋顶。

广

【原文】古云：因岩为屋曰“广”，盖[1]借岩成势，不成完屋者为“广”。

【注释】〔1〕盖：发语词。

【译文】古人说：一面靠在岩壁上所建造的屋子称为

□ 广

一般来说，石窟洞穴之类在佛家修行时也常常被作为房屋使用，后来这类石窟逐渐演化成园林景物。

“广”，因为它依靠山崖作为天然的墙壁构建，是半面的单坡顶，不是完整的房子，所以称作“广”。

廊

【原文】廊者，庑[1]出一步也，宜曲宜长则胜。古之曲廊，俱曲尺[2]曲。今予所构曲廊，之字曲者，随形而弯，依势而曲。或蟠山腰，或穷水际，通花渡壑，蜿蜒无尽，斯寤园之“篆云”[3]也。予见润之甘露寺数间高下廊，传说鲁班所造。

【注释】〔1〕庑：厅堂屋檐下周围的走廊。

〔2〕曲尺：木工用的两边成直角的尺，用木或金属制成，像直角三角形的勾股二边。

〔3〕篆云：寤园中的长廊名，此处形容廊有大篆的流云之态。

□ **隆国殿抄手廊**

抄手廊也称“抄手游廊”。“抄手”二字意为廊的形式犹如同时往前伸出而略呈环抱状的两只手，所以又被称为“扶手椅”游廊，或者称为“U”形走廊。抄手廊因其独特的形制而往往被设在几座建筑之间，比如正房与配房通常就由抄手廊连接。图为位于青海省西宁市乐都县境内瞿昙寺内的隆国殿抄手斜廊，其是依照北京故宫太和殿的前身明代奉天殿为蓝本建成的。

【译文】廊，就是厅堂屋檐下周围的走廊延伸出一步的建筑物，以曲折幽长为胜。古代的曲廊，都像木工的曲尺那样直角弯折。现在所造的曲廊，往往呈弯折转曲的“之”字形，随地形弯折，顺山势转曲。或盘旋山腰，或沿着水岸，通过花间，渡过沟壑，有蜿蜒无尽的感觉，就像当年寤园中所建的“篆云”曲廊。我曾经在镇江甘露寺看到过几间依山而建的高下廊，据说是鲁班建的。

□ **怡园复廊**

复廊是在双面空廊的中间隔一道墙，形成两侧单面空廊的形式，又称“里外廊”。廊的墙上多开有各种漏窗，从廊的一边透过漏窗可观赏廊的另一边景色。怡园原为东、西两家，东边为明代尚书吴宽的住宅旧址，西边为顾文彬的私人花园，后由顾氏扩建成一园。中间以此廊相隔，分成东、西两园，形成两种迥然不同的境界。东园以建筑为主，西园以水景为主。

□ **颐和园长廊**

有覆盖的通道称“廊”。廊的特点是狭长而通畅，弯曲而空透，用来连接景区和景点，是一种既“引”且“观”的建筑。“狭长而通畅”能促人生发某种期待与寻求的情绪，可达到引人入胜的目的；“弯曲而空透”可令人观赏到千变万化的景色，因为可以步移景异。此外，廊柱还具有框景的作用。

□ 曲廊

园林内廊的使用，不但具有遮风避雨和连接建筑物的功能，还可增加园林景深层次，分割园林空间，组合园林景物。按照形制大致可以分为三类：直廊、长廊和曲廊。曲廊指的是形体比较曲折多变的廊，它可是坡顶的，也可是平顶的，还可是拱顶的。从形体的走势上来说，曲廊是园林中最为常见，也是最富变化的廊。为了增加赏景的趣味性，修建曲廊时可以刻意让它的形体“过分”曲折逶迤，使其在园林之中自由穿梭。

□ 双层廊

双层廊指上下两层的廊，又称“楼廊”。它的主要特点是：既为游人提供了在上下两层不同高度的廊中观赏景色的条件，也丰富了园林建筑的空间构图。

列 架

描述园林屋宇建筑的屋梁构架形式，以及园林屋宇平面结构图的绘制。

五架梁

【原文】五架梁，乃厅堂中过梁[1]也。如前后各添一架，合七架梁列架式。如前添卷，必须草架[2]而轩敞。不然前檐深下，内黑暗者，斯故也。如欲宽展，前再添一廊。又小五架梁，亭、榭、书房可构。将后童柱[3]换长柱，可装屏门，有别前后，或添廊[4]亦可。

【注释】〔1〕过梁：又称驼梁，但并非现今所指的门窗洞口上的过梁，而是指房屋木构架的大梁，它决定了木结构建筑物的进深。古代房屋的木构架在两步柱之间架大梁，可以减少屋内的柱数，在梁上立童柱，童柱上架小驼梁，短梁上再立童柱，柱头架檩，一檩为一架。所谓的五架梁，便是五柱上架五檩的简称。厅堂一般都会用大梁，因其负荷较大，所以往往要用非常结实的木材。

〔2〕草架：在"覆水椽"上所不能看见的构架部分，用来添置廊庑，加大建筑幢深，抬高前檐高度。

〔3〕童柱：支于驼梁上的矮柱。

〔4〕添廊：把房屋四界内的童柱换成长柱落地，亦可不装屏门，当作走廊来用。

【译文】五架梁，是厅堂中的大梁。如果在它的前后各增加一架，就组合成七架梁的列架式了。如果要在厅堂前面添建敞卷，就必须采用草架才能有敞亮的效果。否则，前面的屋檐太过低矮，屋内光线黑暗，就是没有这么做的缘故。如果要使房子宽展，可以在前面再添建廊轩。另有小五架梁，可用于亭、榭、书房的建造。如果把后童柱换成落地长柱，则可以安装屏门，使前屋和后屋有所区别；如果不装屏门，在前面添建廊庑亦可。

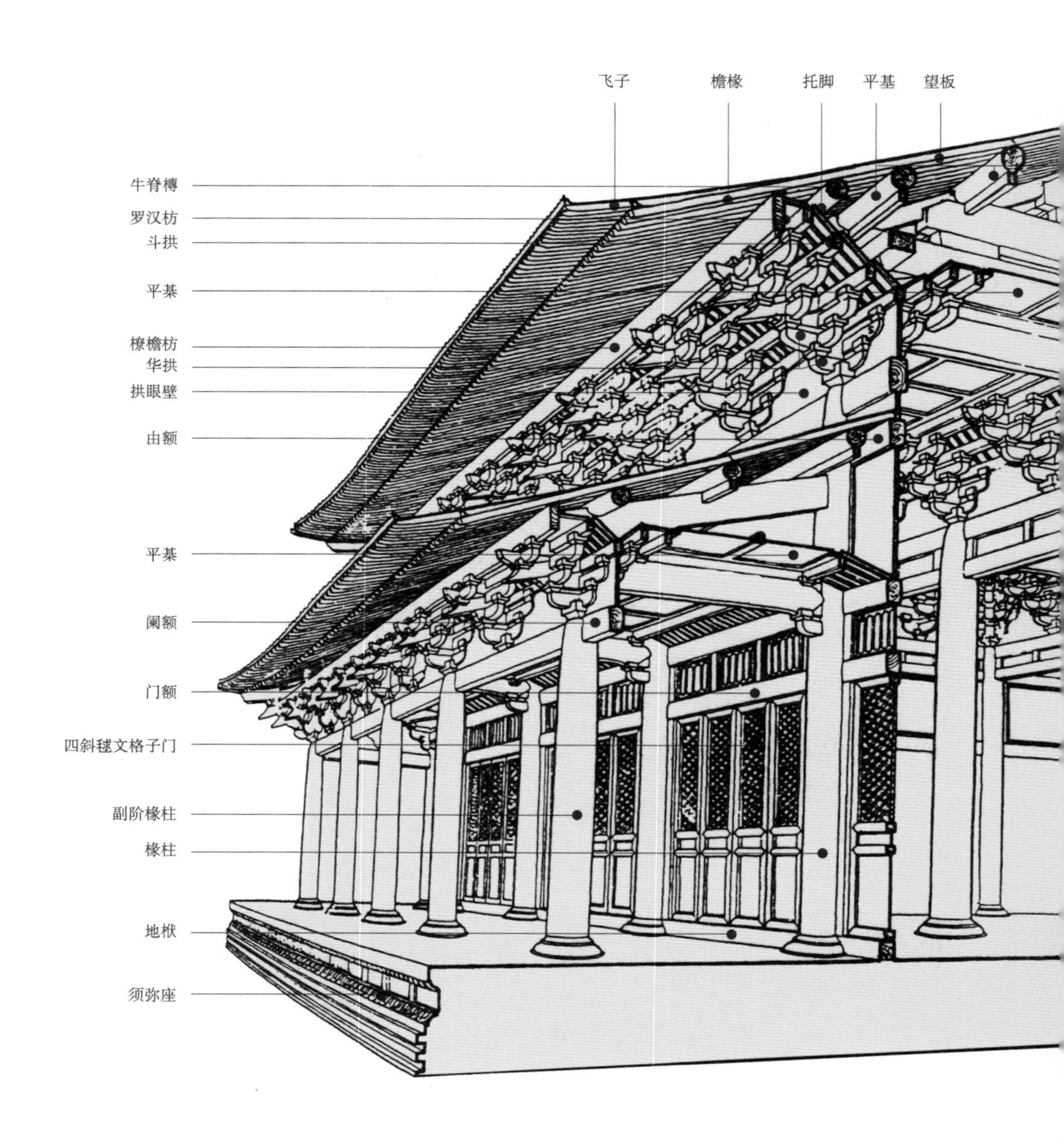
飞子
檐椽
托脚
平基
望板
牛脊槫
罗汉枋
斗拱
平基
橑檐枋
华拱
拱眼壁
由额
平基
阑额
门额
四斜毬文格子门
副阶檐柱
檐柱
地栿
须弥座

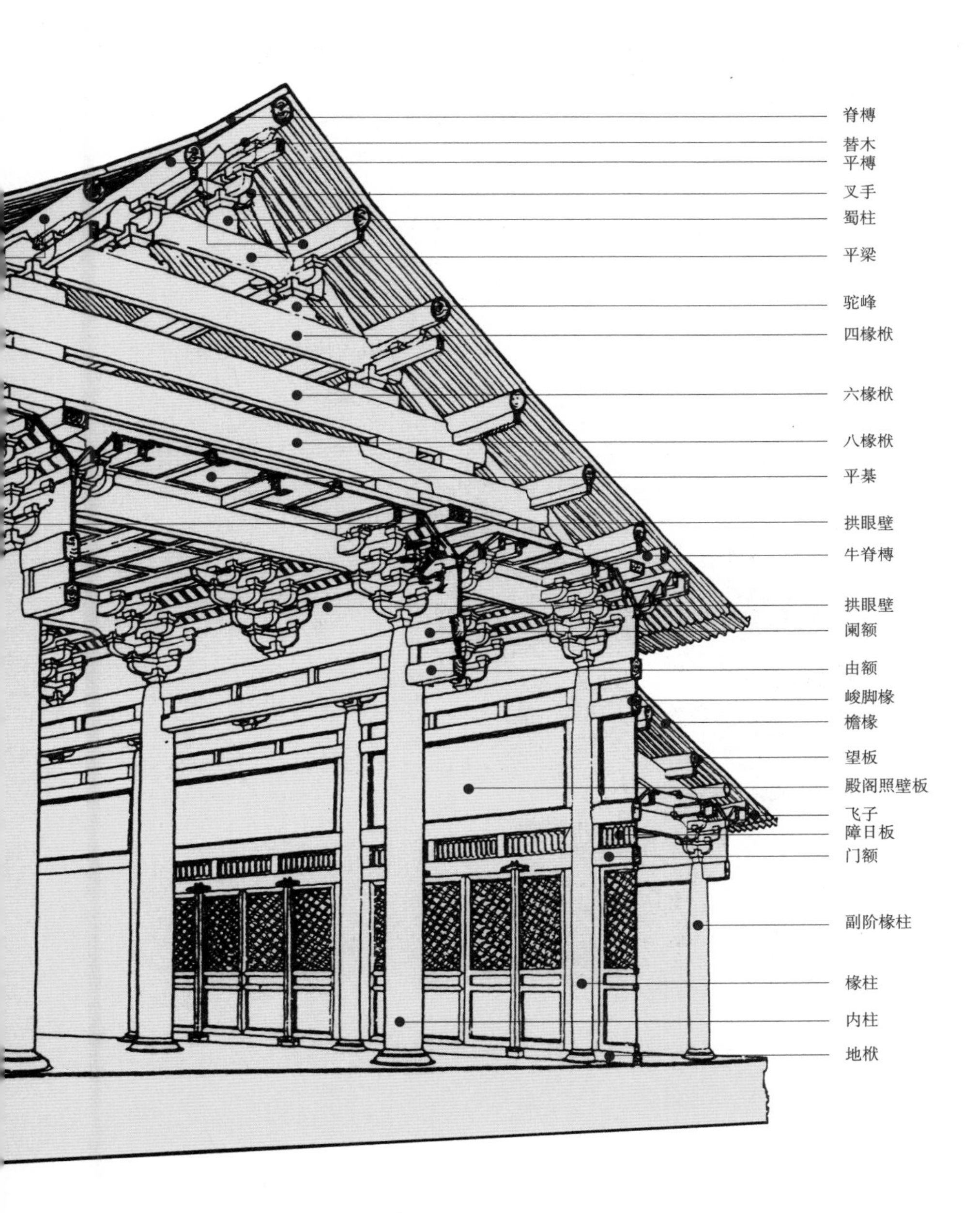

□ **大木作构件名称《营造法式》图式**

大木作是木建筑比例尺度和形体外观的重要决定因素，也是木构架的主要结构部分，由柱、梁、枋、檩等组成。大木是指木构架建筑的承重部分。

◎斗拱结构图示

斗拱是整栋建筑物使用最多的构件，它像一个弹簧垫，既承托着整个建筑物本身的重力，还可以在遇到地震时，抵消地震对木材以及榫卯的扭力，使整个建筑不受丝毫破坏。下图就清楚地展示了斗拱如何将重力分别向上、下、左、右、内、外分散。

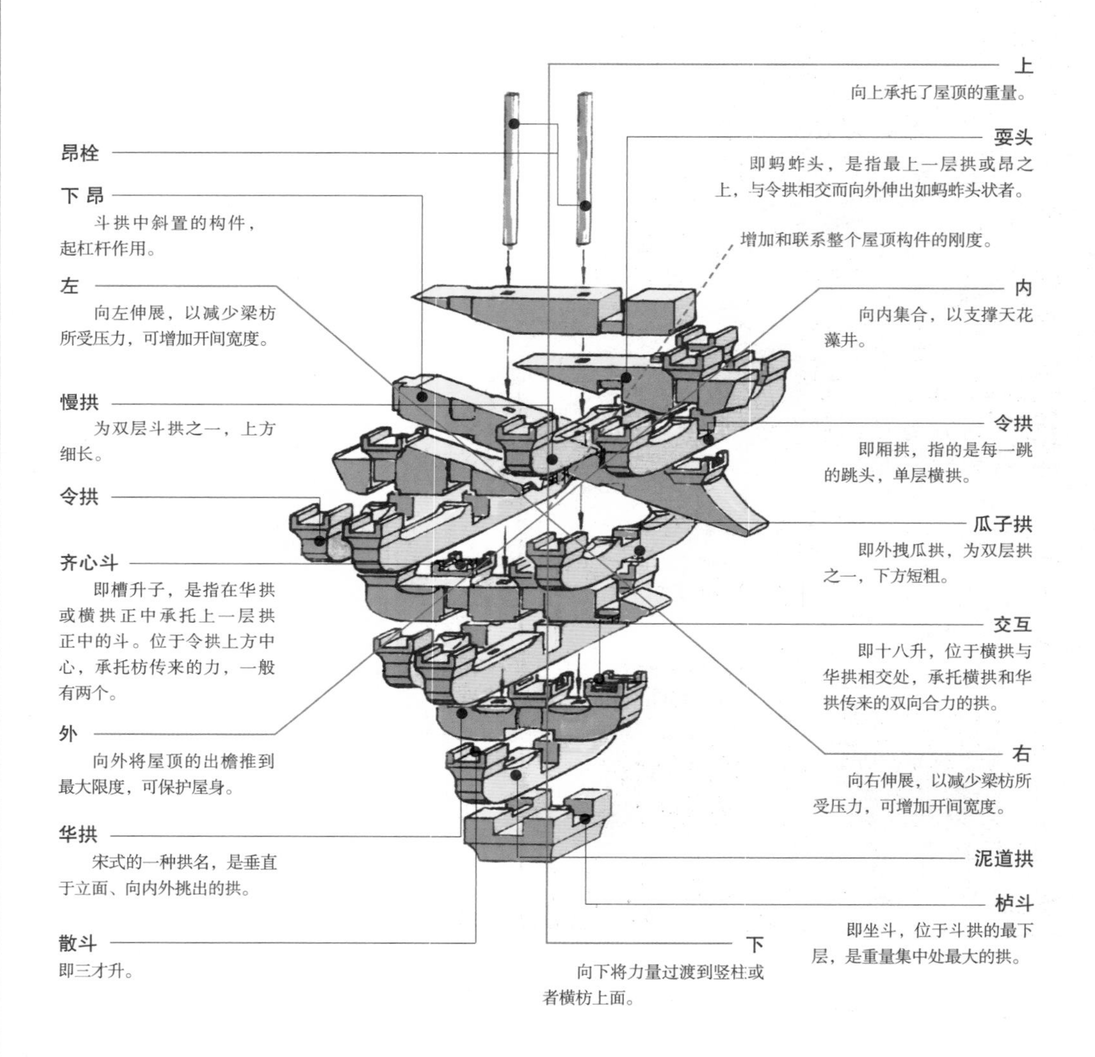

斗拱到了宋代正式成为建筑的基本模数，它的构件也逐渐有了正式的名称。方形木块叫斗，弓形短木叫拱，斜置长木叫昂。斗拱一般置于柱头和额枋、屋面之间，用来支撑荷载梁架，挑出屋檐，兼具装饰作用。此为宋代斗拱结构示意图。

七架梁

【原文】七架梁，凡屋之列架也，如厅堂列添卷，亦用草架。前后再添一架，斯九架列之活法[1]。如造楼阁，先算上下檐数，然后取柱料长[2]，许中加替木[3]。

【注释】〔1〕活法：指采用灵活的方法，在七架梁前后各添一架，变成九架列式。

〔2〕料：料想，估计。

〔3〕替木：指在柱子上加一横短木，以承托上面的构造。

【译文】七架梁，就是普通房屋常用的列架，如果在厅堂前添加敞卷而使厅堂高敞，也要用草架。在其前后各添一架，则是七架变九架法的灵活采用。如果建造楼阁，应先计算出上下檐的高度，然后估算出柱子的长度，在深柱的末端增加替木，以使其更加牢固。

九架梁

【原文】九架梁屋，巧于装折[1]，连四、五、六间，可以面东、西、南、北。或隔三间、两间、一间、半间，前后分为[2]。须用复水重椽[3]，观之不知其所。或嵌楼于上，斯巧妙处不能尽式，只可相机而用，非拘一者。

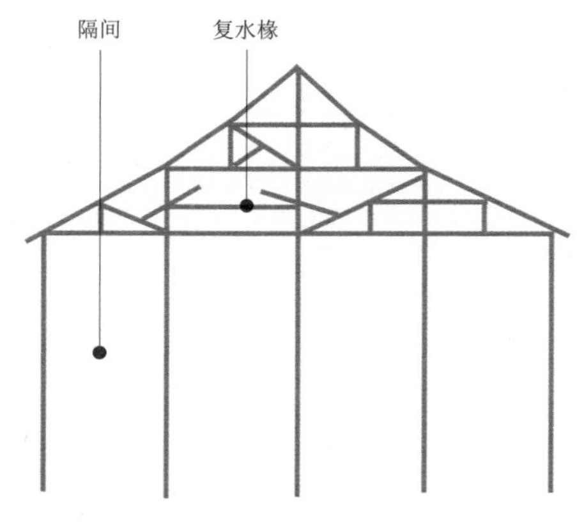

九架梁五柱式

梁

梁根据其功能、形制、位置等，可以分为三架梁、五架梁、七架梁、九架梁、骑门梁、月梁、单步梁、双步梁、抱头梁、桃尖梁、趴梁、抹角梁、太平梁等几十余种，其中又以五架梁、七架梁和九架梁三种为基本形式。梁是建筑中架在立柱上面的横跨构件，承受着上部构件与屋面的所有重量，是上架木构件中最重要的部分。木材的长短与所承受的力度决定了梁的长度，而梁又决定了建筑物开间的深度。梁的截面大多是矩形，也有方形和圆形等。在宋代，建筑中大梁截面多是矩形，宽、高的比例为二比三；明清时期接近一比一，和方形相似。而江南民居及园林建筑也有以圆木为梁的。清代，人们常把和房屋正面垂直的称作“梁”，平行的称作“枋”，但不一定都是如此，通常称作“梁枋”。梁的雕刻多位于梁枋的两端和中央，采用线雕、浮雕、采地雕等手法；雕刻题材包括生活场景、人物故事、祥禽瑞兽、花草鸟雀等；色彩方面，有的在雕刻后设色沥金，有的就保持原木本色。

◎房屋的几大构件图示

组成中国建筑的构件繁多，但其中以下面所标示的几种最为重要，它们是建造房屋不可缺少的。除这些之外，还有檩，它和枋一样，都是建筑物中不可缺少的构件。

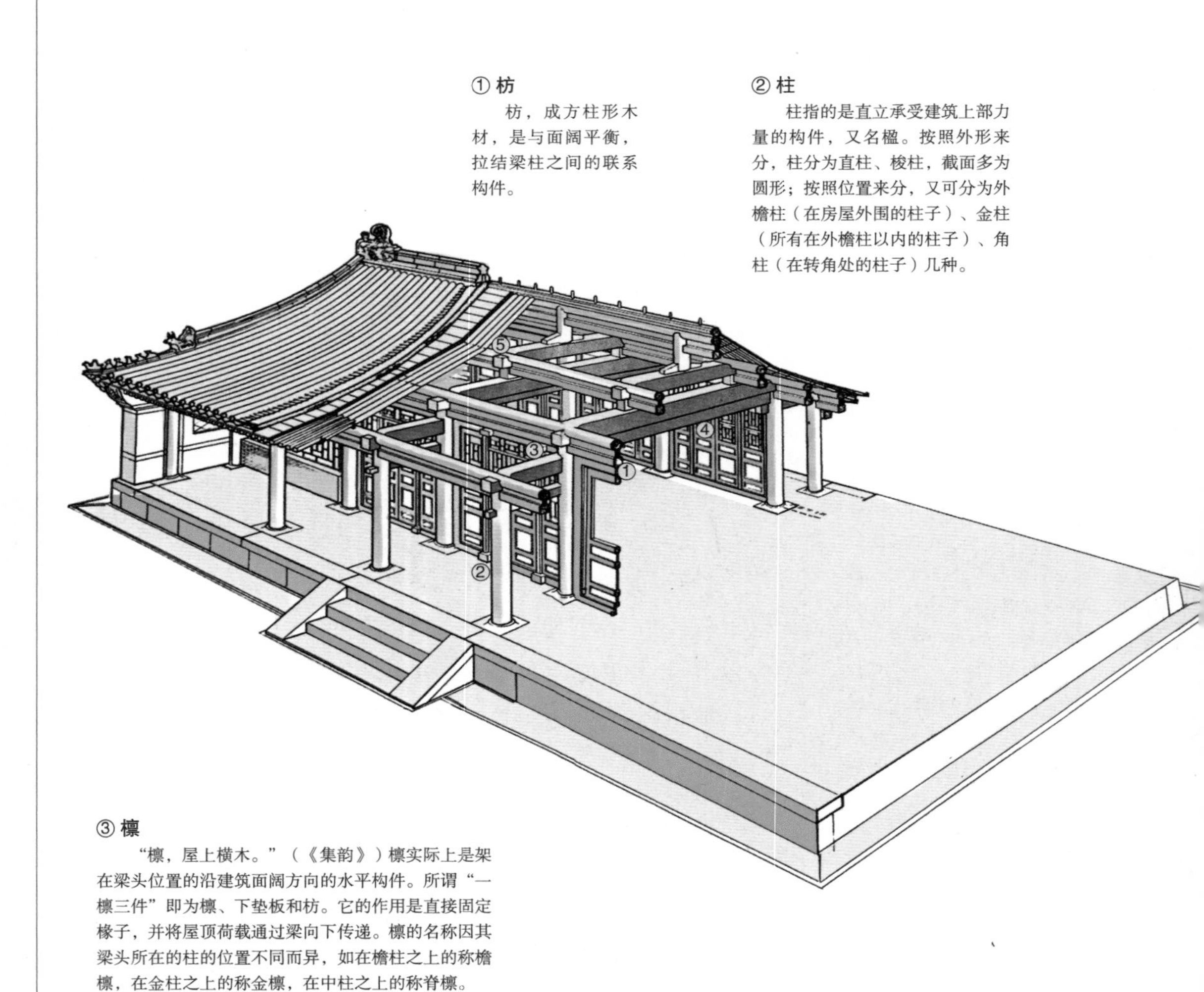

① 枋

枋，成方柱形木材，是与面阔平衡，拉结梁柱之间的联系构件。

② 柱

柱指的是直立承受建筑上部力量的构件，又名楹。按照外形来分，柱分为直柱、梭柱，截面多为圆形；按照位置来分，又可分为外檐柱（在房屋外围的柱子）、金柱（所有在外檐柱以内的柱子）、角柱（在转角处的柱子）几种。

③ 檩

"檩，屋上横木。"（《集韵》）檩实际上是架在梁头位置的沿建筑面阔方向的水平构件。所谓"一檩三件"即为檩、下垫板和枋。它的作用是直接固定椽子，并将屋顶荷载通过梁向下传递。檩的名称因其梁头所在的柱的位置不同而异，如在檐柱之上的称檐檩，在金柱之上的称金檩，在中柱之上的称脊檩。

④ 梁

《说文》中说："梁，桥也。"简单来说，就是架于水面上的称作"桥"，架于我们头顶之上的称作"梁"。事实上，梁是搭在柱顶上的水平构件，沿着进深和房屋的正面成90° 排列，一纵一横地承托着整个屋顶的重量。一般来说，梁长短不一，上梁较下梁要短，如此层层相叠，构成屋架。

⑤ 椽

椽是垂直在檩条上的构件，直接负荷屋面瓦片。它分为飞檐椽（宋时称为"飞子"）、花架椽、顶椽（多用于卷棚屋架）以及檐椽等多种。其断面又有多种形制，常见的有矩形、荷包形及圆形。

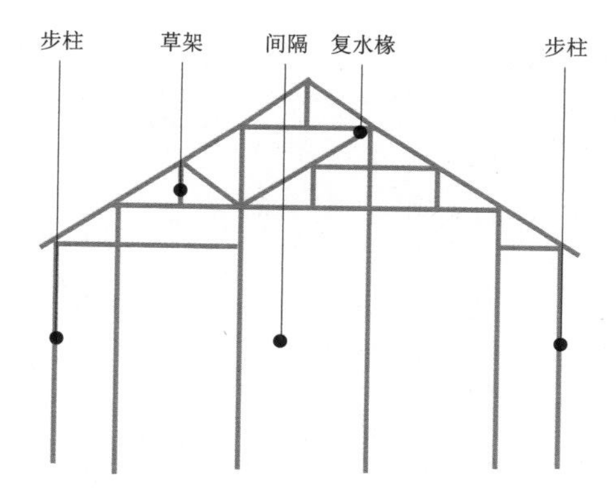

九架梁六柱式

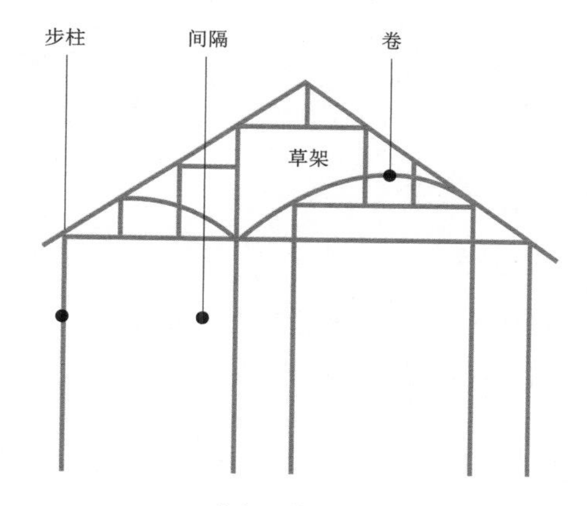

九架梁前后卷式

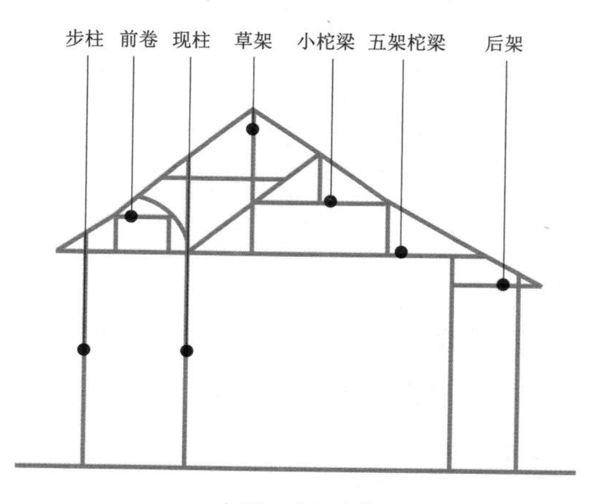

九架梁前后卷式

【注释】〔1〕装折：房屋的装修。

〔2〕前后分为：指前后分隔成相对独立的房间。

〔3〕复水重椽：复水，椽名，即梁上的下一层椽木，其上覆有草架。在这之上还有一层椽的，就叫复水重椽。

【译文】九架梁的房屋，在空间分隔和装修上更加巧妙灵活。就进深来说，可以连续四、五、六间，东、西、南、北也可以任意朝向。或分隔为三间、两间、一间、半间，也可以把前后分隔成为相对独立的房间。这就要采用复水重椽构架，使人看不出是在一个屋盖下隔出的空间。或利用梁架立柱较多的特点，在上面嵌建楼阁，其巧妙的地方是很难用图式表示出来的，应随机变化灵活应用，不必受限于一种样式。

草 架

【原文】草架，乃厅堂之必用者。凡屋添卷，用天沟[1]，且费事不耐久，故以草架表里整齐。向前为厅，向后为楼，斯草架之妙用也，不可不知。

【注释】〔1〕天沟：指屋顶上的排水的沟槽。

【译文】草架，是厅堂建造必用的列架形式。凡是屋檐前面添建敞卷，都需要在屋顶上做排水沟槽，既耗工时又不耐用，所以就要采用草架，以使整个建筑的外观与内部空间都整齐美观。在前面添建敞卷可以做厅，在后面添建敞卷可以建成阁楼，这就是草架的妙用所在，是不可不知的。

重 椽

【原文】重椽，草架上椽也，乃屋中假屋[1]也。凡屋隔分不仰顶[2]，用重椽复水可观。惟廊构连屋，或构倚墙一披而下，断不可少斯。

中国建筑的三种屋架结构

抬梁、穿斗、井干三种不同的结构方式是中国古代常见的木构架。抬梁式是在立柱上架梁，梁上又抬梁，所以称为“抬梁式”。这种结构方式往往广泛地使用于宫殿、坛庙、寺院等大型建筑物中。穿斗式是用穿枋把一排排的柱子穿连起来成为排架，然后用枋、檩斗接而成，故称作穿斗式。小型建筑物和民居中较多使用。井干式是用木材交叉堆叠而成，因其所围成的空间似井而得名。

【注释】〔1〕假屋：假屋顶。

〔2〕仰顶：天花板。

【译文】重椽，就是草架上所用的椽子，是在屋顶之下的假屋顶。凡是房屋中的隔间，都不须用天花板，用重椽复水做成对称的假屋顶，这样十分好看。特别在廊与房屋相连时，或靠墙建成单坡顶时，是绝对不可缺少重椽复水这种建造方式的。

磨 角

【原文】磨角[1]，如殿阁撇角[2]也。阁四敞及诸亭泱[3]用。如亭之三角至八角，各有磨法，尽不能式，是自得一番机构[4]。如厅堂前添廊，亦可磨角，当量宜。

【注释】〔1〕磨角：折角，亭阁的屋角转折上翘的形状，今日通称翘角或翼角。

〔2〕撇角：转角。

〔3〕泱：同“决”，一定，必须。

〔4〕机构：机巧，构思。

【译文】磨角，与殿阁的转角相似，是四面敞开的阁和各种亭子必须要使用的建筑方法。从三角亭到八角亭等各种形状的亭，都各有不同的磨角方法，不能一一列举出来，这就需要设计建造者在面对时，独自精心构思。如果在厅堂前添建廊道，也可以在转角处磨角，但应因地制宜，做到得体合适。

地 图

【原文】凡匠作，止能式屋列图[1]，式地图者鲜矣[2]。夫地图者，主匠[3]之合见也。假如一宅基，欲造几进，先以地图式之。其进几间，用几柱着地，然后式之，列图如屋。欲造巧妙，先以斯法，以便为也。

【注释】〔1〕列图：房屋的列架图。

〔2〕式地图者鲜矣：能绘制平面图的人就很少了。式，绘制。

〔3〕主匠：指设计者与工匠。

【译文】大部分工匠在建筑施工时，只能绘制房屋列架图，很少有工匠能绘制平面图。而平面图是设计者与工匠们施工的共同依据。比如有一块住宅地基，要建几进房屋，都应该在平面图上绘制出来。这样也可以更好地确定每进房屋有几间，需要立几根柱子，然后进一步绘制平面图和列架

□ 苏州西白塔子巷某宅园中的磨角与落步栏杆示意图

“磨角”，即房屋的墙角。磨者，去掉也。去掉一角则增加一边。这里“磨角”的不是厅堂，而是加在“卷”之前的“廊”。该“廊”的结构与草架无关，是相对独立的。但是，磨角这种结构，这种不规整的平面，对于厅堂斋馆等生活起居的建筑是不适用的。这种结构因其较强的装饰性，多被用于园林的建筑之中。

图，并在图纸上标明房屋间、柱等的结构。采用这样的方法，不仅可以使房屋建造得更巧妙，而且也便于施工。

屋宇图式

五架过梁式

【原文】前或添卷，后添架，合成七架列。

【译文】在五架梁前添建敞卷，或在后面添建小梁，便组成了七架梁的列架式。

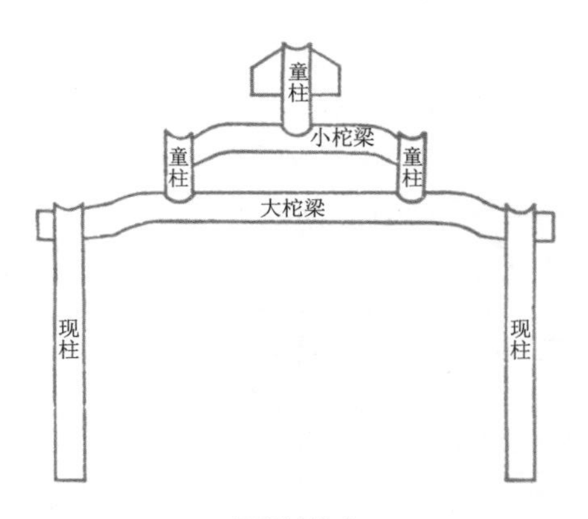

五架过梁式

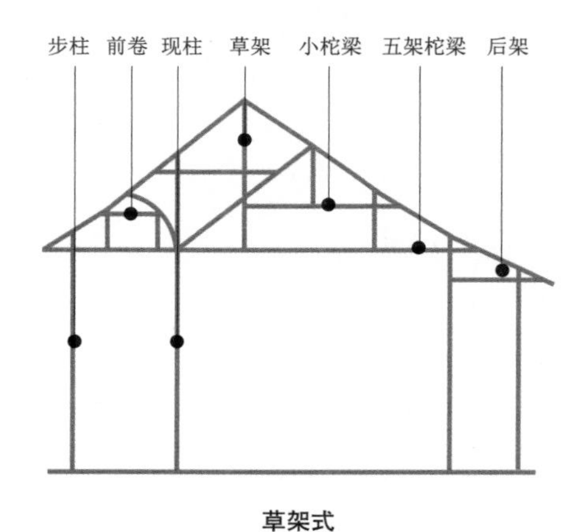

草架式

草架式

【原文】惟厅堂前添卷，须用草架，前再加之步廊[1]，可以磨角。

【注释】〔1〕步廊：走廊。

【译文】只有在厅堂前添建敞卷时，才采用草架形式；在敞卷前再添建走廊，则可以进行磨角处理。

七架列式

【原文】凡屋以七架为率。

【译文】普通的房屋都以七架列式为标准。

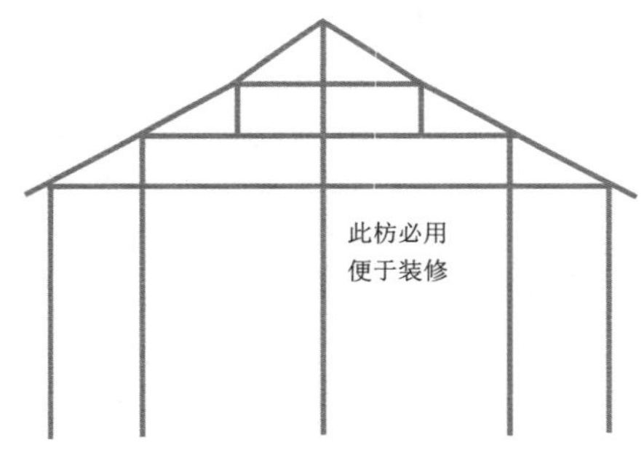

七架列式

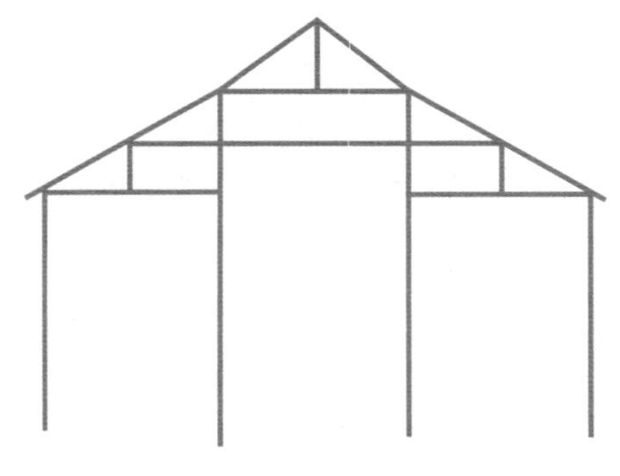

七架酱架式

七架酱架式

【原文】不用脊柱[1]，便于挂画[2]，或朝南北，屋傍[3]可朝东西之法。

【注释】〔1〕脊柱：为屋的中柱，就像人身体里的脊柱。

〔2〕挂画：张挂字画。

〔3〕屋傍：房屋的侧面。

【译文】屋中不建中柱，便于悬挂字画。房屋正面可以是南北朝向，房屋侧面的山墙开门，可以用东西朝向的方法。

九架梁式

【原文】此屋宜多间，随便隔间，复水或向东、西、南、北之活法。

【译文】这种构架适合多房间的房屋，进深可以随便间隔，并可以用复水重椽构建假顶，门户布置可灵活处理，朝向也不拘东西南北。

小五架梁式

【原文】凡造书房、小斋或亭，此式可分前后。

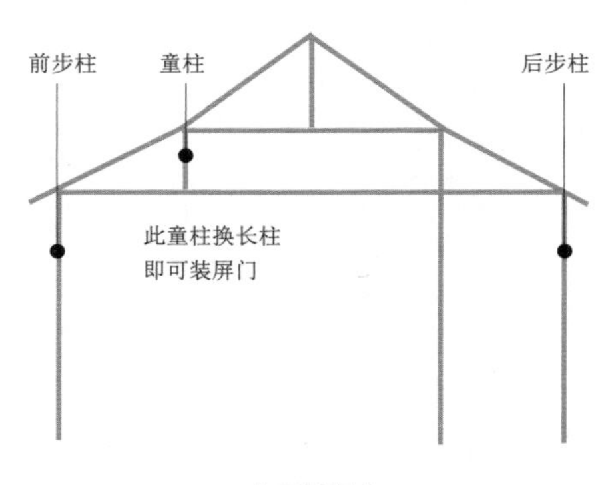

小五架梁式

【译文】凡是建造书房、小斋或亭子，都可以采用这种构架方式。落地安装屏门，可将屋内空间分成前后两个部分。

地图式

【原文】凡兴造，必先式斯〔1〕。偷柱定磉〔2〕，量基广狭，次式列图。

凡厅堂中一间宜大，傍间宜小，不可匀造。

【注释】〔1〕斯：指建房须先绘制平面图。

〔2〕偷柱定磉：偷柱，减柱；磉，柱下的奠基石。

【译文】凡是建造房屋，必须先绘制出平面图，在减掉柱子之后确定每根柱子的位置，测量出地基的宽窄，然后再绘制出列架图。

凡是建造厅堂，中间的开间应建造得大一些，而两旁的开间应建造得小一些，不可以建成一样大小。

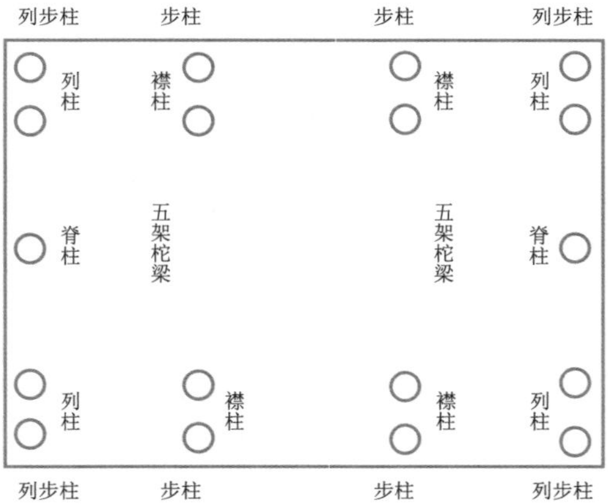

地图式

梅花亭地图式

【原文】先以石砌成梅花基，立柱于瓣，结顶合

古代建筑图的特征

中国古代建筑的平面布局以间为单位构成单座建筑，再以单座建筑组成庭院，进而以庭院为单元，组成各种形式的组群，具有一种简明的组织规律。因此，我国古代的建筑图多采用平面、立面、透视相结合的绘画手法。以平面为主，将重要的建筑绘成立面或透视效果，其位置就是该建筑在平面图的位置。从整体来看，主体建筑大多采用均衡对称的方式，以庭院为单元，沿着横轴线与纵轴线展开设计，再借助建筑群体的有机组合和烘托，使主体建筑显得格外宏伟壮丽。

早期的建筑匠师们手中流传着建筑平面图的小样本，其中有各种房屋图样和尺寸等，以师徒相传。到了隋唐时期开始有了固定、标准的绘图方法，如隋文帝在全国各地建造舍利塔时，先在首都大兴城绘制好建筑图样，再派人送往各地，按图样统一施工。宋辽以后，常将建筑平面图刻于石碑上，如保存至今的南宋静江府城平面图、平江府城平面图、汾阳后土祠平面图等，皆刻于石碑上。明清时期留下的建筑图，不仅在图碑上能看到，还刻成木版印刷于各种版本的志书中，其中有城池图、园林图、庙宇图以及学宫图等。

檐[1]，亦如梅花也。

【注释】〔1〕结顶合檐：结顶，将坡顶结合在一起；合檐，将屋檐合拢。

【译文】这种式样要先用石头把台基砌筑成梅花形状，再把柱子立在花瓣上面，构架结顶，檐口拼合，要保证顶的形状也如梅花。

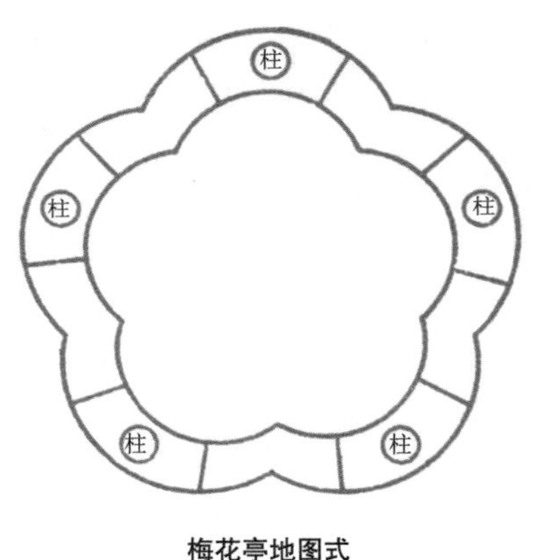

梅花亭地图式

十字亭地图式

【原文】十二柱四分而立，顶结方尖[1]，周檐[2]亦成十字。

诸亭不式，惟梅花、十字，自古未造者，故式之地图，聊识[3]其意可也。

斯二亭，只可盖草。

【注释】〔1〕顶结方尖：亭的顶部合成方尖形。

〔2〕周檐：亭子四周的屋檐。

〔3〕识：了解、认识。

【译文】把十二根柱子按四个相等的回方形对称而立，亭的顶部合成方尖形，这样的亭子四周的屋檐也呈十

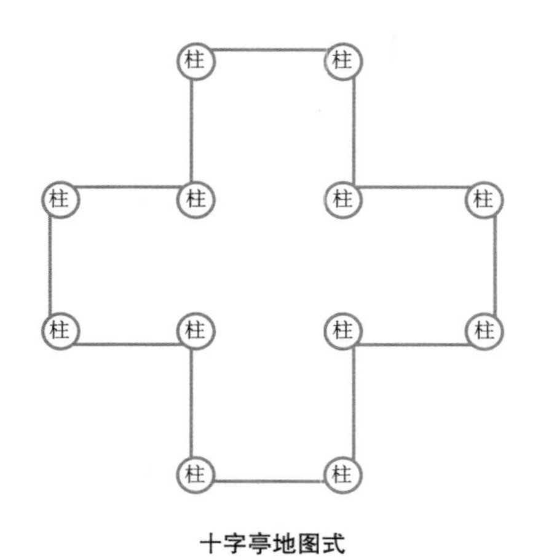

十字亭地图式

字形状。

其他形状的亭子样式就不一一绘制了，只有梅花亭、十字亭，自古以来不曾有人建造过，所以在这里绘制出它们的平面图，让人了解其大意即可。这两种亭子屋面复杂，只可以盖草顶。

装折

所谓装折，不仅包含了现代的“装饰”含义，还包含了园林屋宇内外时空结构的布局安排。本节就此提出了“曲折有条，端方非额，如端方中须寻曲折，到曲折处还定端方，相间得宜，错综为妙”这个园林建筑装修的重要原则。

【原文】凡造作难于装修〔1〕，惟园屋异乎家宅，曲折有条〔2〕，端方非额〔3〕，如端方中须寻曲折，到曲折处还定端方，相间〔4〕得宜，错综为妙。装壁应为排比〔5〕，安门分出来由〔6〕。假如全房数间，内中隔开可矣；定存后步一架〔7〕，余外〔8〕添设何哉？便径他居，复成别馆。砖墙留夹，可通不断之房廊；板壁常空，隐出别壶之天地〔9〕。亭台影罅〔10〕，楼阁虚邻。绝处犹开，低方忽上，楼梯仅乎室侧，台级藉矣山阿〔11〕。门扇岂异寻常，窗棂遵时各式。掩宜合线，嵌不窥丝〔12〕。落步栏杆〔13〕，长廊犹胜；半墙户槅，是室皆然。古以菱花〔14〕为巧，今之柳叶〔15〕生奇。加之明瓦〔16〕斯坚，外护风窗觉密。半楼半屋，依替木不妨一色天花；藏房藏阁，靠虚檐无碍半弯月牖。借架高檐，须知下卷。出幙〔17〕若分别院，连墙儗〔18〕越深斋。构合时宜，式征清赏。

【注释】〔1〕装修：装折，装饰之意，如门窗、檐下挂落等。

〔2〕有条：有条理或系统等。

〔3〕端方非额：端方而不呆板。额，一般讲方整的东西称为额，如牌匾，隐身为呆板。

〔4〕相间：间隔一定空间。

〔5〕排比：依次排列，使相连。

〔6〕来由：来去，即进出之意。

〔7〕定存后步一架：一定要保存后步一架的余轩。

〔8〕余外：除此之外，其余。

〔9〕别壶之天地：《后汉书》中写有“壶中天地”，李白诗中也有“壶中日月”，皆指仙人居住的地方。还有一传说，神仙壶公有一把酒

古代窗棂和栏杆的制作要点

窗棂以明亮透风为重，栏杆以玲珑精巧为主。然而二者最重要的前提则是坚固，坚固之后才谈得上做工优良。总括制作窗棂和栏杆的要点，只两句话：宜简单不宜繁杂，宜自然不宜雕琢。木料制作的东西，凡是合榫接头的，都是顺应了木料的本性；凡是雕刻形成的，都是损害了木料的本质，木料一旦被雕刻镂空，就很容易腐朽了。所以窗棂和栏杆的制作，一定要让它们头头有榫，眼睛合辙。然而榫头榫眼过密，榫辙太多，又与雕刻镂空没有什么不同，仍然是在损害它们的本质，所以宜简单不宜繁杂。木料的根数越少越佳，少就可以保持坚固；榫眼的眼数越密越好，密了窗纸就不容易破碎。但是木料的根数少了，榫眼的眼数又怎么能密呢？这就需要建筑师在设计上完善了。

◎飞罩图示

在古代的建筑中，飞罩常常被作为装饰的重点，一般做成透雕或彩绘。飞罩与挂落相似，最大的区别就是它两端的下面垂如拱门，制作的材料也不仅仅只是以木条镶搭；有的直接将整块银杏木雕空，多用于室内的脊柱和纱窗之间，具有强烈的装饰效果，也是房屋内部装饰比较重要的部分。

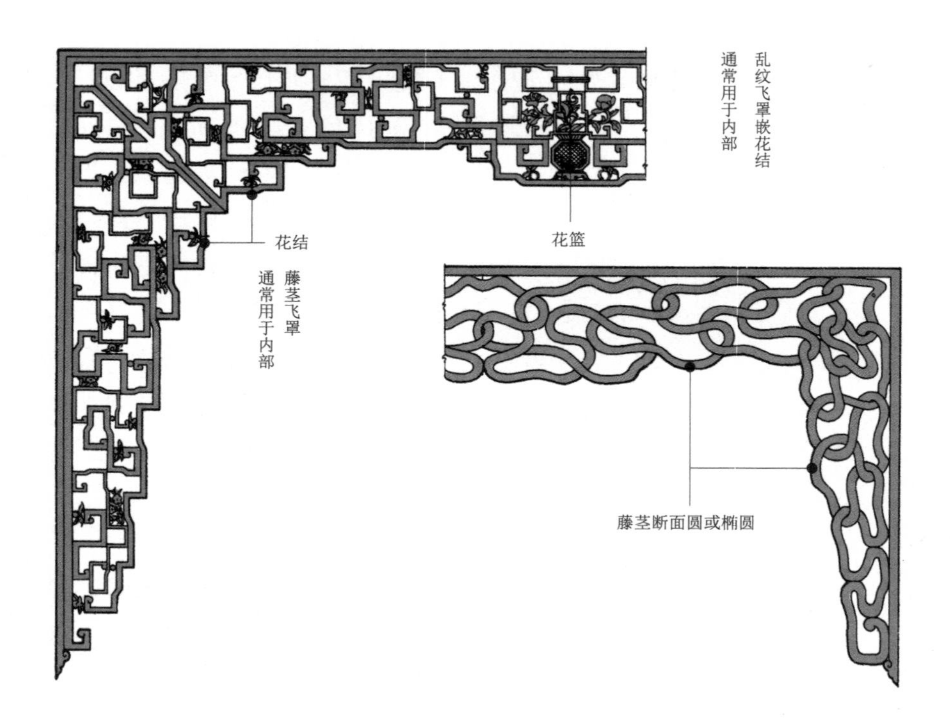

壶，只要念动咒语，壶中会展现日月星辰，蓝天大地，亭台楼阁等奇景。此处应指别有洞天。

〔10〕罅：裂缝、漏洞。

〔11〕山阿：山坡。

〔12〕掩宜合线，嵌不窥丝：指掩门后看不到一点缝隙。

〔13〕落步栏杆：踏步旁装上栏杆，用于扶手，装饰。

〔14〕菱花：窗格样式为菱花图案。

〔15〕柳叶：窗格样式为柳叶图案。

〔16〕明瓦：用牡蛎壳、蚌壳等磨制成的半透明薄片，嵌在顶篷或窗户上，用来采光。

天花

清代把建筑内部的木构顶棚称作天花，宋代则称为平棊、平暗。用天花遮挡室内顶部的梁架，既可减少很多烦琐工序，又可以美化室内。通常用木条交叉形成若干方格，形成井口式样的做法。早期天花的方格很大，支条很粗，后来逐渐变小、变细。根据建筑物的式样与特点，大多会用绘画、雕刻等作各种装饰。

〔17〕幙：幙同“幕”，指布帐或布帘，房中隔间不用木板，而用布帘隔开的称为幙。

〔18〕儗：古通“拟”，比拟。

【译文】 凡是房屋建筑，其难处在于对空间的装折，而且园林中的房屋更不同于普通住宅，讲究的是曲折中要有条理，端方却不显得呆板。要从端方中求曲折，从曲折变化中求端方，间隔一定的空间要适宜，错综变化中要显得巧妙。屏窗间壁应该讲究对称排列，安门设洞要从空间布局上分出来踪去迹。假如整个房屋有数间进深，在屋内沿进深依秩序隔开就行了。一定要保存后步一架的余轩，除此之外还可以添设些什么呢？可以开辟出一条小径通向其他房舍，或者再建造一座斋馆。山墙与院墙之间可以留出夹巷，可以与往复不断的房廊相通。每面屋墙外都应留一定的空间，让庭院隐现一片洞天。亭台要多留透光的洞隙，阁楼当临靠在虚空处。看似断绝处要有洞天别开，行

□ **天花纹样**

天花是用于室内屋顶梁架下面的木顶棚，古时又称“承尘”。藻井是中国建筑中天花板上的一种装饰，它含有五行以水克火、预防火灾之意。一般都在寺庙佛座上或宫殿的宝座上方，是平顶的凹进部分，有方格形、六角形、八角形或圆形，上有雕刻或彩绘，常见的有“双龙戏珠”。 此图为天花或藻井装饰常用的花边式样。

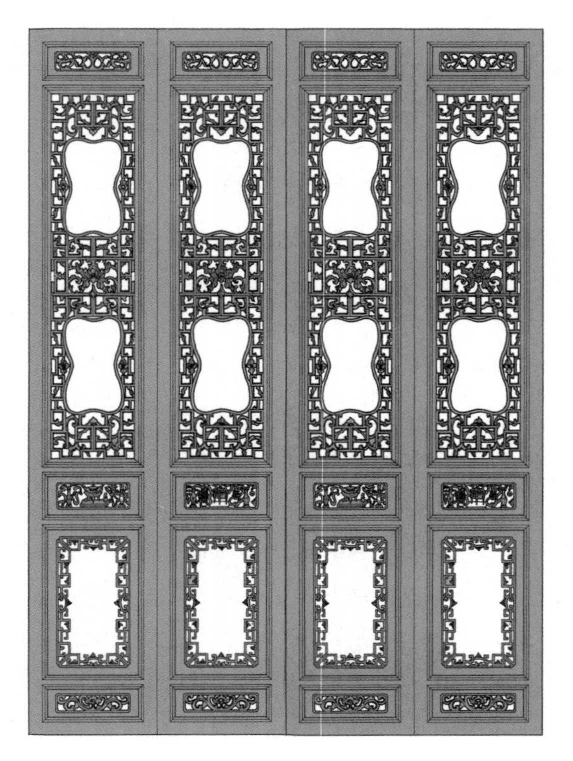

□ **屏门图示**

屏门指的是遮隔内外院或遮隔正院、跨院的门，它一般是由四扇或更多可开启的门组成的屏壁，多用于垂花门的后檐柱、室内明间后金柱间、大门后檐柱、庭院内的随墙门上，因起屏风作用，故称屏门。屏门也是古典园林中比较常见的建筑，在修建屏门时需要注意的是它与房屋、与周边环境的相得益彰。

至低处又忽往上行，楼梯应架设在室内旁侧，台阶可借助山坡构筑。门扇可与寻常样式相同，但窗棂则应时新并讲究样式。门掩上后应看不到一点缝隙。踏步旁装上栏杆，以作扶手和装饰，这对美化长廊更好；半墙之上安装户槅，是房间都应如此。古时候的窗棂以菱花形图案最为精巧，现在则以柳叶形图案表现奇趣。窗户上嵌上明瓦会显得牢固，外部护以风窗会更感严实。半楼半屋的房舍，沿梁下替木不妨都做成一色的天花；深宅幽阁，靠虚檐处可开出半月形窗户。借助草架抬升屋檐，别忘了添建敞卷。

古建筑中屏门的特点

古代建筑中，屏门有的安在木框架上，但更多的是安在有短檐或是顶部用瓦叠成花样的墙上；槛框为黑色，每扇门板的一侧上下角安装铁件，以限制在槛框及地窝内可以转动开启，需要时把门板卸下来，移至他处。平时不开，行人进板门后由左右两旁进入院子；逢喜庆日子时会开启，让客人由中央进院子。厅堂正间中的屏门多安在大厅金柱中心部位，是由四扇以上的板扇组成的板壁，大小与纱隔一样，表面平整光滑。这类屏门可以分隔大厅前后的空间，同时还具有遮挡后檐的出入口与设在后墙的楼梯等功能。

在连院的墙上开出门洞，隔开可以不用木板，而宜用布帘，这样通过仿佛是去别院的深斋。园林房屋的结构要合乎时宜，但装折样式的选择要以清新雅致为原则。

屏门

【原文】堂中如屏列而平者，古者可一面用，今遵为两面用，斯谓“鼓儿门[1]”也。

【注释】〔1〕鼓儿门：屏门背面一般设四道穿平带，考究的双面夹板，光面一致，中间内空，北方人对此称之鼓儿门。

【译文】屏门是厅堂正间中仿佛一列屏风排列的板平门，古时只镶平一面，现在则把两面都镶以平板，这叫“鼓儿门”。

仰尘

【原文】仰尘，即古天花版也。多于棋盘方空画禽卉者类俗。一概平仰为佳，或画木纹，或锦，或糊纸，惟楼下不可少。

【译文】仰尘，即古时候的天花板。大多在棋盘样的方格中绘制飞禽和花草，这是很平庸的做法。最好不要方格化，而是全都制成平仰的，或绘上木纹，或裱上锦帛，或用纸糊，这是楼的下层不可或缺的装修。

户槅

【原文】古之户槅[1]，多于方眼而菱花者，后人减为柳条槅，俗呼“不了窗”也。兹式从雅，予将斯增减数式，内有花纹各异，亦遵雅致，故不脱柳条式。或有将栏杆竖为户槅，斯一不密，亦无可玩，如棂空[2]仅阔寸许为佳，犹阔类栏杆风窗者去之。

□ **户槅**

户槅，即窗户上用木条做成的格子。户槅的大小因房子的不同和季节的变化而不同。冬季时，为了接收更多的阳光，户槅须做大一些，尤其是在书房、厅堂这些活动较多的地方。卧房是养精蓄锐的地方，应防止室内的"气"向外泄露，户槅就应做得小一些。此外，户槅的式样宜精不宜乱，也就是说制作户槅时，不宜将它的图案做得太过复杂，以精细雅致为宜。

【注释】〔1〕户槅：此处指窗户上用木条做成的格子。槅，格子。

〔2〕棂空：指窗户格子之间的间距。

【译文】古时候的户槅，多制成方孔套菱花的形状，后来的人把它简化为柳条形式的格子，俗称"不了窗"。这种窗的式样较为雅致，我将格子酌量增减，变化几种样式。格子内的花纹虽然各不相同，但都遵从了雅致的原则，因此也并没有脱离柳条形的基本样式。曾经有人将栏杆竖立起来做成户槅，不但格子稀疏，不适合糊纸，而且也没什么观赏价值。格子的间距以一寸左右最佳，将类似

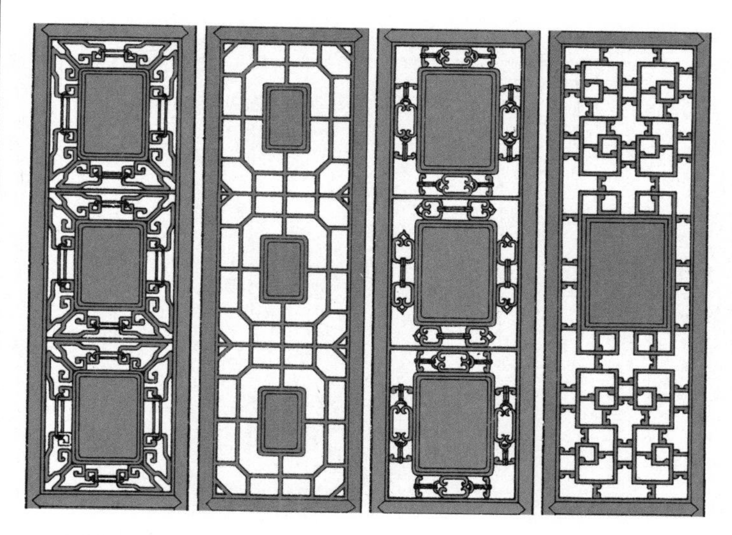

□ **风窗图示**

江南雨水偏多，气候湿润，地势低，水位高，室内往往湿有余而燥（干）不足。为解决这些问题，除了在建筑空间和高度上考虑，还在室内地板下铺有吸水、理水材料；而在苏州园林的一些建筑中，为了通风、排湿，其墙上常用可拆卸的风窗。正如清代李渔《闲情偶寄》中所说："依照两扇窗的阔度之内再配一扇狭窗，可开关通风。"但并不一定要"设置在正间居中墙上"，而应以园林、建筑、园主而设置，如留园"自在处"东西二墙上的六角形风窗。风窗既可支撑也可摘卸，还可左右推开，形状亦多有变化。

于栏杆和风窗格子那样宽的样式全都去掉后，把式样列举在了后面。

风 窗

【原文】风窗，槅棂之外护，宜疏广减文〔1〕。或横半，或两截推关〔2〕，兹式如栏杆，减者亦可用也。在馆为"书窗"，在闺〔3〕为"绣窗〔4〕"。

【注释】〔1〕文：文采、修饰。

〔2〕两截推关：指制作成上下两截的支摘窗。

〔3〕闺：旧时指女子居住的内室。

〔4〕绣窗：古代女子主刺绣，所谓绣窗，指女子居室之窗。

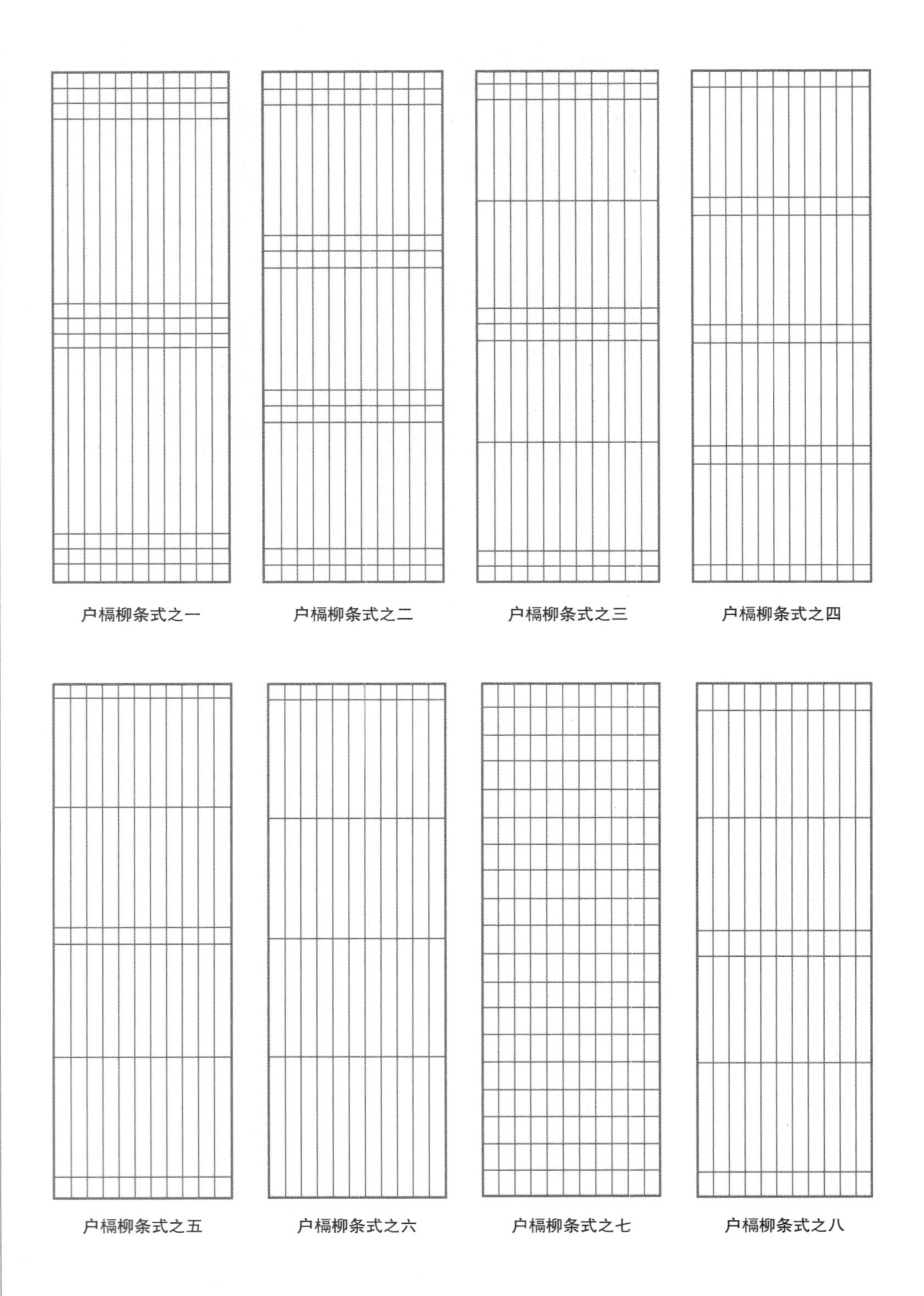

户槅柳条式之一 户槅柳条式之二 户槅柳条式之三 户槅柳条式之四

户槅柳条式之五 户槅柳条式之六 户槅柳条式之七 户槅柳条式之八

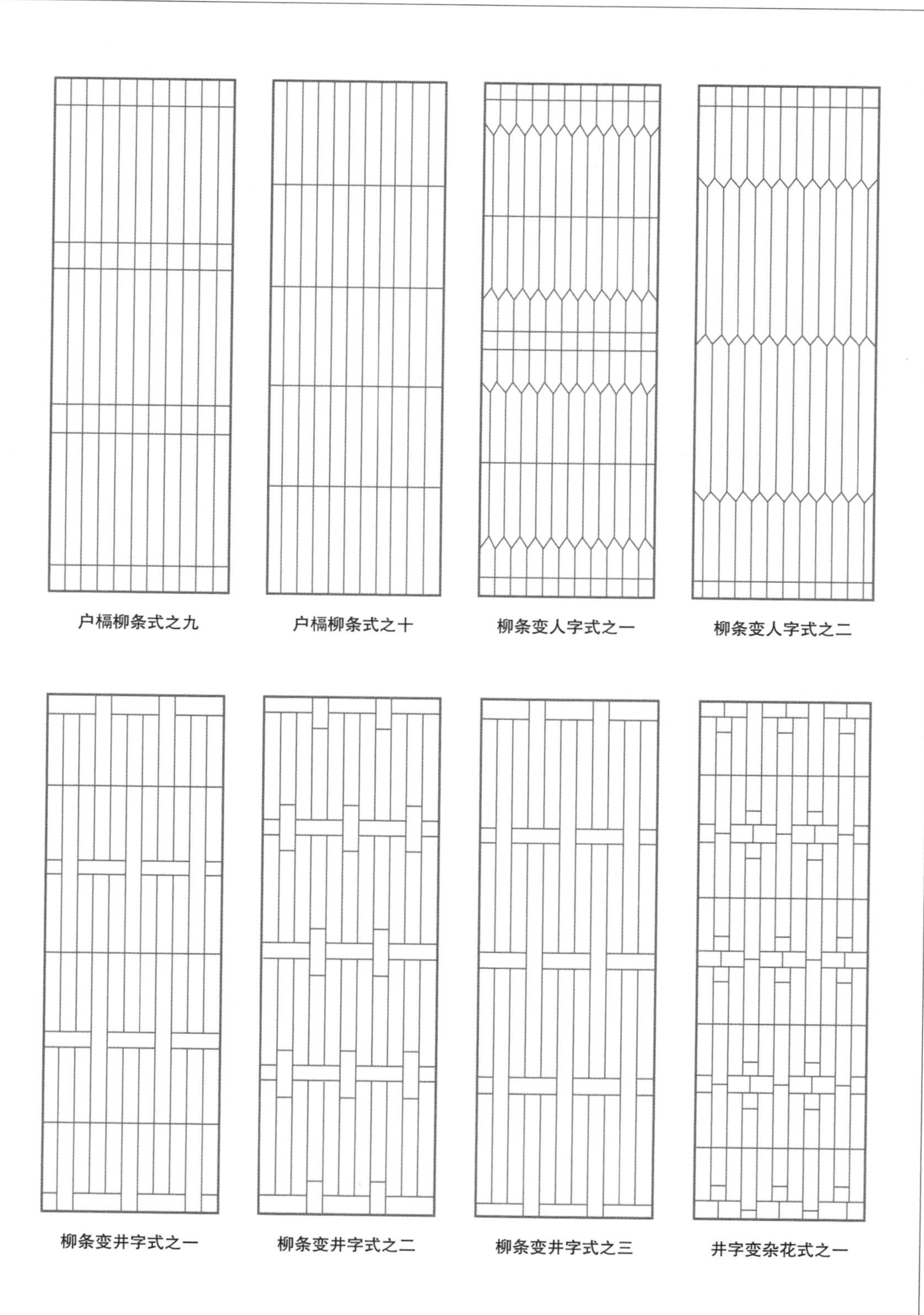

户槅柳条式之九　户槅柳条式之十　柳条变人字式之一　柳条变人字式之二

柳条变井字式之一　柳条变井字式之二　柳条变井字式之三　井字变杂花式之一

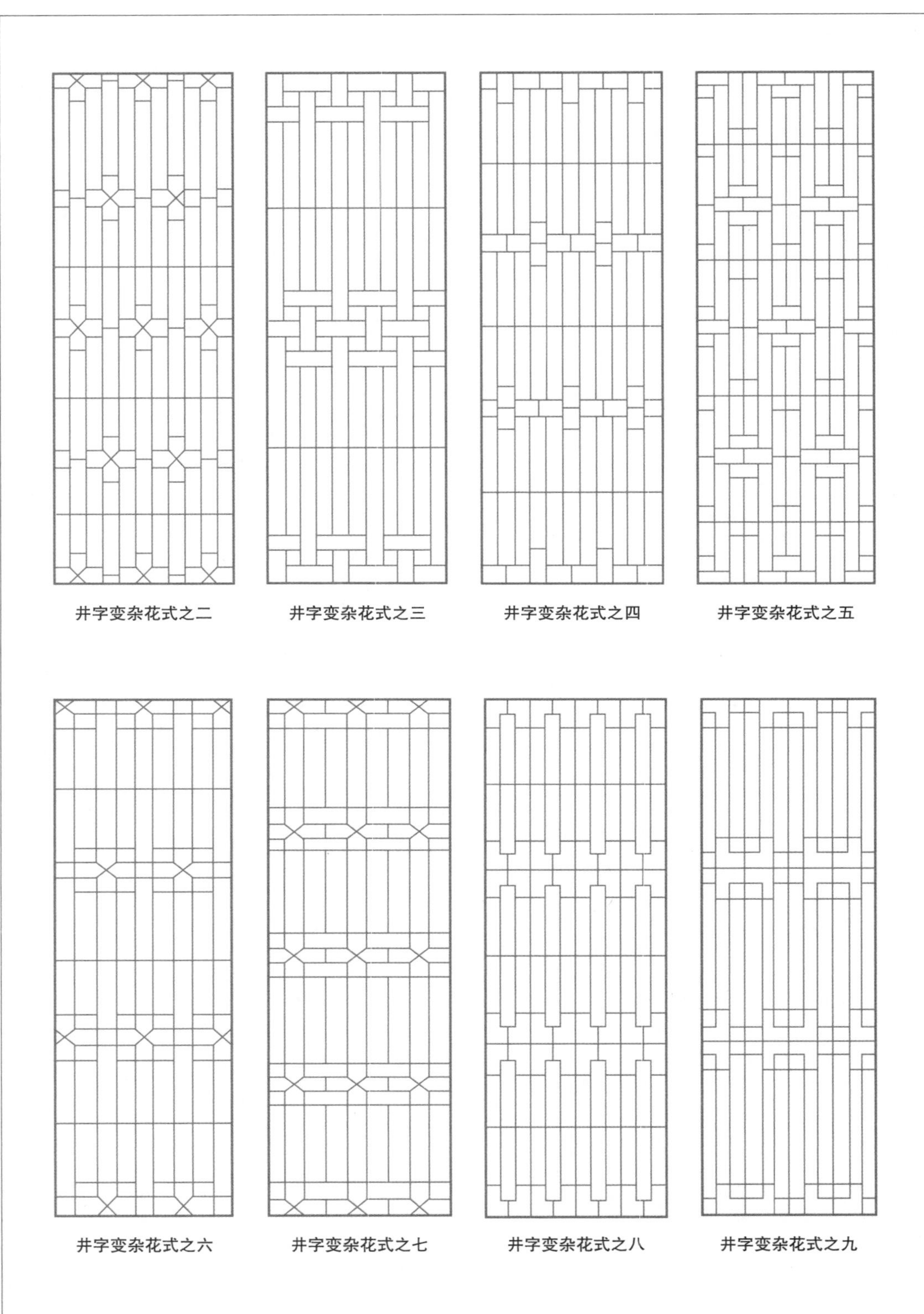

井字变杂花式之二　井字变杂花式之三　井字变杂花式之四　井字变杂花式之五

井字变杂花式之六　井字变杂花式之七　井字变杂花式之八　井字变杂花式之九

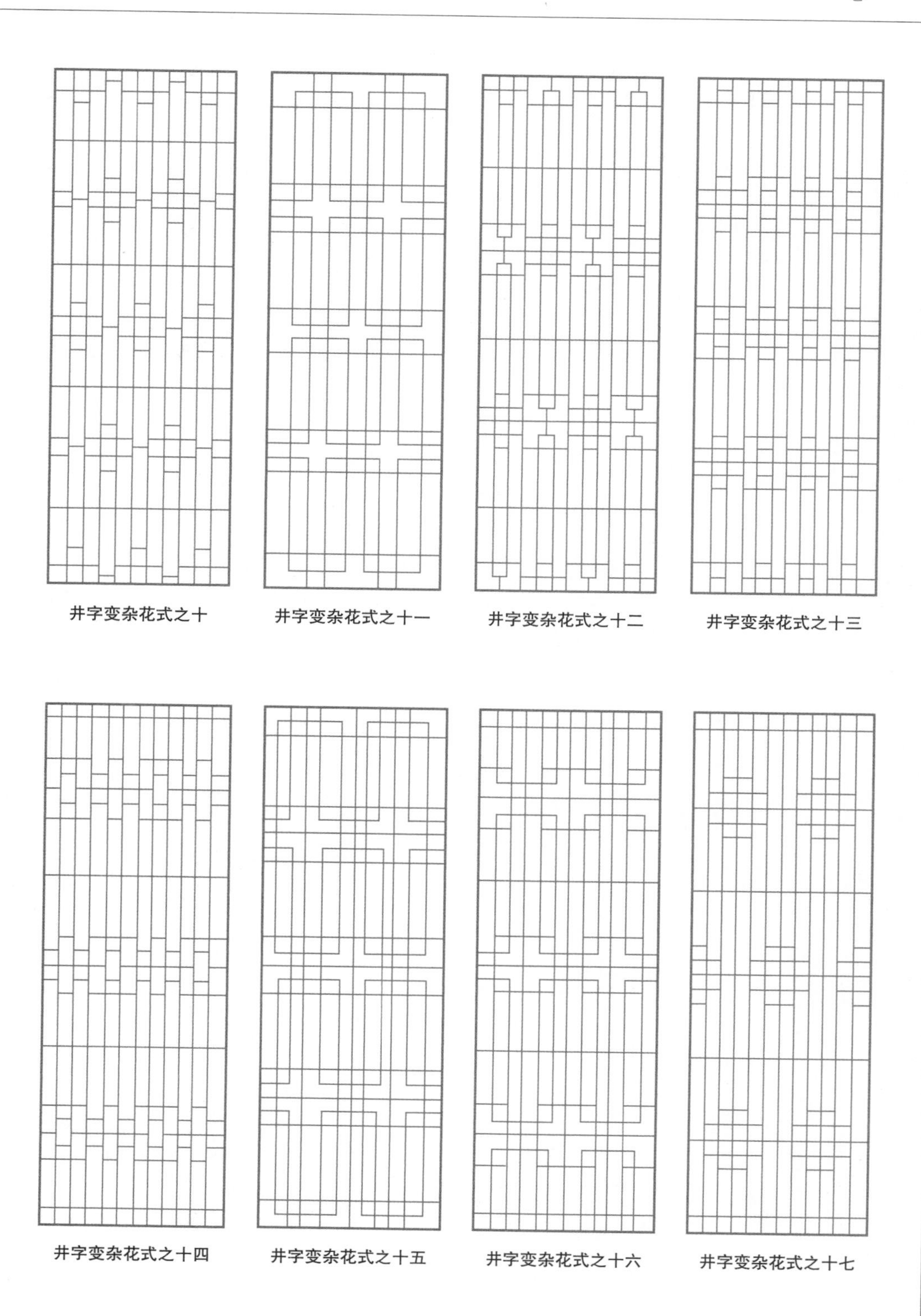

井字变杂花式之十

井字变杂花式之十一

井字变杂花式之十二

井字变杂花式之十三

井字变杂花式之十四

井字变杂花式之十五

井字变杂花式之十六

井字变杂花式之十七

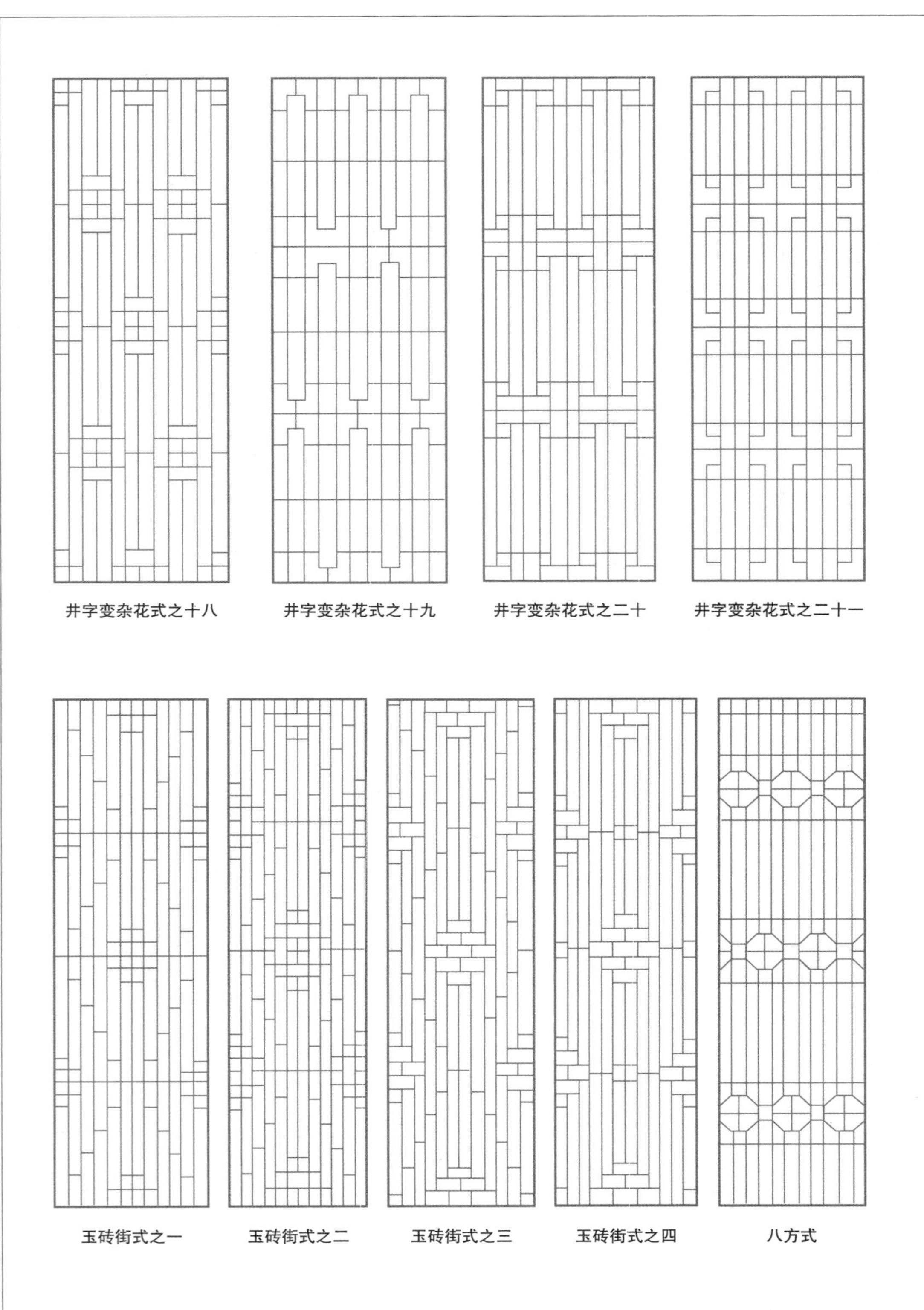

井字变杂花式之十八　井字变杂花式之十九　井字变杂花式之二十　井字变杂花式之二十一

玉砖街式之一　玉砖街式之二　玉砖街式之三　玉砖街式之四　八方式

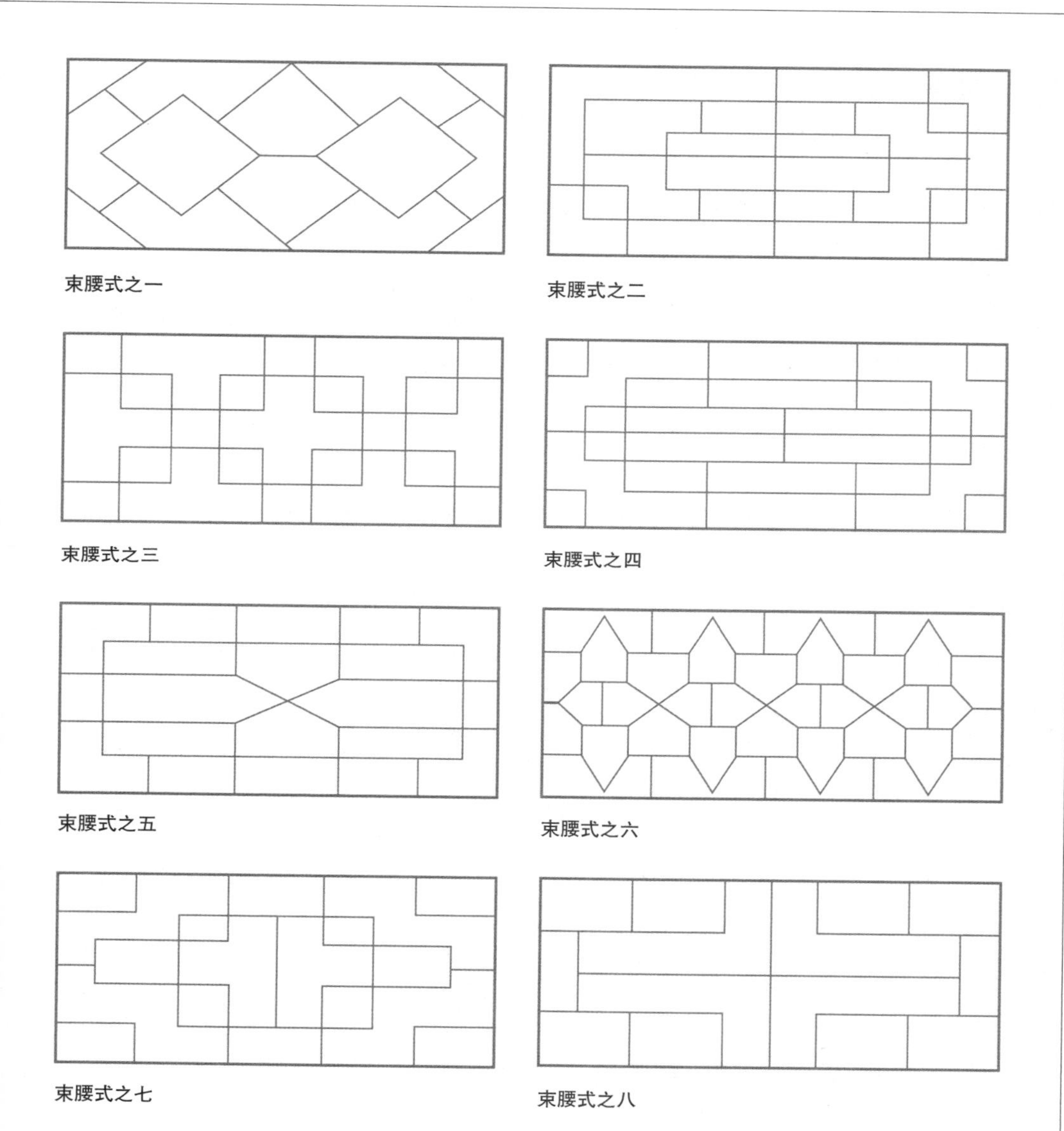

束腰式之一

束腰式之二

束腰式之三

束腰式之四

束腰式之五

束腰式之六

束腰式之七

束腰式之八

【译文】风窗，就是窗棂外面的护窗，其格子适宜图案简单，而且稀疏宽大，或只制成横向的半截，或制成上下两截的支摘窗，方便推开和关闭。这种样式如同栏杆，图案简单也适用。安在书房的叫“书窗”，安在闺房的叫“绣窗”。

装折图式

长槅式

【原文】古之户槅棂版[1]，分位定于四、六者，观之不亮。依时制，或棂之七、八，版之二、三之间。谅[2]槅之大小，约桌几之平高，再高四五寸为最也。

【注释】〔1〕棂版：棂，棂空，即户槅上部的格子。版，门扇的裙板，为户槅下部的一块裙板。

〔2〕谅：衡量，根据。

【译文】古时候的槅扇，棂空与裙板的比例定为四比六，这样的比例室内看起来就不大明亮。现在的做法要棂空的比例占十分之七八，相应地，平板的比例占十分之二三。在制作时，根据槅扇的大小，裙板一般与几案的高度一样，超过四五寸就是太高了。

短槅式

【原文】古之短槅，如长槅分棂版位者，亦更不亮。

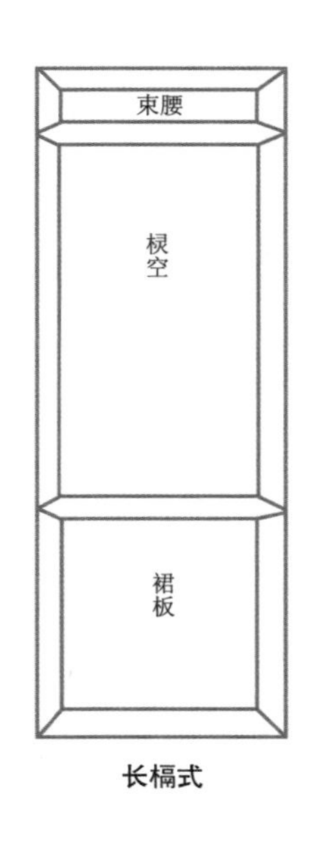

长槅式

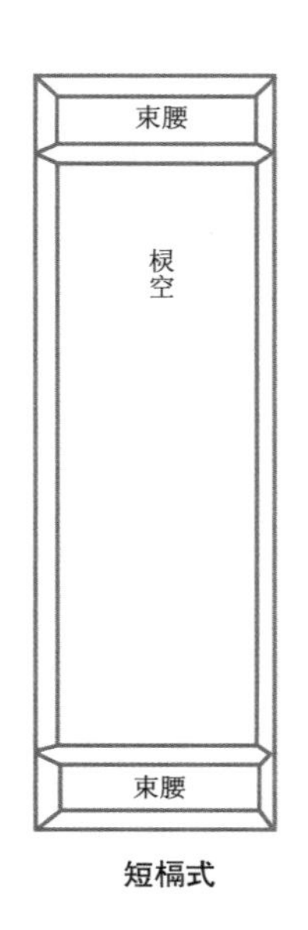

短槅式

《闲情偶寄》中的开窗借景之法

一、面窗外推板装花式。推板四周用木板，既借助了木板的坚固，又省去了制作窗棂、装饰假花一半的人工。中间做上花和树，也就失去扇面画的本色。用直棂间隔在其中；如果没有直棂，花树就会没有倚靠，即使勉强安装上去，也会松动而难以持久。窗棂不做成直立的，而做成欹斜的形状，还要让它上面宽下面窄，像扇面的折纹。而且小的推板可以只用一扇，大的推板就一定要分成两扇，两扇中间的合缝处，要糊纱糊纸；如果没有直木来作分界，那么纱和纸就没有依附的地方了。如果是这样，窗棂与花树就会纵横错杂，岂不是弄巧成拙了吗？不用忧虑，有两种掩饰的方法。花树粗细不一，那形状就妙在参差不齐；窗棂却是非常均匀，而且又贵在纤细，必须用非常坚固的木料来做成，这是一种方法。油漆和着色的时候，窗棂用白粉，与糊窗的纱纸颜色相同；而花树就会绘成五彩的颜色，俨然活树开花，这又是一种方法。如果是这样，自然分明，扇面与花树也就明显地有区别了。梅花只需备用一种，此外或花或鸟，只选取简便的来制作，要不拘一格。板与花棂都要另外制作，先制作好花棂，然后用板镶上；就是花与棂，也很难合做，必须让花是花棂是棂，先分做后合做。花与棂连接的地方，各自削去少许以便吻合，或者用钉钉，或者用胶粘，方能持久。

依时制，上下用束腰[1]，或版或棂可也。

【注释】〔1〕束腰：门窗槅扇上的两根镶板，为横着的窄长方条状，似带。

【译文】古时候的短槅，如果棂空与裙板同长槅一样，那室内看起来就更不明亮了。而现在的做法是，上下两端束腰，或是裙，或是棂空，都可以。

槅棂式

户槅柳条式

【原文】时遵柳条槅，疏而且减[1]，依式变换，随便摘用。

【注释】〔1〕减：简单不繁复。

【译文】时下流行的柳条式户槅，格子稀疏，图案简单，按这种样式灵活变换，以供随意选用。

束腰式

【原文】如长槅欲齐短槅并装[1]，亦宜上下用。

【注释】〔1〕并装：长槅与短槅并排安装。

【译文】如果长槅要与短槅并列安装，又要在外观上显得齐整，那么长槅宜在上下两端都采用束腰式。

风窗式

【原文】风窗宜疏，或空框糊纸，或夹纱[1]，或绘[2]，少饰几棂可也。检[3]栏杆式中，有疏而减文，竖用亦可。

【注释】〔1〕夹纱：夹在窗框中的薄纱。当风窗中有较大空框

二、船窗。窗格四面都是实的，唯独中间是空着的，要做成扇面的形状。实的地方用木板，再用灰布蒙上，不要透露出一丝光亮；空着的地方用木头做成框架，上下两根木都是弯曲的，左右两旁的木是直的，即“扇面”。船窗要空敞明亮，忌有丝毫的遮挡。这样，船的左右只有两面扇面窗，除此之外就别无他物了。坐在船中，两岸的湖光山色、寺庙佛塔、云烟竹树，以及来来往往的樵夫牧童、醉翁游女，连人带马，全都揽进扇面窗中。

三、虚窗。又叫“尺幅窗”“无心窗”，作观山赏景用。凡是设置这种窗户的房屋，进深应该要深，让座中客人观山的地方距离窗户稍远一些，那么窗户的外轮廓就成了画，画的内轮廓就成了山，山与画相连，难分彼此。看见的人不用问就知道是天然的图画了。进深浅窄的房屋，坐在窗边，必定把倚窗作为栏杆，身体的大半部分都会探出窗外，这样就会只见山不见画，那么作者的良苦用心也就被忽略了，这也就不是一种完善的设计了。

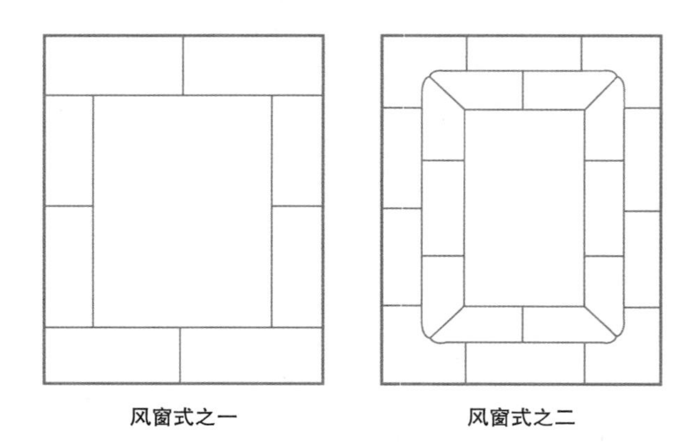

风窗式之一　　风窗式之二

时，不宜糊纸，便用薄纱代之。

〔2〕绘：在窗框中裱国画，透光且美观。

〔3〕检：同“捡”，今浙江一带方言，是选择的意思。

【译文】 风窗的图案以疏简为宜，在空框中或糊上纸，或夹薄纱，或绘上图画，也可以少安装几条棂子。在栏杆的各种样式中，选择稀疏而纹案简单的，这样，竖立起来也可以用作风窗。

冰裂式

【原文】 冰裂惟风窗之最宜者，其文致减雅，信画[1]如意，可以上疏下密之妙。

【注释】 〔1〕信画：随意绘制。

【译文】 冰裂样式最适合做风窗的图案，因其纹案既简单又雅致，可信手绘制，构图以上疏下密为妙。

两截式

【原文】 两截者风窗，不拘何式，关合如一为妙。

【译文】 两截式风窗，无论哪种图式，都以上下两扇关合后是一个完整图案为妙。

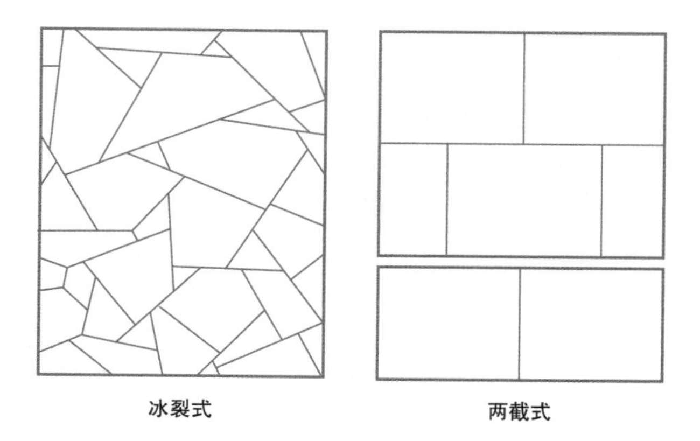
冰裂式　　　　两截式

三截式

【原文】将中扇挂合上扇，仍撑上扇不碍空处。中连上，宜用铜合扇[1]。

【注释】〔1〕铜合扇：铜制铰链、合页，用两片金属相钩结，便于开关门窗。

【译文】三截式风窗，将中间一扇与上面一扇相连接，开窗时仍将上扇撑起，中扇因之下折，这样并不多占用空间。在中扇和上扇连接处，最好用铜制的铰链。

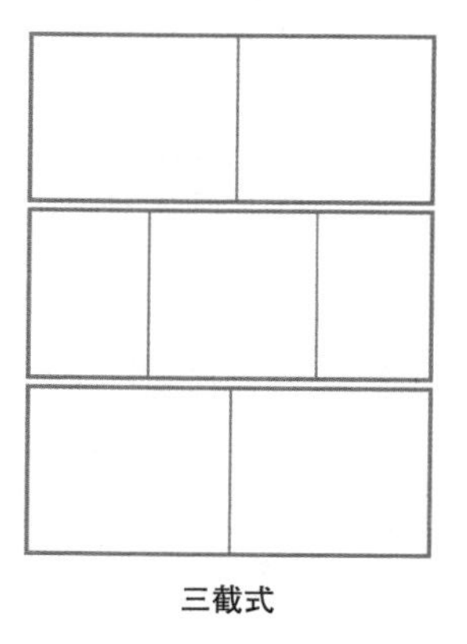
三截式

梅花式

【原文】梅花风窗，宜分瓣做。用梅花转心[1]于中，以便开关。

【注释】〔1〕梅花转心：在窗的中间，可以转动的梅花形轴心，铰链的一种。

【译文】梅花式风窗，适宜一瓣瓣分开来做。然后用梅花形的转偏心钉在一瓣的尖上，便于风窗的打开和关闭。

梅花开式

【原文】连做二瓣，散做三瓣，将梅花转心，钉一瓣于连二之尖，或上一瓣、二瓣、三瓣，将转心向上扣住。

【译文】梅花开式风窗，最好将下面两瓣制作成一扇，其余三瓣则分开制作成三扇。将梅花形转心中的一瓣钉在两瓣相连的窗扇尖端。散做的三瓣，或安装上一瓣（即开敞五分之二），或安装上二瓣（即开敞五分之一），或安装上三瓣（即全部关闭）。安装好后把转心旋转向上并扣住即可。

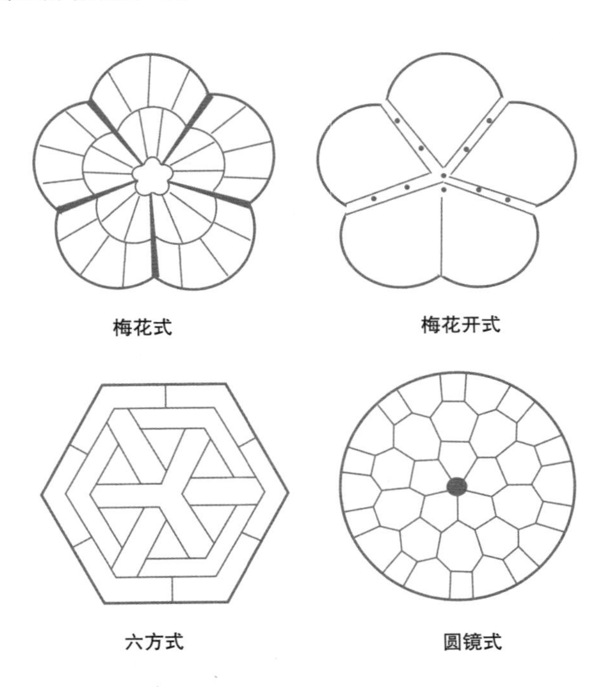

梅花式　梅花开式

六方式　圆镜式

卷二

栏杆是园林建筑中最不可缺少的装饰，本卷记载了作者历经多年搜集积累的上百种栏杆样式，大都为江南园林中的图案花样，以及其中一些样式的制作方法。这些图式，从明末至清末的几百年中，栏杆样式基本没能超出其范围，可谓影响深远。

栏 杆

栏杆是园林建筑中最不可缺少的装饰。本篇记载了作者历经多年搜集积累的上百种栏杆样式，以及一些样式的制作方法。

【原文】栏杆信画而成，减便为雅。古之回文万字[1]，一概屏去，少留凉床[2]佛座之用，园屋间一不可制也。予历数年，存式百状，有工而精，有减而文，依次序变幻，式之于左[3]，便为摘用。以笔管式[4]为始，近有将篆字制栏杆者，况理画[5]不匀，意不联络。予斯式中，尚觉未尽，尽可粉饰。

□ 栏 杆

栏杆古作“阑干”，原是纵横之意；纵木为阑，横木为干，古时栏杆均为木质。此外，栏杆在宋代亦称“钩栏”。园林栏杆式样有靠背坐栏杆和普通栏杆两种，靠背坐栏杆多用于亭、廊、水榭、舫等建筑中，便于休憩和观赏景物；普通的栏杆则用于楼阁敞轩中以分隔空间和装饰。靠水的栏杆大多都设有坐凳，上用曲线优美的美人靠，既有休息观赏的功用，也是建筑外立面的极佳装饰。

栏杆柱头

露台正面

踏步侧面

【注释】〔1〕回文万字：回文，是一种唐宋以来诗人制作回文诗词用的体裁，以逞奇斗巧，这里指一种回字形反复连缀的纹样。万字，即“卍”字花纹。

〔2〕凉床：用竹或藤木做成的床榻。

〔3〕于左：在左面。

〔4〕笔管式：在构成图案时，用双线并列成管形。

〔5〕理画：条理笔画。

【译文】栏杆的样式可以信手绘制，以简朴易制最雅。古时候的回文和“卍”形样式，一律去除，只留了少许用作凉床和佛座的装饰，园内的房舍栏杆一律不用。我历数年时间大量累积，其样式足有百种，有的做工巧妙而精致，有的简朴而文雅，按照图形依次变幻的秩序，将各种样式绘制于后，以便选择利用。以笔管式为开始，近来有人将篆字形式制作成栏杆，不仅笔画条理不匀称，构思也不能贯通。我绘制的这些样式，感觉尚且不够完善，所以人们在参照时尽可以对其进行修改完善。

栏杆图式

笔管式

【原文】栏杆以笔管式为始，以单变双，双则如意变画[1]，以匀而成[2]，故有名。无名者恐有遗漏，总次序记之。内有花纹不易制者，亦书做法，以便鸠匠。

【注释】〔1〕变画：指图案的变化。

〔2〕以匀而成：依次绘制而成。匀，疑是“次”字。

【译文】栏杆式样以笔管式开始，从单式变化到双式，双式又随意变化为更多式样，都以匀称为原则，所以都有笔管之名。变化太大而无法冠名，因为担心有所遗漏，便汇总后按次序进行绘制。其中有不容易制作的花纹图案，更说明了制作方法，以方便工匠施为。

《长物志》谈修建栏杆之要

栏杆要数石栏杆最古朴，只是多用于道院、佛寺以及墓地。栏杆的立柱不能过高，也不能雕刻成鸟兽形状。亭子、水边楼台、走廊、小屋，可以用朱红栏杆和纤细栏杆。立柱要用大木料雕成石栏杆的样子，中间挖空；顶部做成柿子形状，漆成朱红色，中部做成荷叶宝瓶形状，漆成绿色。饰有“卍”形图案的栏杆适合用于内室，但不太古雅，可以从画图中选取符合自己心意的图案来做。用三道横木做成的栏杆最简便，只是过于单调，宜少用。栏杆要以一根立柱为一扇，不能在中间用竖木来分成二三格，室内则不必拘泥。

□ 栏杆

栏杆可分为节间式与连续式两种。节间式由立柱、扶手及横挡组成，扶手支撑于立柱上；连续式具有连续的扶手，由扶手，栏杆柱及底座组成。图为明代连续式栏杆。

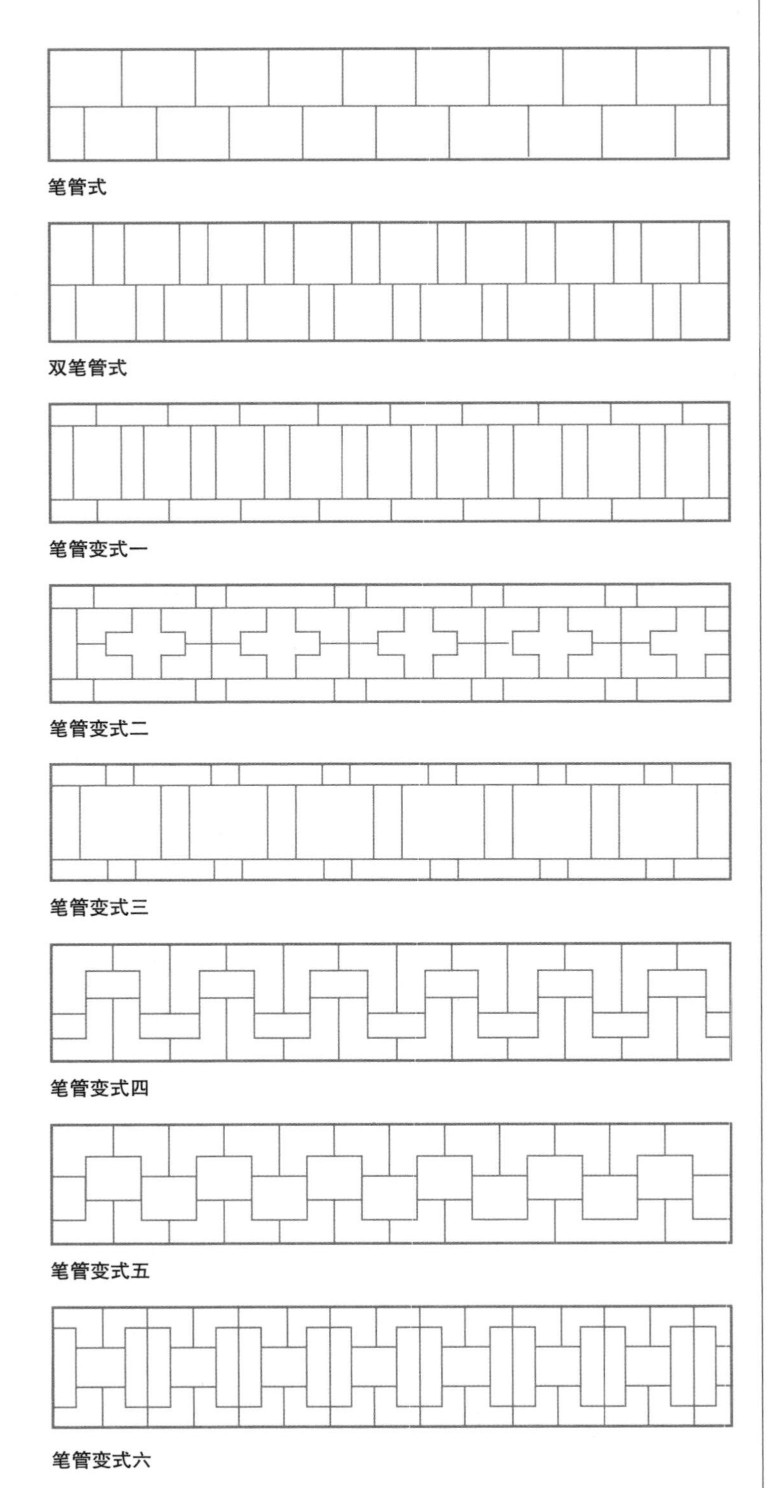
笔管式

双笔管式

笔管变式一

笔管变式二

笔管变式三

笔管变式四

笔管变式五

笔管变式六

古典园林栏杆的选材

古代修建园林栏杆，多用木、竹、石、琉璃等材料。最常见的是用竹、木修建的栏杆。如亭堂、楼阁等建筑外檐下的栏杆就多为竹木，其优点是自然质朴、价廉，但寿命不长，须进行防腐处理。石栏杆高大、坚硬，应用普遍，建筑周围的石栏杆有保护台基的功能；水池边的石栏杆则有分隔景区、安全防护的作用。用琉璃构建或用琉璃砖贴面的栏杆，装饰性强，色泽艳丽、华美，因此多见于皇家园林。此外，各种材料可单独制作，也可以混合使用。选材既要考虑与园林环境协调统一，又要满足功能要求。如围护栏杆，应选强度高的材料；而镶边栏杆，对材料强度要求相对低些。

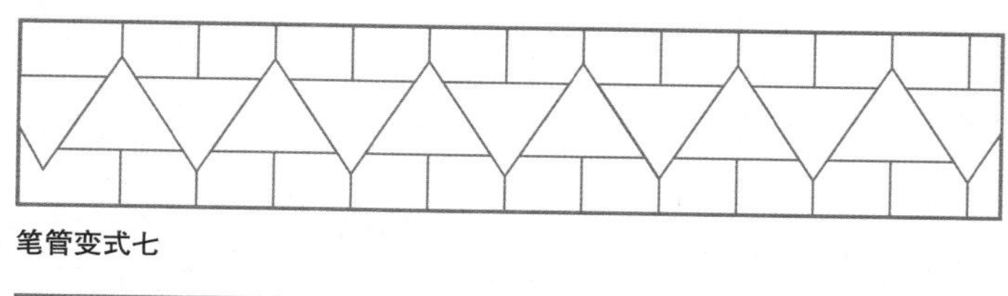
笔管变式七

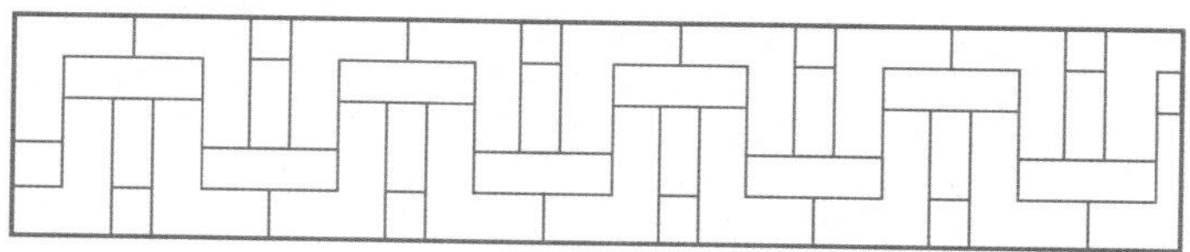
笔管变式八

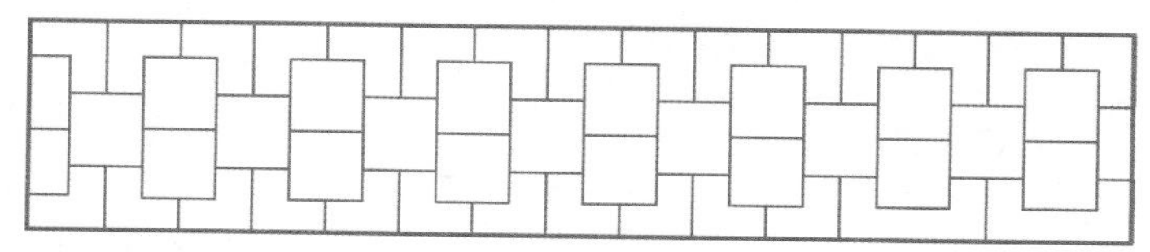
笔管变式九

锦葵式

【原文】先以六料攒心，然后加瓣，如斯做法。斯一料斗瓣[1]。

【注释】〔1〕斗瓣：花瓣。

【译文】先用六根材料拼合成花心，再用材料在其周围拼接加工成花瓣，这就是锦葵式栏杆的做法。（如下图所示）用（2）这一种材料拼合成花心（1），用（3）这一种材料制作成花瓣。

波纹式

【原文】惟斯一料可做。

【译文】只用这一种材料就可以制作。

梅花式

【原文】用斯一料斗瓣，料直，不攒榫眼[1]。

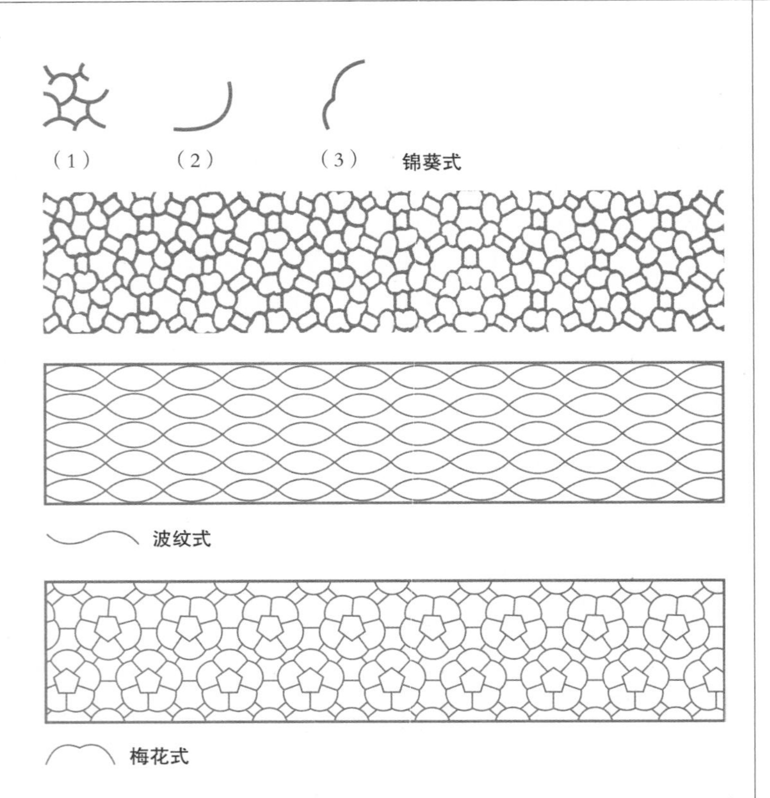

锦葵式

波纹式

梅花式

【注释】〔1〕榫眼：由榫与卯构成，也叫榫卯，是为了容纳枘而在木头上凿出的窟窿，即器物咬合的凹下部分，作开闭用。

【译文】花瓣用这一种形状的材料拼接而成，其余部分都用直的材料制作，而且不用再在上面打榫眼。

联瓣葵花式

【原文】惟斯一料可做。

【译文】只用这一种材料就可以制作。

联瓣葵花式一

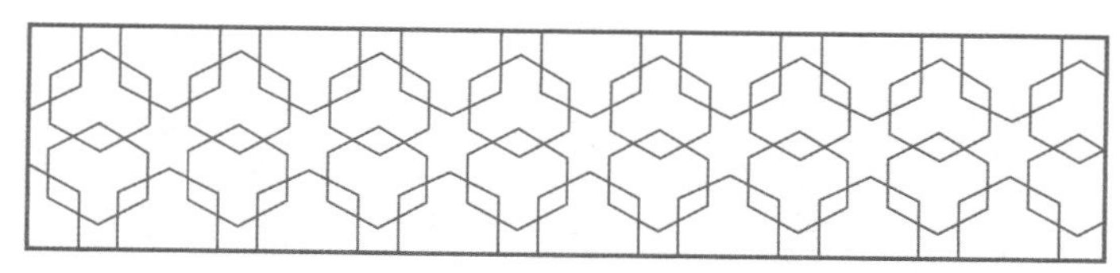

联瓣葵花式二

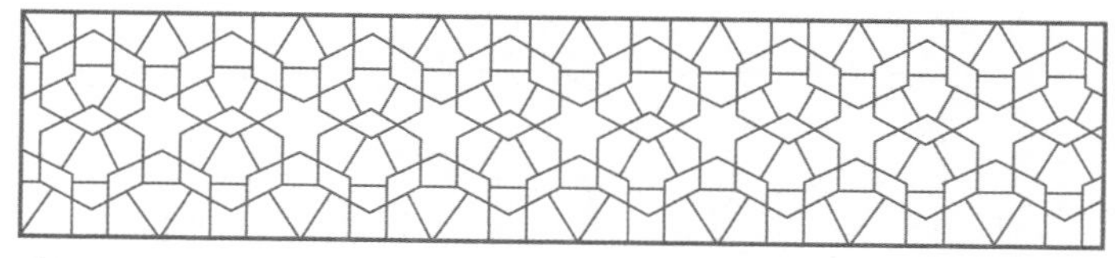

联瓣葵花式三

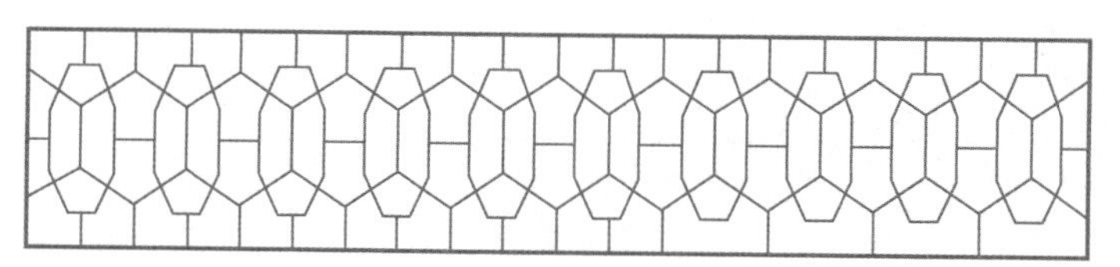

联瓣葵花式四

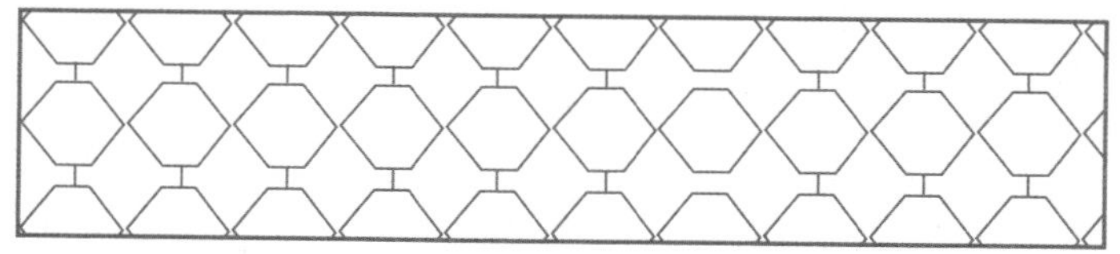

联瓣葵花式五

尺栏式

【原文】此栏置腰墙[1]用，或置户外。

【注释】〔1〕腰墙：高度及腰的矮墙。

【译文】这种样式的栏杆常用于腰墙之上，或设置在室外。

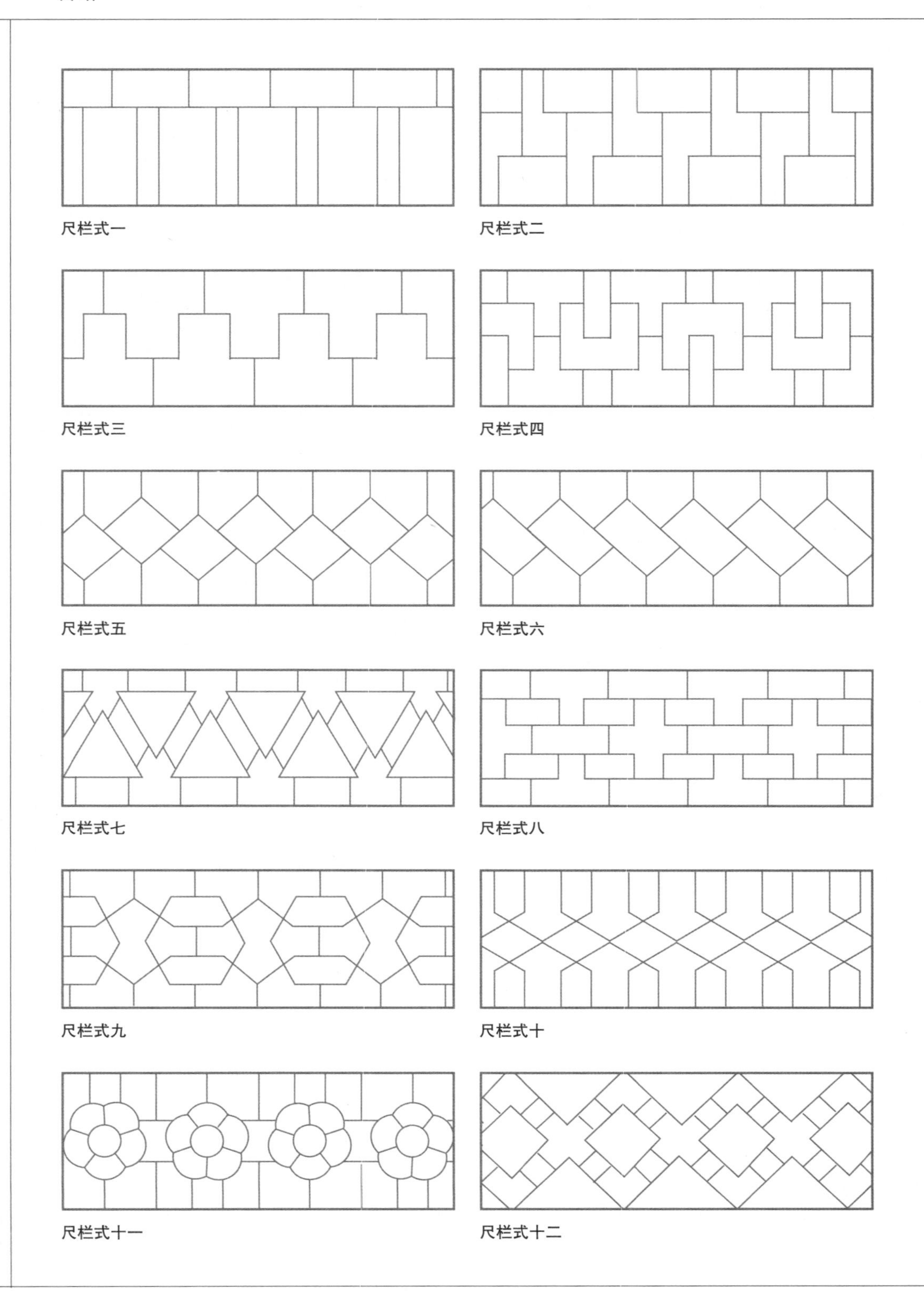

尺栏式一

尺栏式二

尺栏式三

尺栏式四

尺栏式五

尺栏式六

尺栏式七

尺栏式八

尺栏式九

尺栏式十

尺栏式十一

尺栏式十二

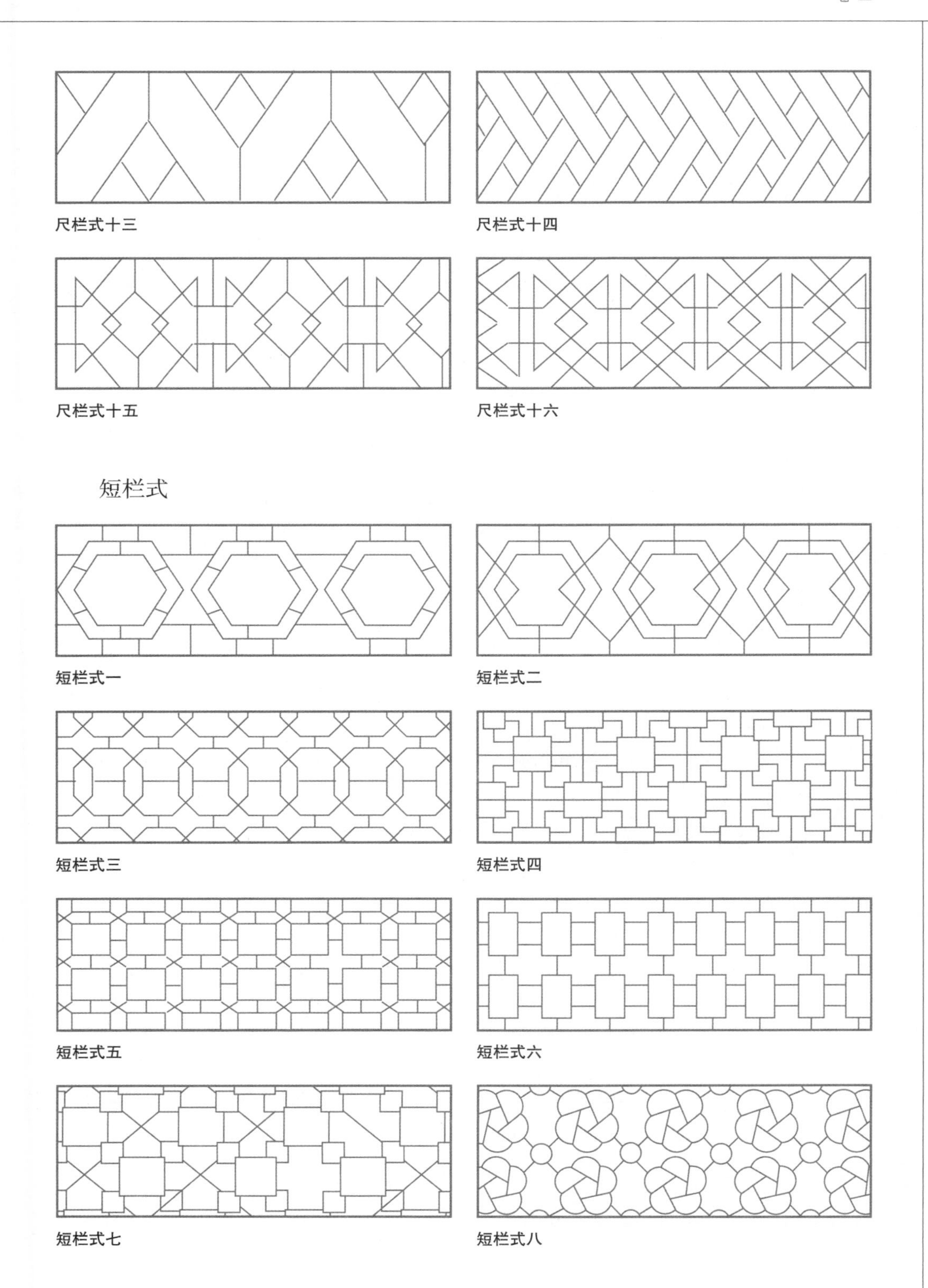

尺栏式十三

尺栏式十四

尺栏式十五

尺栏式十六

短栏式

短栏式一

短栏式二

短栏式三

短栏式四

短栏式五

短栏式六

短栏式七

短栏式八

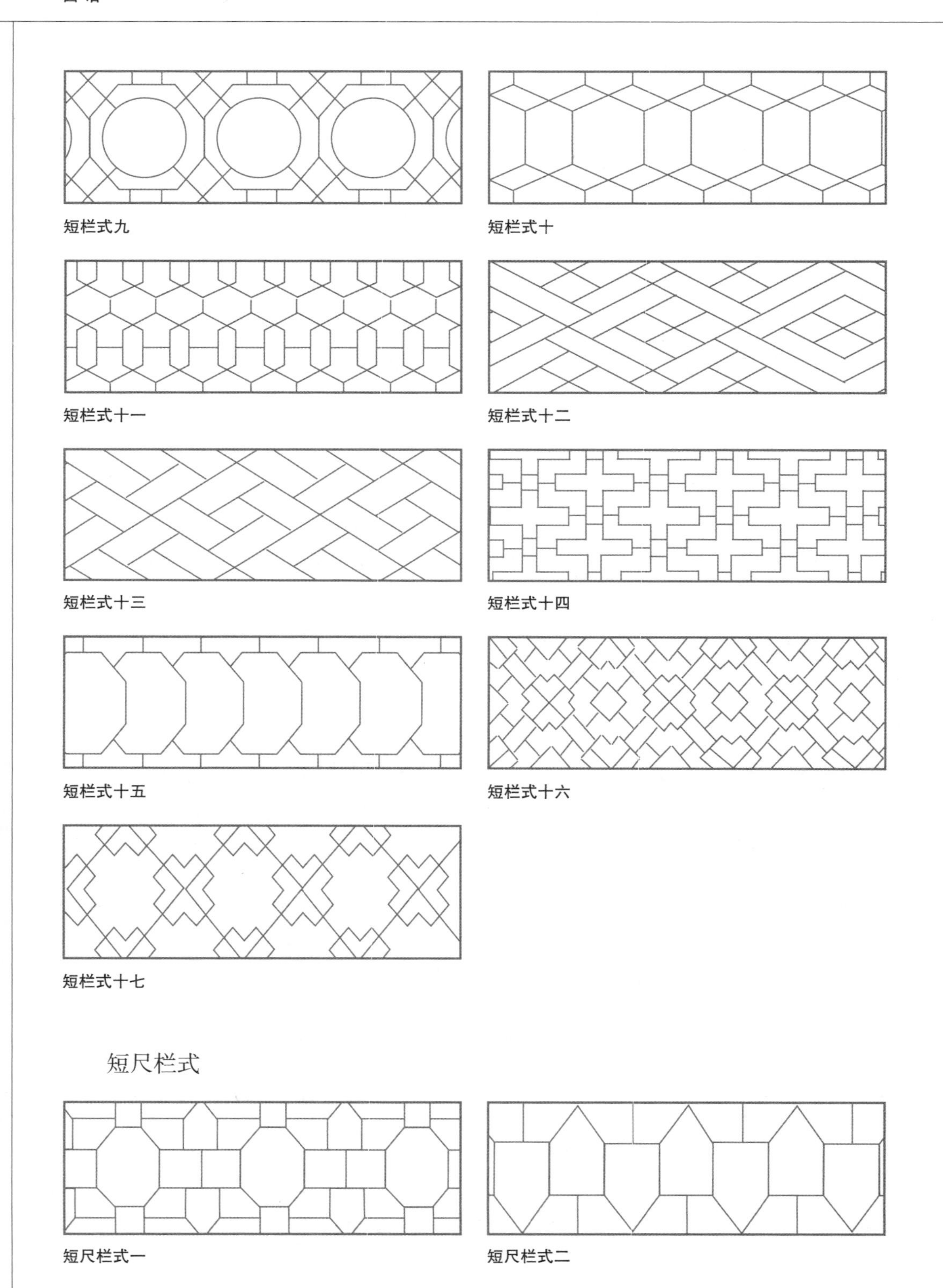

短栏式九

短栏式十

短栏式十一

短栏式十二

短栏式十三

短栏式十四

短栏式十五

短栏式十六

短栏式十七

短尺栏式

短尺栏式一

短尺栏式二

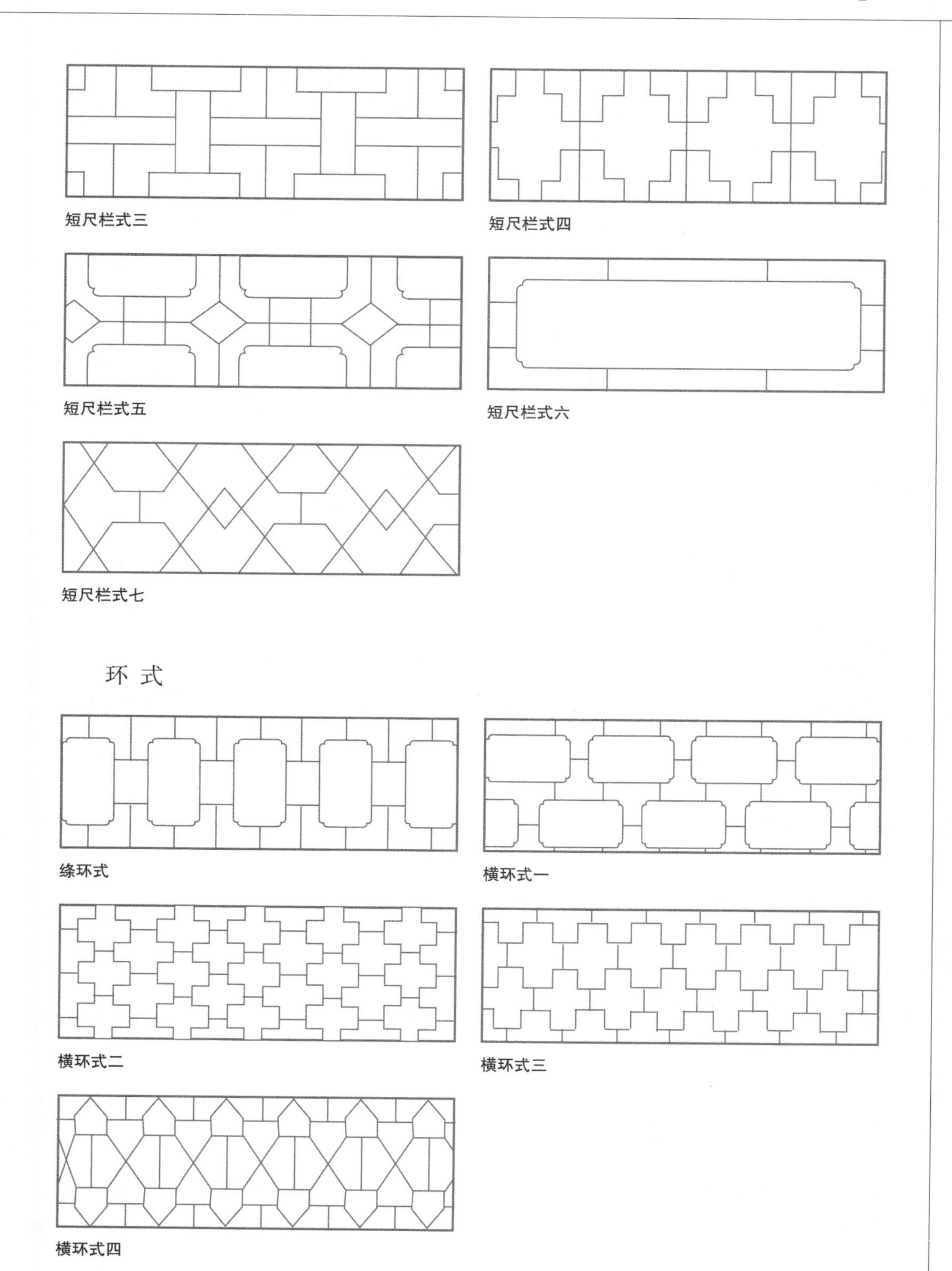

短尺栏式三

短尺栏式四

短尺栏式五

短尺栏式六

短尺栏式七

环式

绦环式

横环式一

横环式二

横环式三

横环式四

套方式

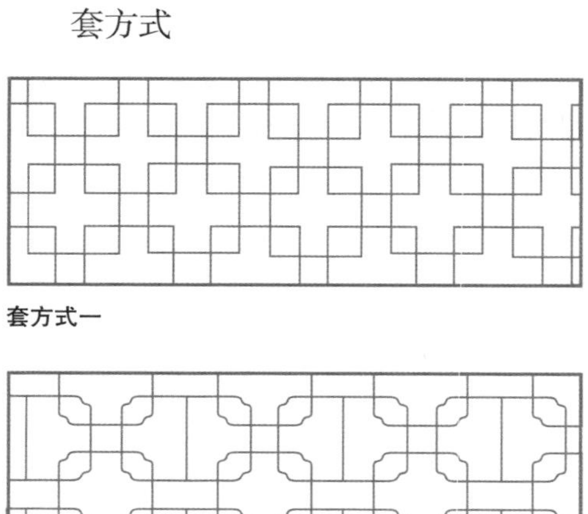

套方式一

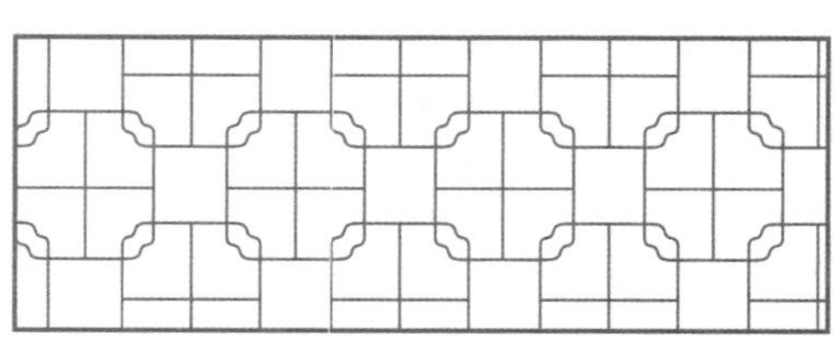

套方式二

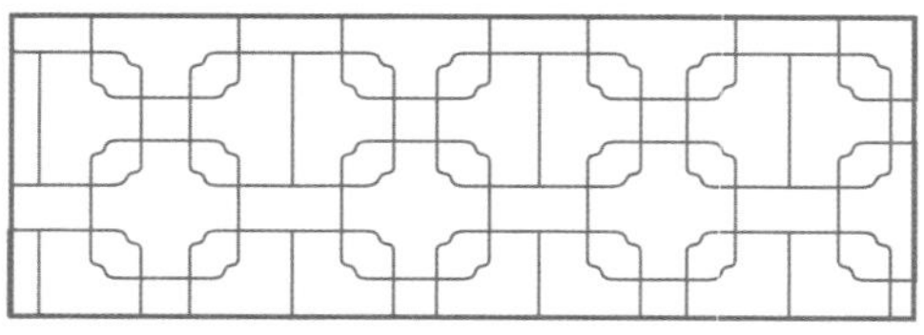

套方式三

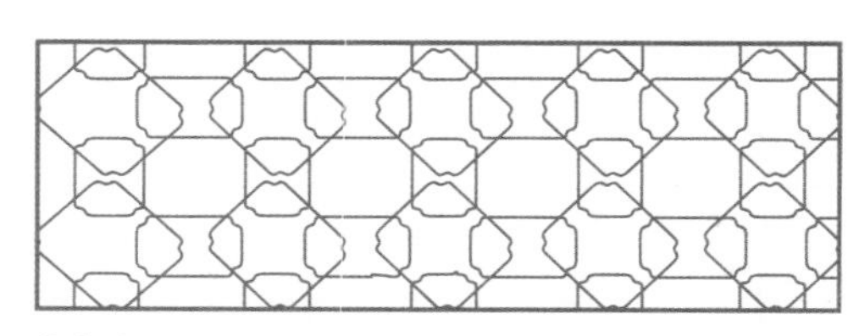

套方式四

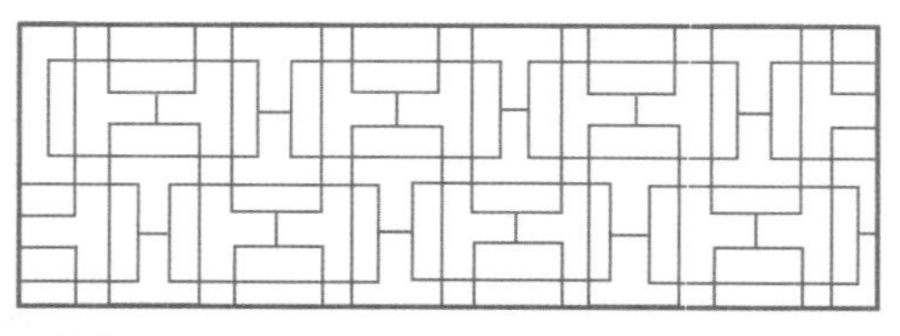

套方式五

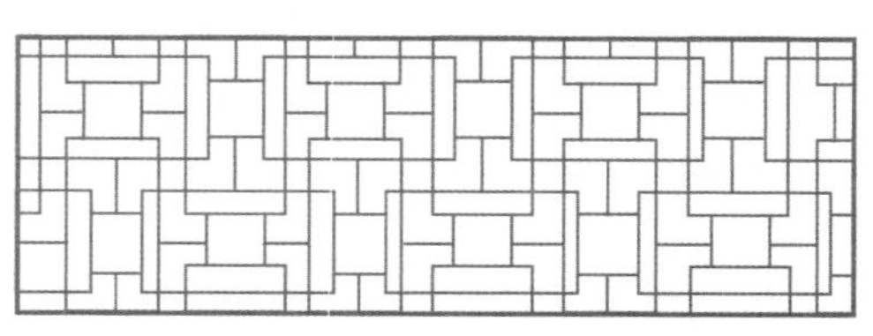

套方式六

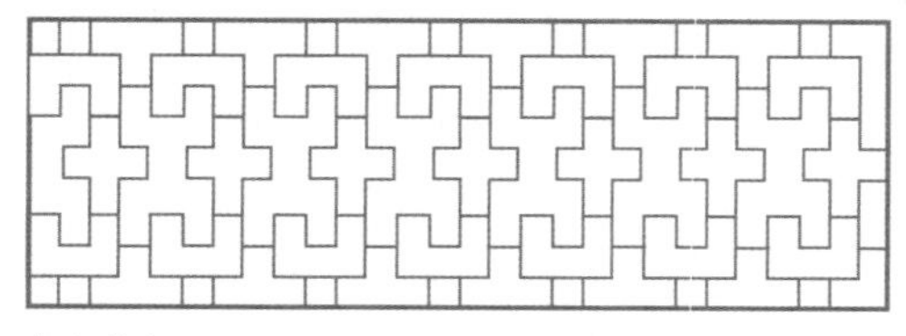

套方式七

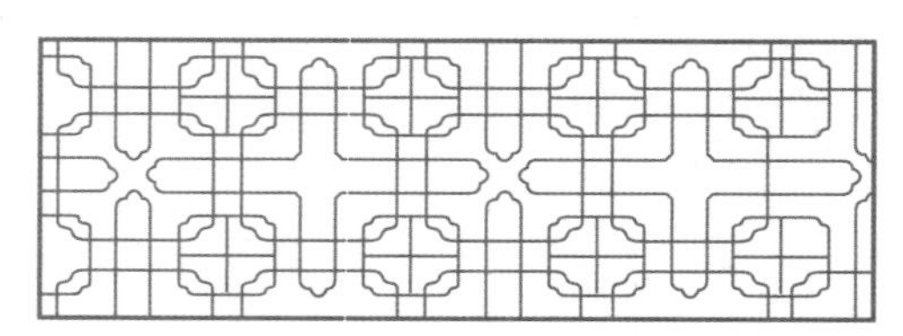

套方式八

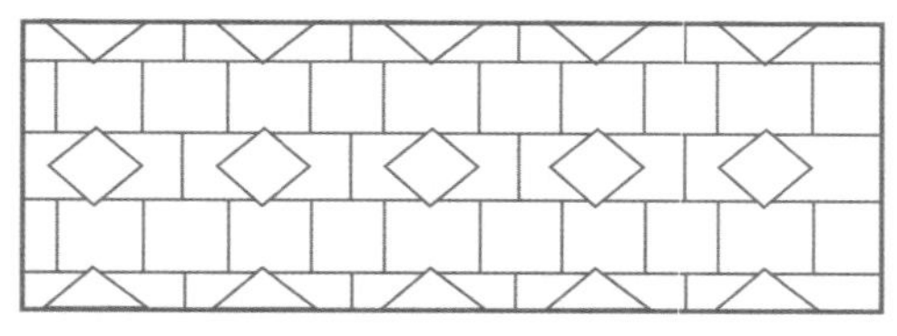

套方式九

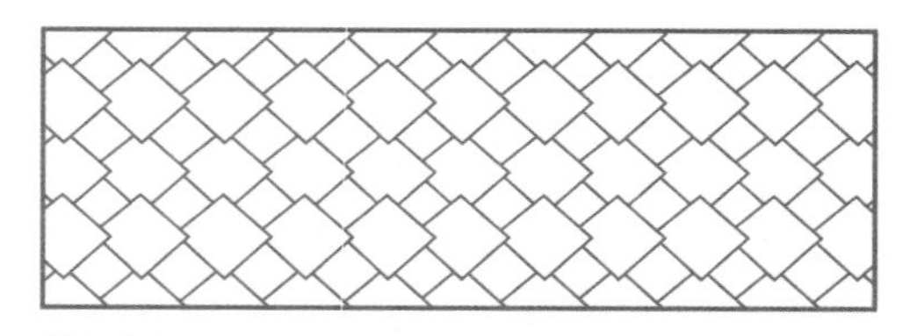

套方式十

套方式十一

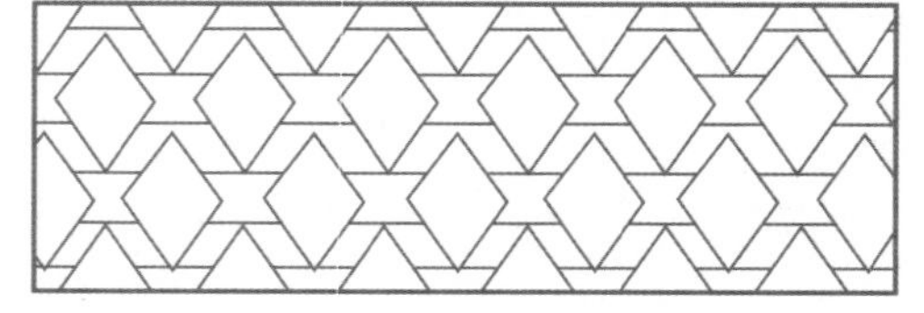

套方式十二

三方式

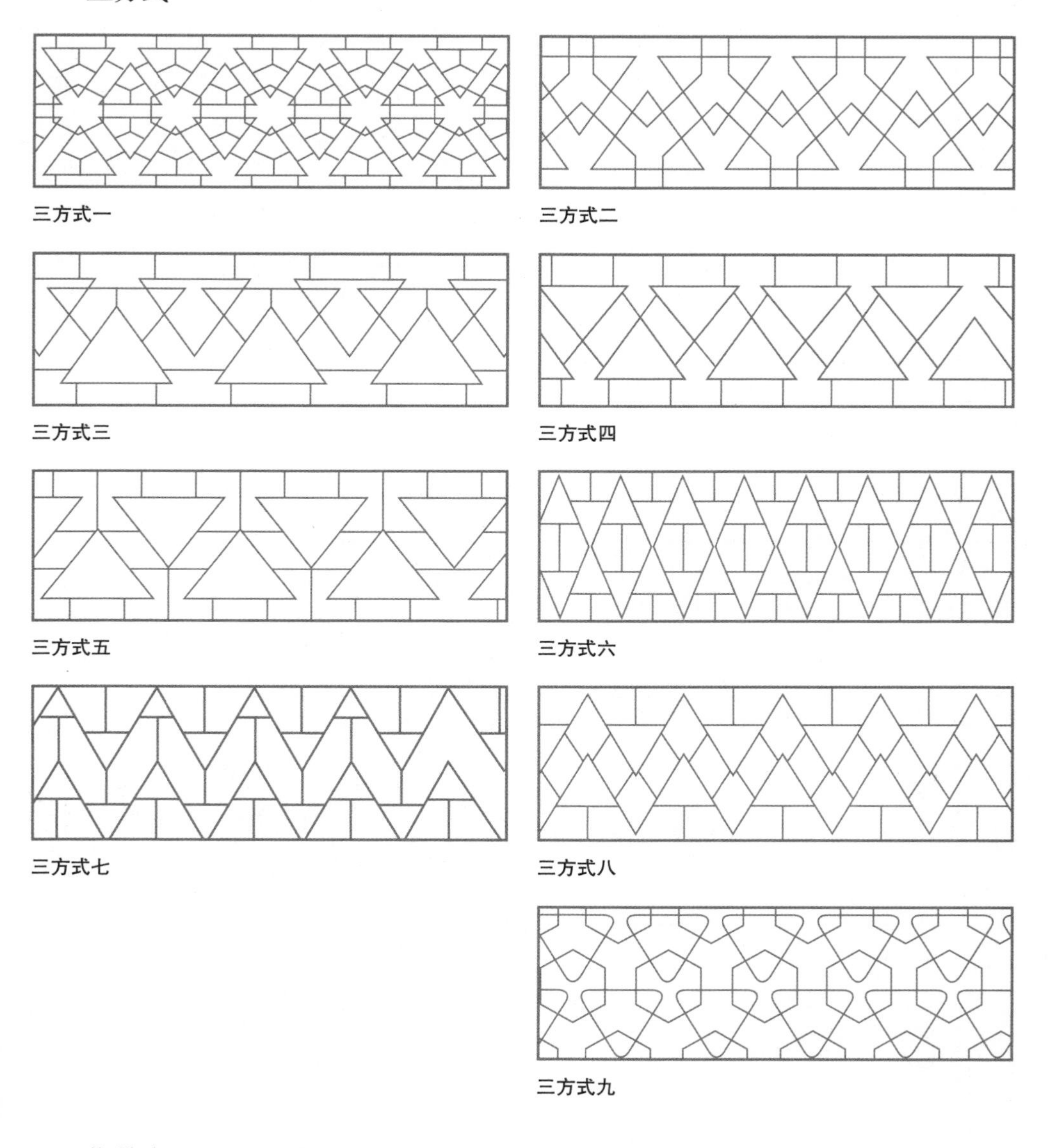

三方式一

三方式二

三方式三

三方式四

三方式五

三方式六

三方式七

三方式八

三方式九

葵花式

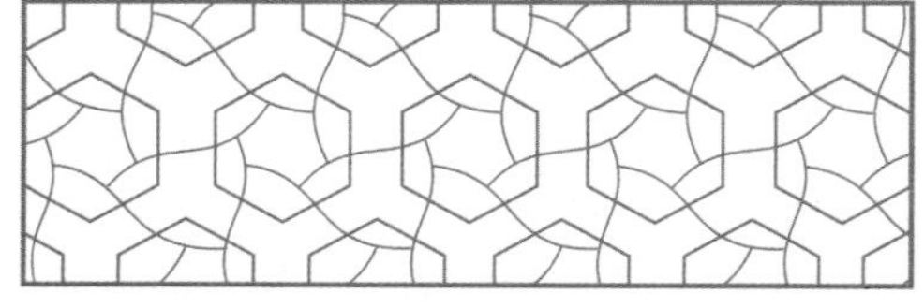

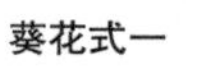

葵花式一

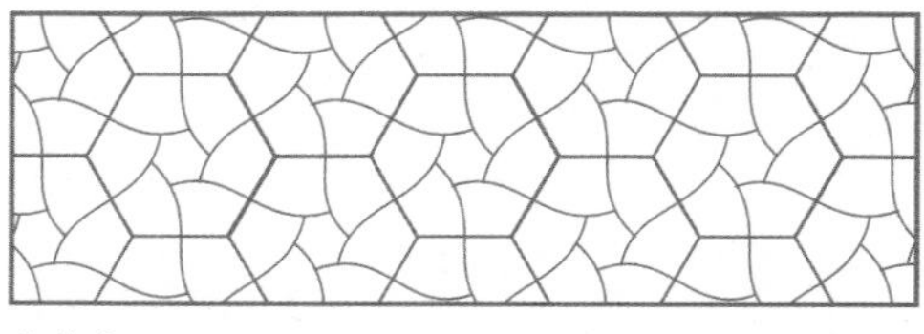

葵花式二

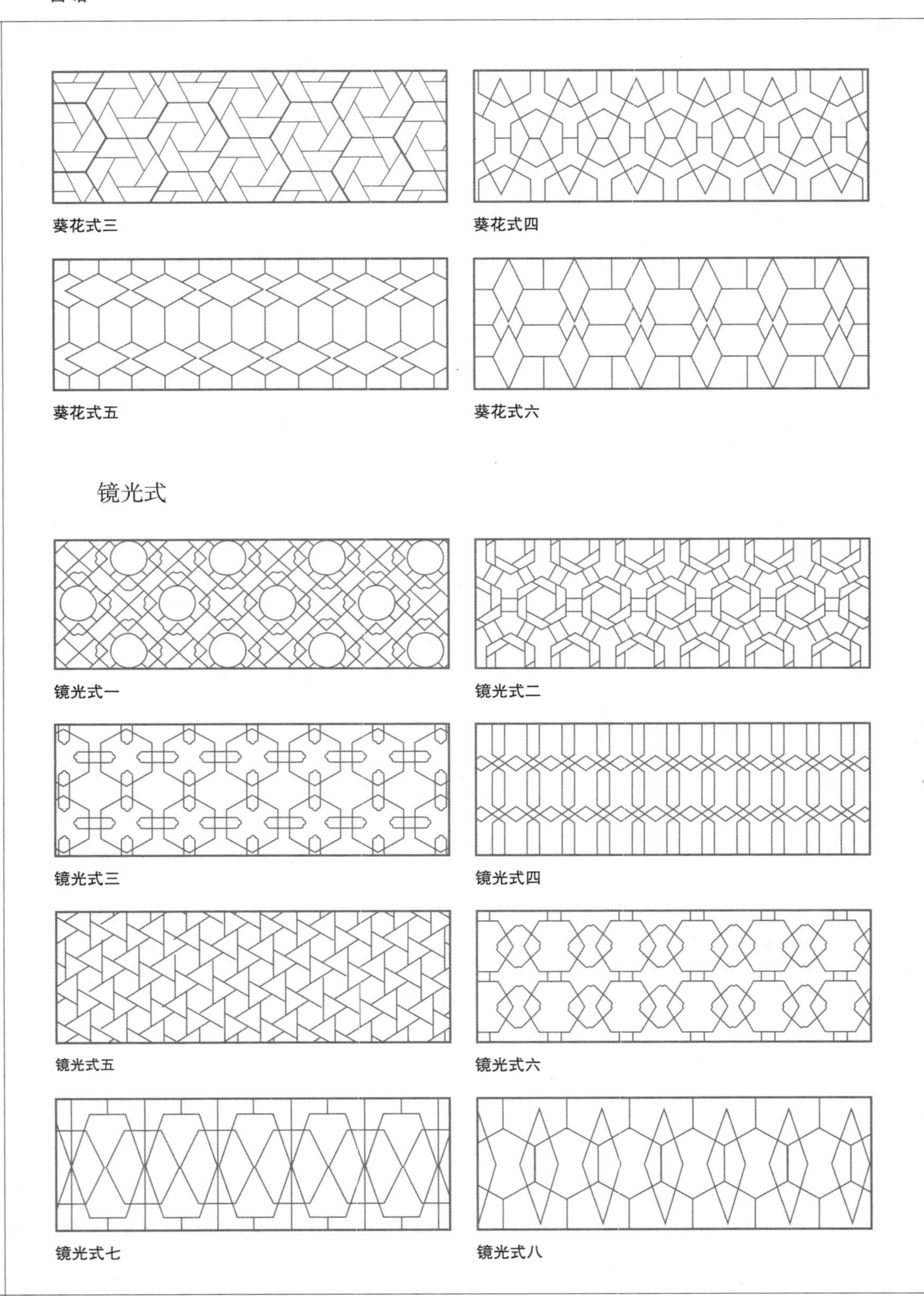

葵花式三

葵花式四

葵花式五

葵花式六

镜光式

镜光式一

镜光式二

镜光式三

镜光式四

镜光式五

镜光式六

镜光式七

镜光式八

卷三

本卷由门窗、墙垣、铺地、掇山、选石、借景六篇组成。门窗篇中，讲述了园林中有关门窗的多种外形轮廓与做法；墙垣篇中，介绍了不同材质构成的不同类型的墙垣，以及相关施工要领；铺地，介绍了铺装地面的各种材料，以及其形成的各种花纹；掇山篇中，讲述了园山、万山等八种假山以及石池、峰峦、岩洞等的堆砌方法、建造要领和艺术追求；选石篇中罗列了太湖石等十六种可供掇山的山石产地和各种石料的色泽、纹理及品质；借景篇中，以列举实例的方式，来说明远借、邻借等借景的具体内容和要求。在本卷的最后，作者以自识为跋，其内容影响深远。

门窗

本节所述门窗，指的是磨空式的门窗以及它的装饰，不仅包括屋宇的门窗，还包括墙垣的门窗。开设这种门窗的原则是“处处邻虚，方方侧景”。

【原文】门窗磨空〔1〕，制式时裁〔2〕，不惟屋宇翻新，斯谓林园遵雅。工精虽专瓦作〔3〕，调度犹在得人。触景生奇，含情多致，轻纱环碧，弱柳窥青〔4〕。伟石迎人，别有一壶天地〔5〕；修篁弄影〔6〕，疑来隔水笙簧。佳境宜收，俗尘安到。切忌雕镂门空，应当磨琢窗垣。处处邻虚，方方侧景〔7〕。非传恐失，故式存余。

【注释】〔1〕磨空：打磨成镂空式的，空，镂空，空洞。

〔2〕时裁：根据流行样式来裁制。

〔3〕瓦作：瓦工、瓦匠。

〔4〕弱柳窥青：从经过装饰的柳叶形窗棂中可以看见远处的青山。

〔5〕一壶天地：见装折注。

〔6〕修篁弄影：指风吹动修竹。

〔7〕侧：一旁，有靠近的意思。

【译文】园中不装门扇和窗扇的门窗，要镶嵌镂空的不专作为装饰，这样的装饰考究新颖，不单为了房屋可以借此翻新，也可以让园林遵循雅致的格调。做工的精巧程度虽然全在瓦匠的技艺，但设计安排还得依靠有才能的园林设计师。景物触发奇思妙想，让人心生无穷雅致。透过纱窗隐约可见碧翠环山，隔着柳枝可以看见远处的青山。伟岸的奇石正对宾客，别有一番天地跃然眼前；风吹修竹，好似笙簧之音隔水传来。美妙佳景尽收园中，凡尘俗气哪里还能进入。门空处切忌雕文镂饰，但窗垣却应精心琢磨；园中要处处留有空间余地，才可能面面通透，从各种角度看到美景。我唯恐门窗的制法遗失不能流传，所以

门

古代对门的功用很讲究，根据用途不同可以分为：殿门，山门，宅门，隔门，屏门等。其中殿门最为宏伟，宅门最讲身份，屏门和隔门最见精致。中国古代建筑以梁、柱木结构为主，墙一般不承重，所以廊柱内，柱与柱之间一般安装隔扇代替墙面。屏门一般作为屏风，用于室内分隔空间，这些功能一直被人沿用至今。

窗

窗分为板棂窗、隔扇、隔断、支摘窗、遮羞窗等。窗子的传统构造是很讲究的，窗棂上雕刻有线槽和各种花纹，构成种类繁多的优美图案。透过窗子，可以看到外面的不同景观，构成自然画面。

传统建筑中，经常会出现一些形状各异的窗棂。如仙桃葫芦、福寿延年、石榴蝙蝠、扇状瓶形等等，极具装饰情调，然而更多的是让人在窗子中漫游，移步观景，犹如在画廊中赏画。窗子绝不是为了透光和通风，一个好的窗子应当是一个好的画框。

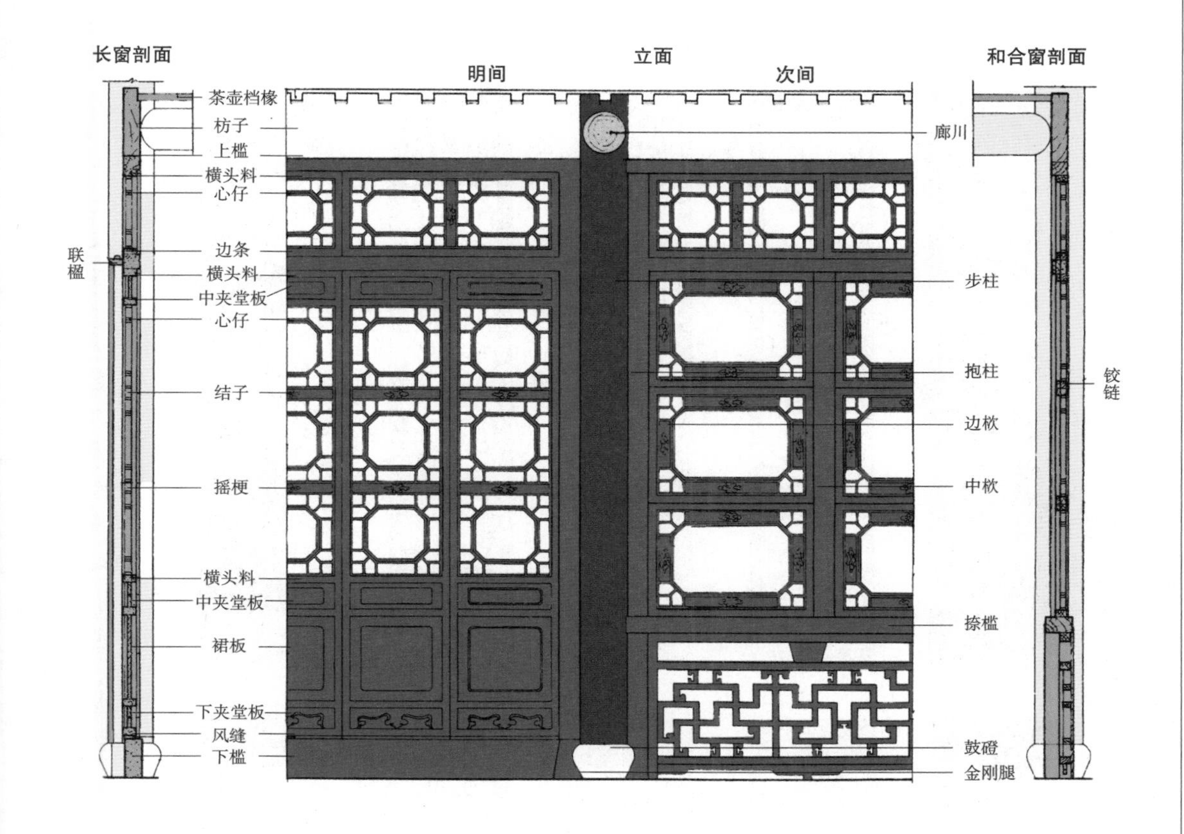

将门窗样式绘制成图保存起来。

门窗图式

方门合角式

【原文】磨砖方门，凭匠俱做券门〔1〕，砖上过门石〔2〕，或过门枋者。今之方门，将磨砖用木栓拴住，合角〔3〕过门于上，再加之过门枋，雅致可观。

【注释】〔1〕券门：用“发券”方式砌筑的门。券，曲。

〔2〕过门石：横架在门上的石头，即过梁，其用途是承载上墙的重量。

〔3〕合角：在门洞与过门枋两边的结合转角处拼接成的合角榫。

□ **园林门窗**

园林门窗除了具有实用的基本功能外，还具有使园林空间内外交流的渗透性。园林门窗本身的优美图案纹样以及窗框系列，应该是园林的一道道风景。园林门窗开设的位置、数量、形状及相互间的距离等，都要遵循园林设计的美学法则。上图为宋代的姚承祖在其著作《营造法原》中所描绘的园林中常用的长窗及和合窗的剖面、立面图。下面一系列的长窗、半窗以及和合窗的式样图也出自此书，它向我们展示了古代园林中常用的门窗式样。

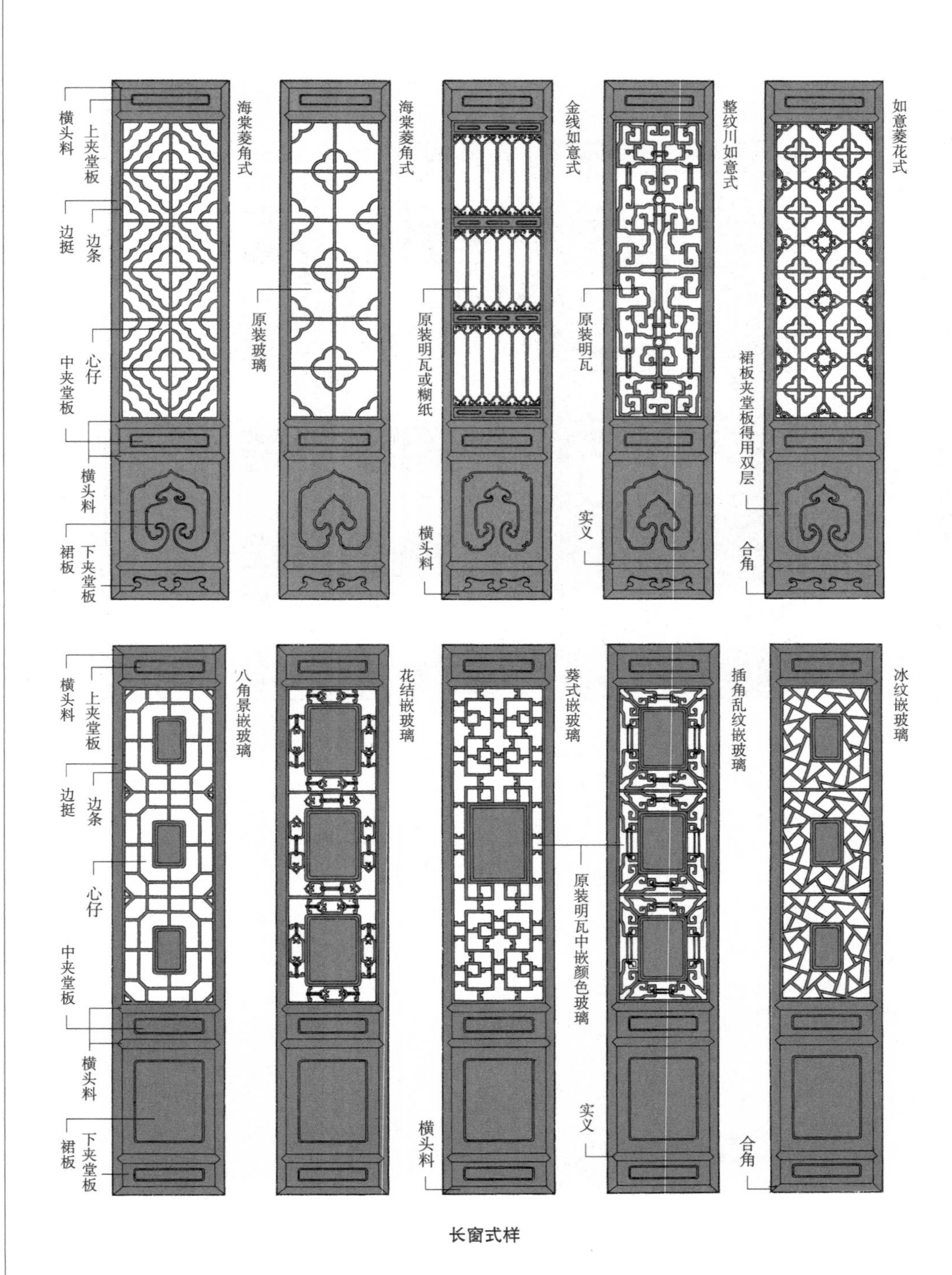
横头料
上夹堂板
边挺
边条
心仔
中夹堂板
横头料
裙板
下夹堂板
海棠菱角式
海棠菱角式
原装玻璃
金线如意式
原装明瓦或糊纸
横头料
整纹川如意式
原装明瓦
实义
如意菱花式
裙板夹堂板得用双层
合角
横头料
上夹堂板
边挺
边条
心仔
中夹堂板
横头料
裙板
下夹堂板
八角景嵌玻璃
花结嵌玻璃
葵式嵌玻璃
横头料
插角乱纹嵌玻璃
原装明瓦中嵌颜色玻璃
实义
冰纹嵌玻璃
合角

长窗式样

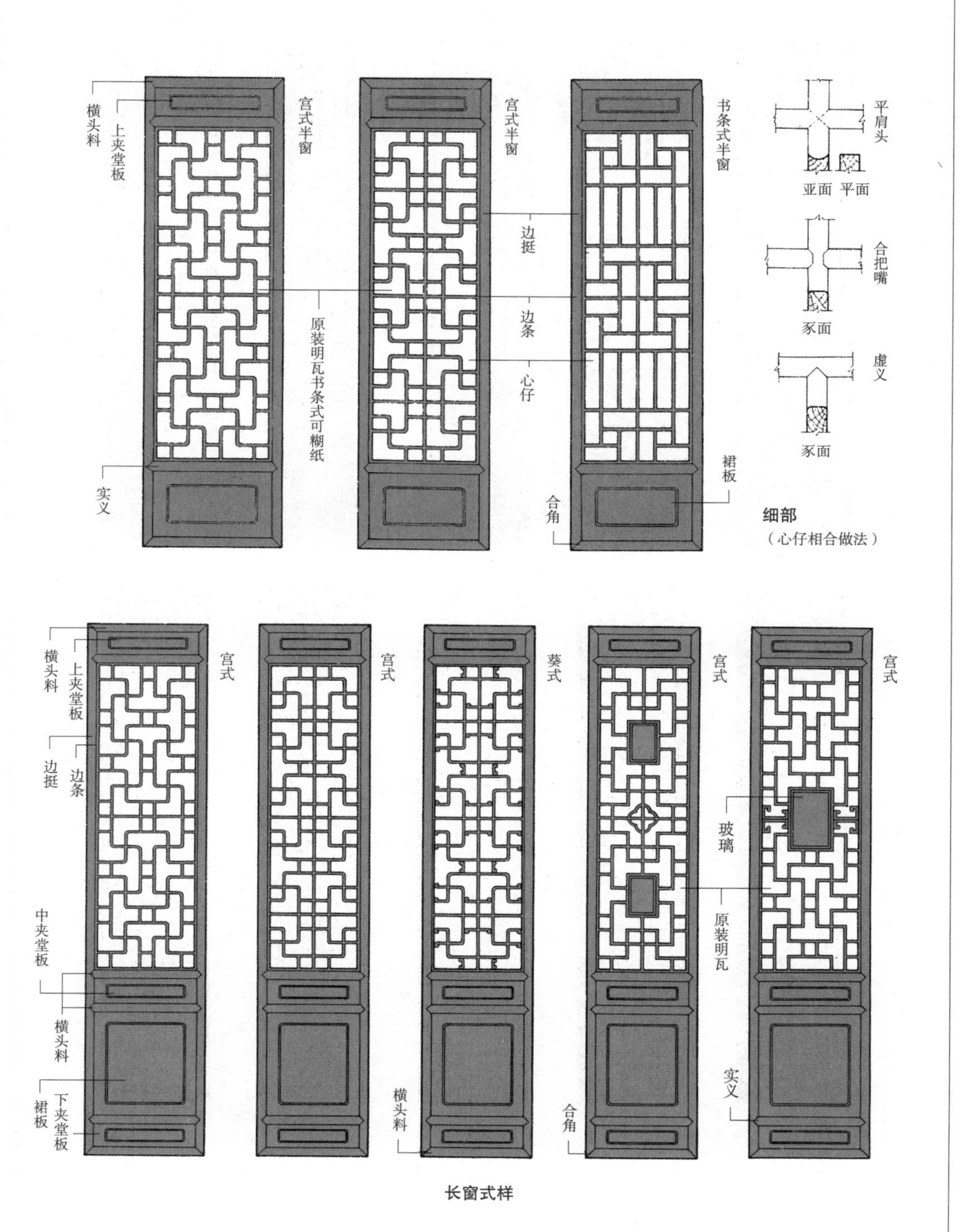
横头料
上夹堂板
宫式半窗
宫式半窗
书条式半窗
平肩头
亚面 平面
合把嘴
豕面
虚叉
豕面
边挺
边条
心仔
原装明瓦书条式可糊纸
实叉
合角
裙板
细部
（心仔相合做法）
横头料
上夹堂板
宫式
宫式
葵式
宫式
宫式
边挺
边条
玻璃
原装明瓦
中夹堂板
横头料
裙板
下夹堂板
横头料
合角
实叉

长窗式样

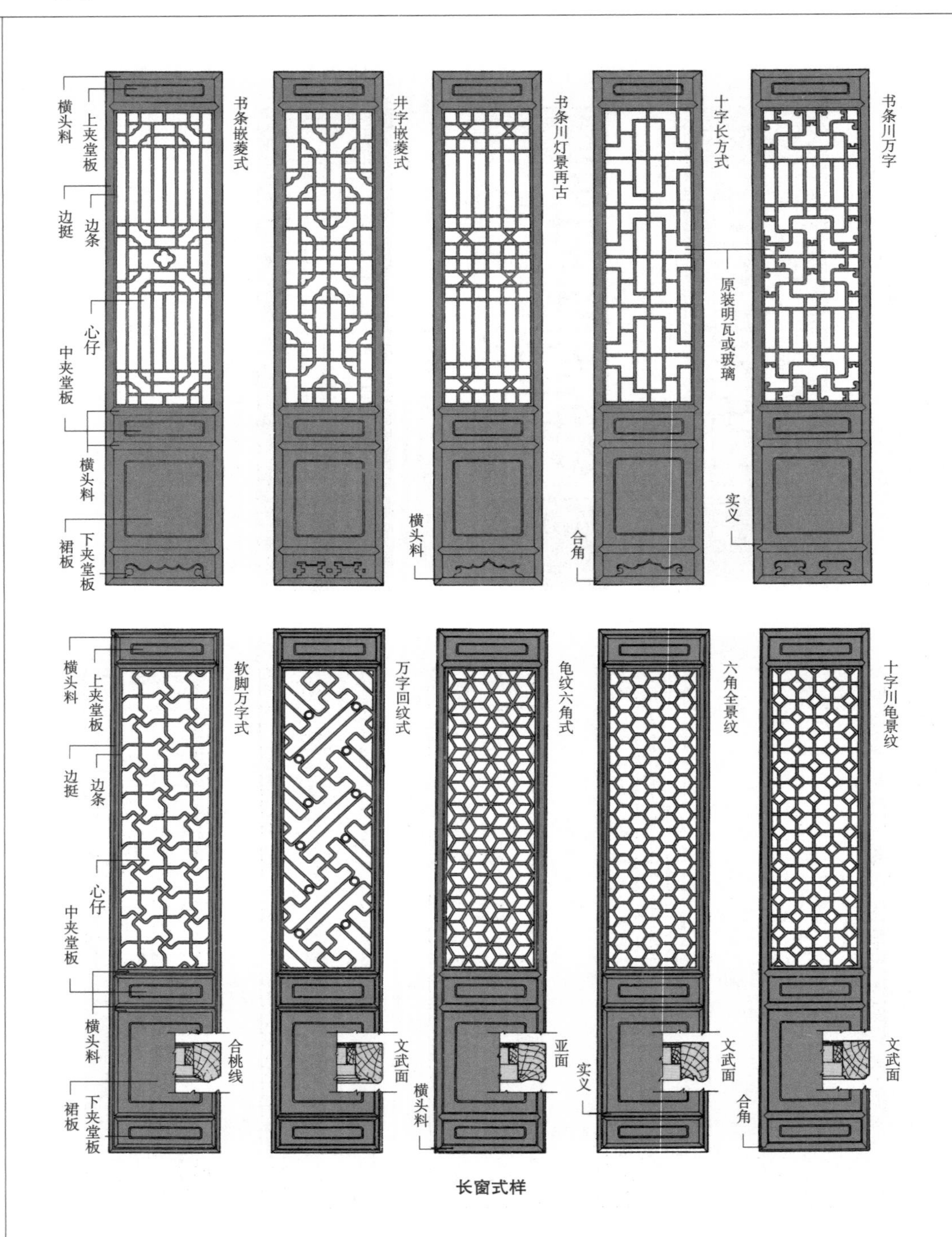

横头料
上夹堂板
边挺
边条
心仔
中夹堂板
横头料
裙板
下夹堂板
书条嵌菱式
井字嵌菱式
书条川灯景再古
十字长方式
书条川万字
原装明瓦或玻璃
横头料
合角
实义
横头料
上夹堂板
边挺
边条
心仔
中夹堂板
横头料
裙板
下夹堂板
软脚万字式
万字回纹式
龟纹六角式
六角全景纹
十字川龟景纹
合桃线
文武面
横头料
亚面
实义
文武面
合角
文武面

长窗式样

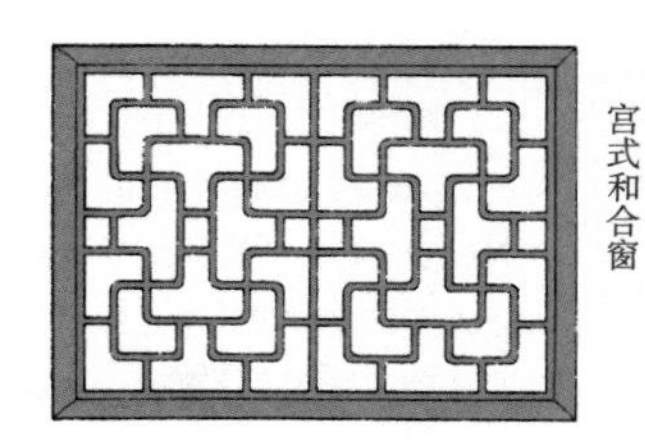

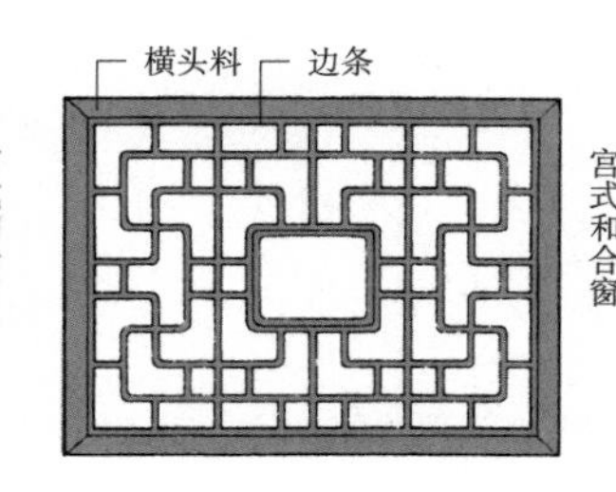

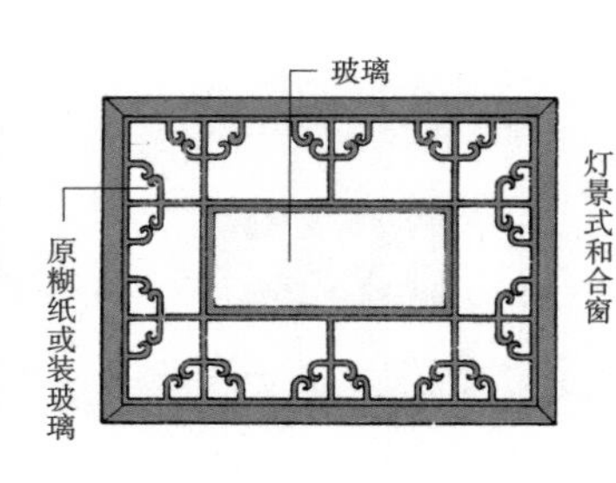

【译文】用磨砖砌方门，过去全部由工匠进行方式砌筑，或在门洞上方架设过门石，或在门洞上架设过门枋。现在的方门，是在门洞两侧用木钉将磨砖镶砌上，在门洞与过门枋两边的结合转角处拼接成合角榫，再在过门枋上镶砌磨砖，使之雅致美观。

圈门〔1〕式

【原文】凡磨砖门窗，量墙之厚薄，校砖之大小，内空〔2〕须用满磨〔3〕，外边只可寸许，不可就砖，边外或白粉或满磨可也。

【注释】〔1〕圈门：同券门。

〔2〕内空：圈门门洞的内框边缘。

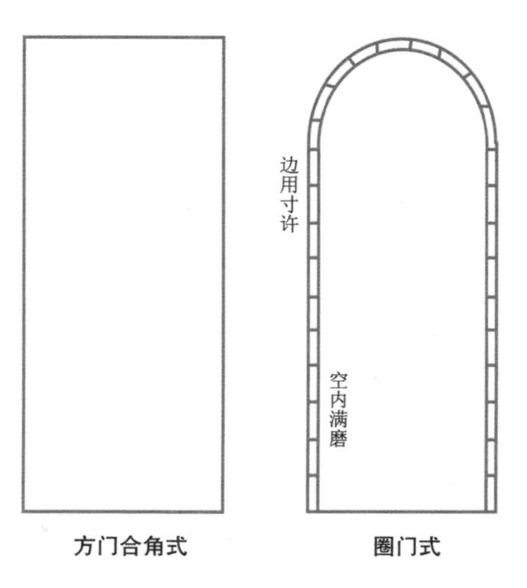

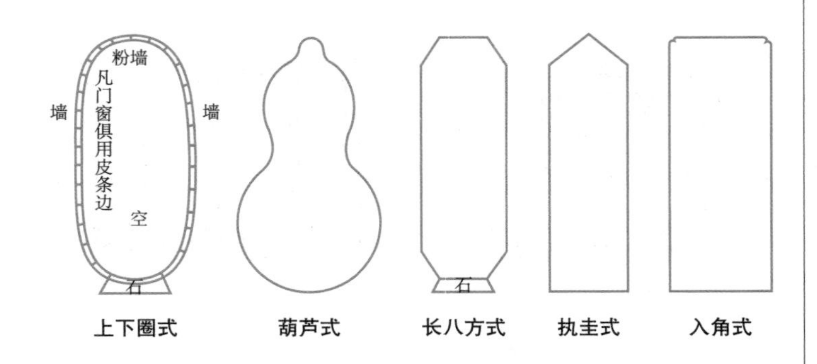

〔3〕满磨：全部镶砌上磨砖。

【译文】 凡是用磨砖镶砌门窗，要先测量墙体的厚薄，以计算磨砖的大小。圈门洞的内墙必须全部镶砌磨砖，外面边框只镶砌一寸左右的宽度，不能将就磨砖的宽度。边框外的墙面或用灰白粉刷，或用磨砖镶满就可以了。

莲瓣式、如意式、贝叶式

【原文】 莲瓣〔1〕，如意〔2〕，贝叶〔3〕，斯三式宜供佛所用。

【注释】 〔1〕莲瓣：仿造莲花花瓣的形状砌成的圈门。

〔2〕如意：原为印度传入的佛具之一，后成为帝王及贵族手中一种象征祥瑞的器物。有灵芝形或云形，头部呈弯曲回头状，有“回头即如意”的吉祥寓意。这里指如意形状的圈门。

〔3〕贝叶：是取自一种叫贝叶棕（又名贝多罗）树植物的叶子。印度佛教用特殊的工艺制作后，将佛经写在上面，可保存数百年之久。这里指的是贝叶形状的圈门。

【译文】 莲花瓣形、如意形、贝叶形，这三种样式的圈门都与佛教有关，适合供奉佛像的宅园使用。

垂花门

俗话“大门不出，二门不迈”中的二门，就是指宅门中的垂花门。垂花门位于院落的中轴线上，处在正房与倒座之间，它的两侧连接着抄手游廊，游廊外的一侧是一道隔墙，称为看面墙，把院落截然分为内外两部分。它之所以叫作垂花门或垂华门，就是因为它有垂莲柱。柱端做成莲蕾形的垂珠，垂珠的形式也是多种多样，如风摆柳或雕花的方形等，但以垂莲形最正规。构成中国建筑的要素、构件、装修手法等，垂花门几乎全都具备：屋顶、屋身、台基、梁、枋、柱、檩、椽、望板、封掺板、雀替、华板、门簪、联楹、版门、屏门、抱鼓石、门枕石、磨砖对缝的砖墙等等一应俱全。

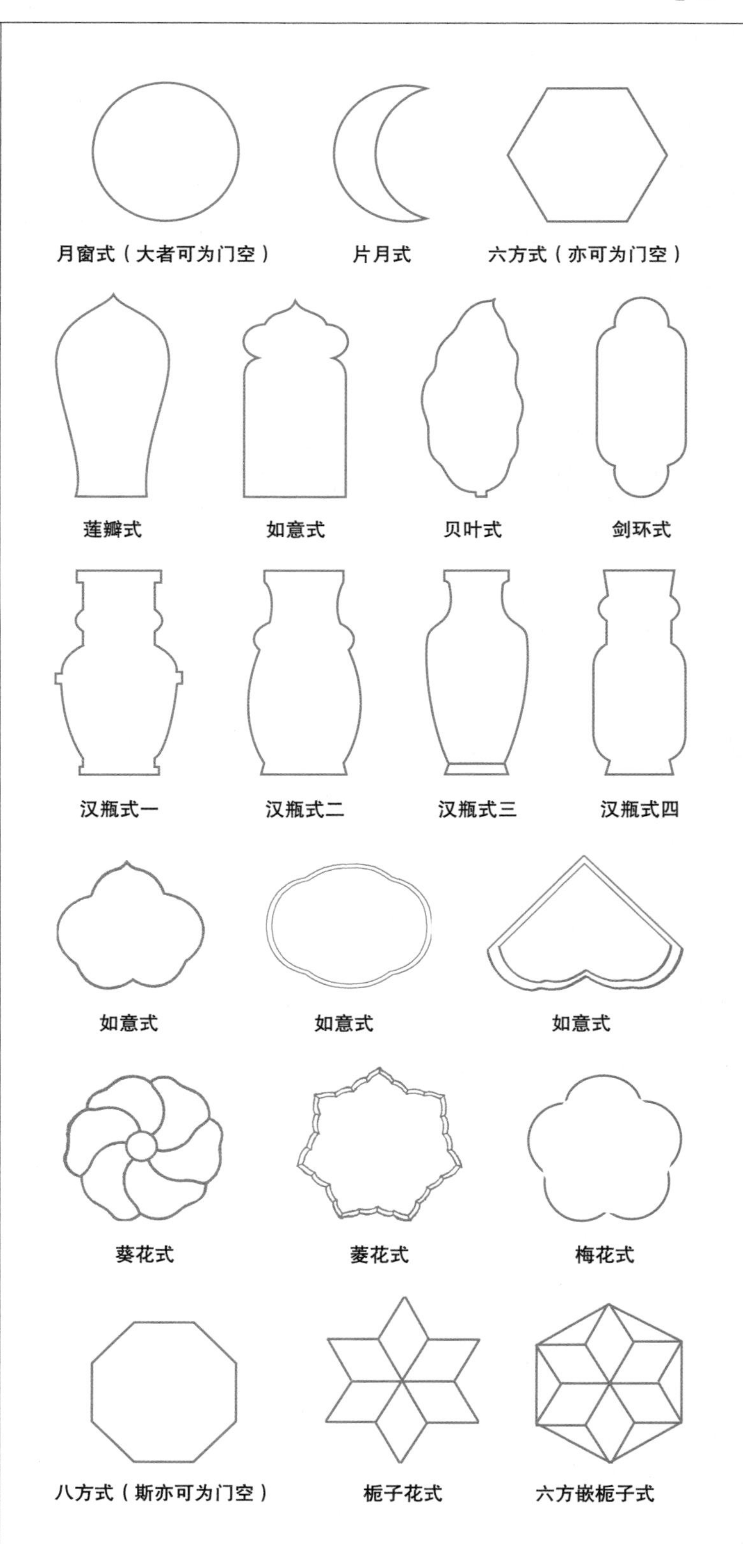

门墩与抱鼓石

门墩，门槛两端承托大门转轴的石墩或木墩。通常为石质并傍于大门门框侧下，形状如枕，所以又叫门枕石，或称砷石。自古人们对于门面装饰的追求，自然不会忽视建筑入口处这一对石构件，抱鼓石即是对门枕石大肆雕饰的产物。“枕”本是主要部分，为了雕饰，门枕石的附加部分被强调；“鼓”部很高，用料用工远超过“枕”部。顾名思义，抱鼓石造型为圆鼓形，富有装饰功用。通常雕饰以葵花、纹头、狮子等为主。下部雕为须弥座；中间为鼓形，饰以花纹浮雕；上部透雕狮子，这是常见的样式。《营造法原》中将圆鼓部分雕成狮形者，以术语称，叫拉狮砷或挨狮砷。门前一对抱鼓石，立的是功名标志。在讲封建等级的年代，无功名者门前是不可立“鼓”的。倘若要装点门脸，显其富有，也可以把门枕石砌得像抱鼓石那样高，只是傍于门前的装饰性部分要取方形，区别于“鼓”，再高仍称“墩”。如烟台福山区民国初年所建王氏庄园，大门门槛高及人膝，门前一对石门墩，石墩四面雕花，是非常精致的艺术品。在当年，若非节日或礼仪场合，平日门墩罩以木罩，可见其华贵。然而，它却是“墩”不是“鼓”。

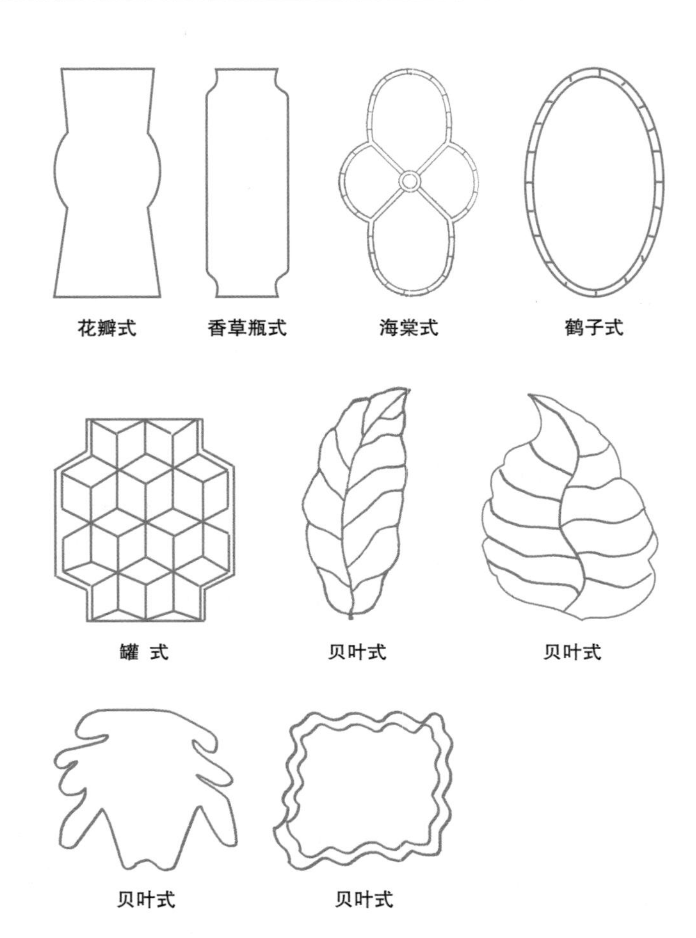
花瓣式
香草瓶式
海棠式
鹤子式
罐 式
贝叶式
贝叶式
贝叶式
贝叶式

墙垣

墙垣包括实墙和漏明墙，用以分隔或透视景物。作者主张“因景择宜，式样雅致合时”，反对“雕琢花鸟仙禽”。

【原文】凡园之围墙，多于版筑[1]，或于石砌，或编篱棘[2]。夫编篱斯胜花屏[3]，似多野致[4]，深得山林趣味。如内，花端、水次[5]，夹径、环山之垣，或宜石宜砖，宜漏宜磨，各有所制。从雅遵时，令人欣赏，园林之佳境也。历来墙垣，凭匠作雕琢花鸟仙兽，以为巧制，不第[6]林园之不佳，而宅堂用之何可也。雀巢可憎，积草如萝，祛之不尽，扣[7]之则废[8]，无可奈何者。市俗村愚[9]之所为也，高明[10]而慎之。世人兴造，因基之偏侧[11]，任而造之。何不以墙取头阔头狭[12]就[13]屋之端正，斯匠主[14]之莫知也。

【注释】〔1〕版筑：筑土墙的一种方法。即用两板相夹，中间填土，再夯实。

〔2〕篱棘：用带刺的苗木做成的篱笆。棘，酸枣树，茎上多刺，后泛指有刺的苗木。

〔3〕花屏：指花架，即栽植的花卉生长于上。

〔4〕野致：有野外风光的雅致。

〔5〕花端、水次：花前、水边。

〔6〕不第：不但。

〔7〕扣：敲击。

〔8〕废：指受到破坏之后变成荒芜的地方，即废墟。

〔9〕市俗村愚：市俗，指城市一般人，也指庸俗，俗气。村愚是旧时对乡下人的贬称。此处泛指没有见识，愚昧无知的乡巴佬。

〔10〕高明：有见识的人。

〔11〕偏侧：偏斜不正。

〔12〕头阔头狭：一头高阔一头低狭。

〔13〕就：迁就，降低要求，曲意将就。

〔14〕匠主：工程的建造者和组织者。

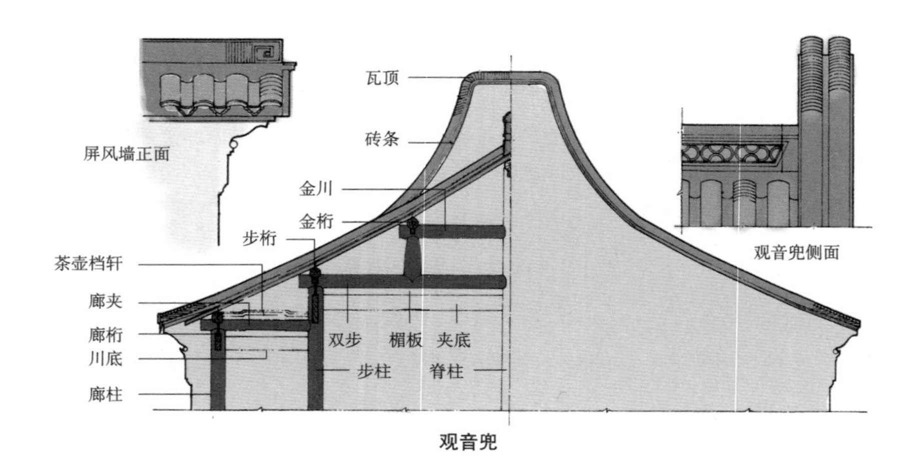

观音兜

□ 观音兜 《营造法原》原图

山墙由下檐呈曲线至脊，耸起似观音头饰兜状，称为观音兜。观音兜分为全观音兜和半观音兜两种，这种建筑形制是风火墙的典型样式，在江南地区比较常见。所谓风火墙，其主要职能是在房屋失火时，封住火苗以防止火势蔓延，此外它亦有防盗、挡风之用。图为姚承祖《营造法原》中所绘的观音兜的式样图。

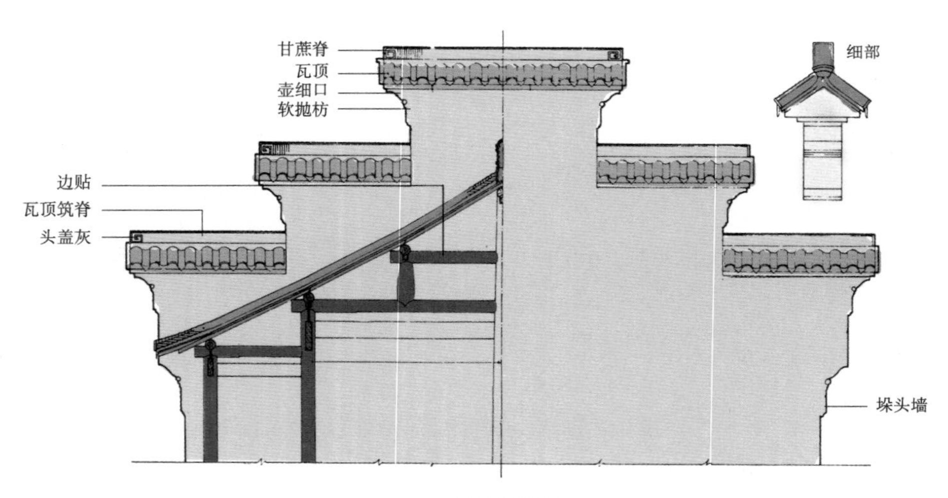

五山屏风墙

□ 五山屏风墙 《营造法原》原图

《释名》曰："墙，障也。所以自障蔽也；垣，援也。人所依阻以为援卫也；墉，容也。所以蔽隐形容也。"因此，墙垣的作用主要有三点：一是屏障功能，可以隐蔽自我；二是凭借高墙，保护自我；三是阻火防盗。而五山屏风墙主要是第三种功能，其形制多见于园林之中的主要建筑物。对于屏风墙的概念，《营造法原》中有如此说法："厅堂山墙依堤栈之斜度，有作高起若屏风状者，称屏风墙，分三山屏风墙和五山屏风墙两种。"

◎墙垣砌法图示

砖之较长一边，称为“长头”，较短一边，称为“丁头”。砌墙的式样有多种，一般分为三类：实滚、花滚和斗子（又称空斗）。实滚的样式用砖扁砌，或用砖较短的一边侧砌，都用于房屋坚固的部分。空斗者则以用砖纵横相置，砌成斗形中空者，可防声防热。空斗的式样以结构用砖的不同可分为单丁、双丁、三丁、大镶思、小镶思、大合欢、小合欢几种。小镶思、小合欢的墙壁可砌成半砖厚。

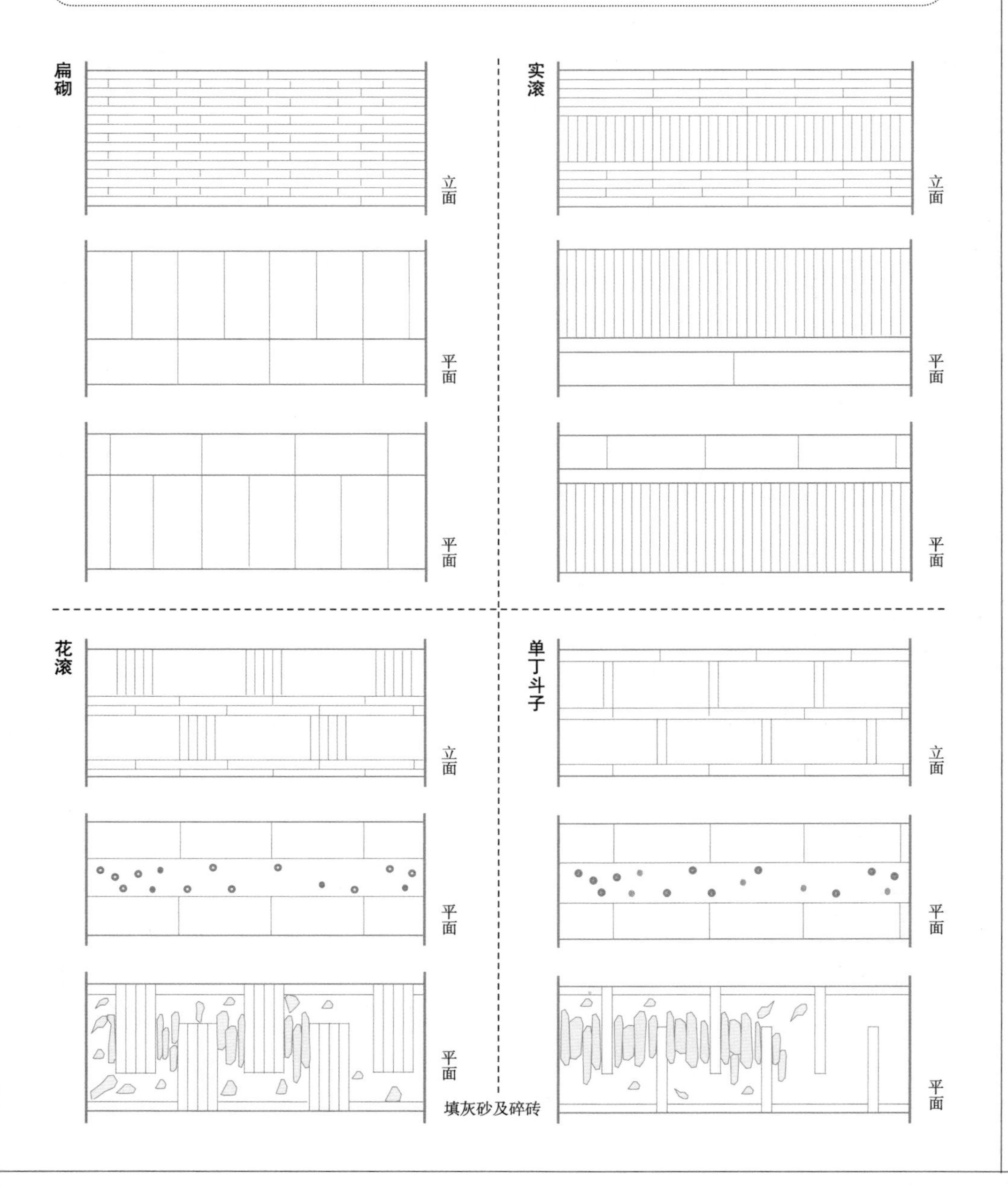

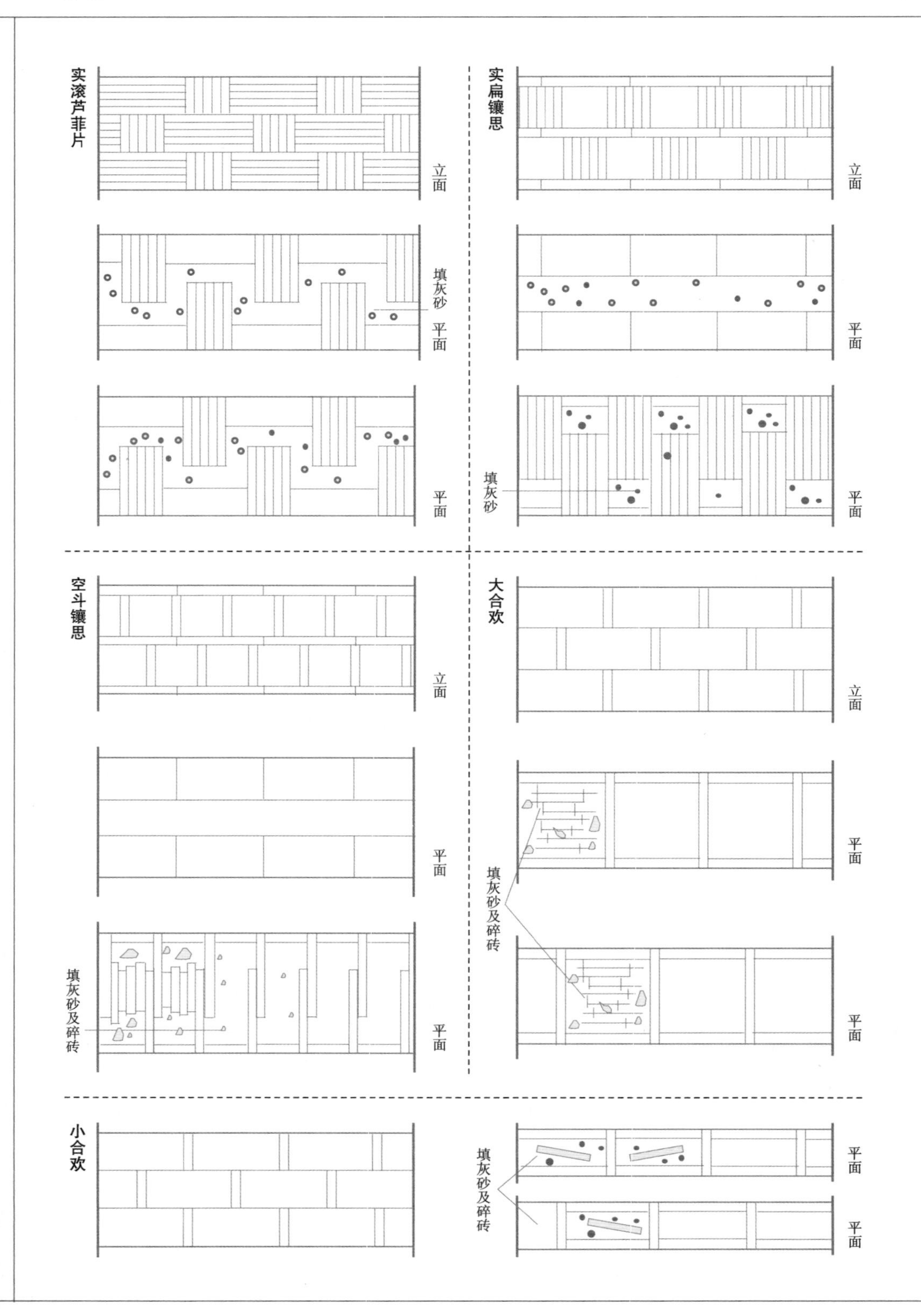
实滚芦菲片
立面
填灰砂
平面
平面
实扁镶思
立面
平面
填灰砂
平面
空斗镶思
立面
平面
填灰砂及碎砖
平面
大合欢
立面
平面
填灰砂及碎砖
平面
小合欢
填灰砂及碎砖
平面
平面

【译文】 凡是园林的围墙，多是用泥土夯筑成土墙，或用石头垒砌成石墙，或用荆棘编成篱笆。荆棘的篱笆比花架更好，有更多的山野情致，也有更多的山林趣味。比如花前、水边、夹路、环山的墙垣，或适宜用石头垒筑，或适宜用砖块修砌，或适宜开设漏窗，或适宜镶砌磨砖，各有不同的材料与方式。但总的要求必须适合时宜而且雅致，令人欣赏，这才是造园的最高境界。但历来砌墙筑垣，都是任由工匠雕刻一些奇花异草、飞禽走兽、神仙或传奇人物，这样的巧制不但毫无美感，如果在住宅的厅堂出现也很不可取。因为这种雕刻的空隙处常会招引鸟雀筑巢，其叫声令人厌恶，又易滋生藤萝般的杂草，不仅不便清除，而且稍微用力敲击，雕墙就会损坏，让人无可奈何。这都是市俗村愚的做法，高明的人应当很谨慎。世人在营造围墙时，常常因为地基偏缺不规整而任意建造，为什么不可以把墙建得一头高阔，一头低窄，以保证屋舍的端正规整，这种巧妙的构思，是平常工匠和设计者不能明白。

白粉墙

【原文】 历来粉墙，用纸筋[1]石灰，有好事取其光腻[2]，用白蜡[3]磨打者。今用江湖中黄沙，并上好石灰少许打底，再加少许石灰盖面，以麻帚[4]轻擦，自然明亮鉴人。倘有污渍，遂可洗去，斯名“镜面墙”也。

【注释】〔1〕纸筋：用来拌和灰浆的粗草纸，以增强其黏性。

〔2〕有好事取其光腻：好事，指爱好讲究的人。光腻，细腻光泽。

〔3〕白蜡：白蜡虫分泌的蜡质。

〔4〕麻帚：用麻扎成的笤帚。

【译文】 制作粉墙，向来都用纸筋拌石灰浆粉刷，也有讲究的人为了让墙面细腻光滑，把白蜡涂在墙面上进行打磨。

界墙

界墙，是划分别家与自家、公与私的界限。界墙最好用乱石垒成，因为它不受大小方圆的限制。垒界墙虽用的是人工，但乱石却是造物赋予的天然本色。其次就是石子。石子也是天然生成的，但比乱石要差，因为石子样子相似，虽是天然生成，却近似人工雕琢。然而说起这两者的坚固，也还有差异；如果说两者的美观都可入画的话，彼此就各擅其长了。这乱石和石子只在傍山临水的地方才能有，在陆地平原的地方是无法找到的。

◎花墙洞式样图

花墙洞又称透花窗，也称洞墙，是一种在苏州园林中运用得非常广泛的窗。它主要布置于园林中的隔墙或游廊等处的墙上。由于这种窗形式活泼多样，既能单窗自成一景，又能数窗形成组景，因此多用于园林的墙垣及走廊之上。苏州园林中常见的漏窗可分搭砌和捏塑两种类型：一种是搭砌造型，常用的材料有瓦片、狭薄青砖、木头、毛竹等，另外一种是捏塑造型，这种造型的花窗的内框图案多以铁丝为主要材料，按照事先设计好的图纸捏拿成骨架，缚以麻丝等物，再以掺和有水泥成分的纸筋灰浆堆砌。

书条式

席锦式

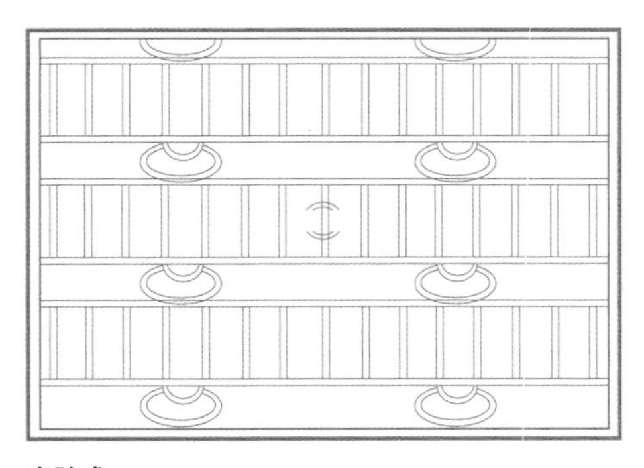

定胜式

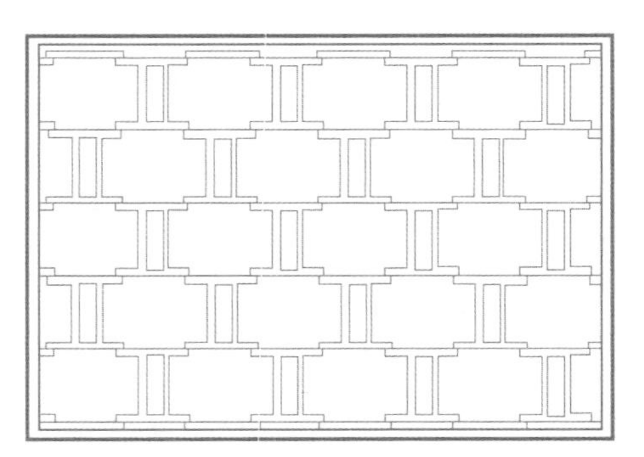

绦环式

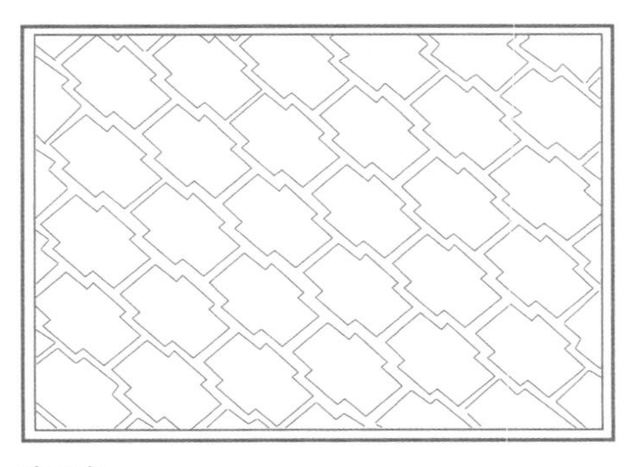

绦环式

菱花式

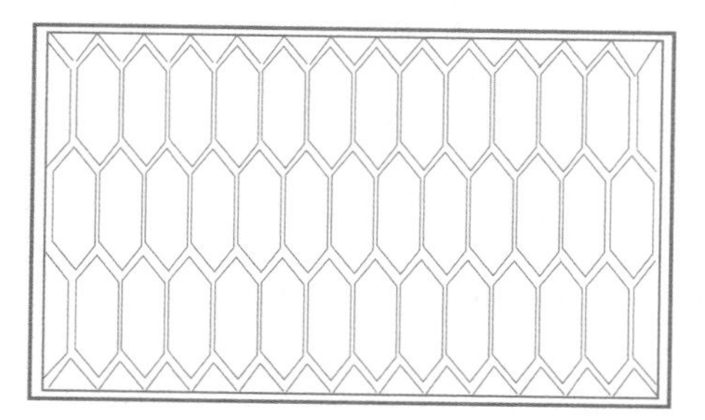
橄榄景式

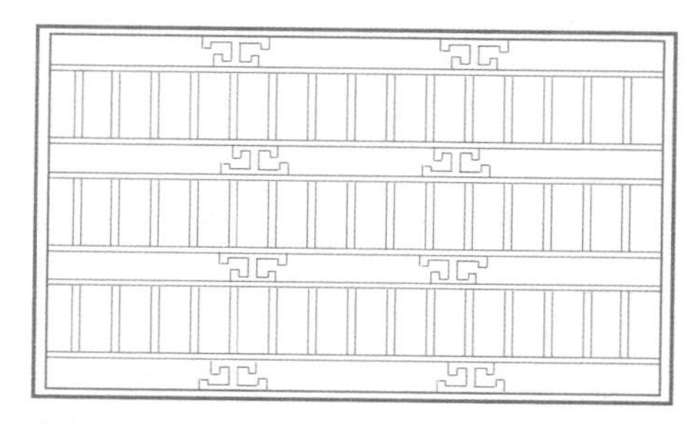
书条式

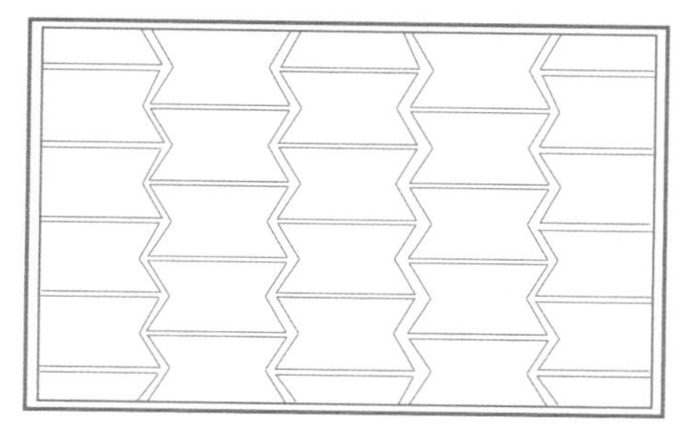
竹节式

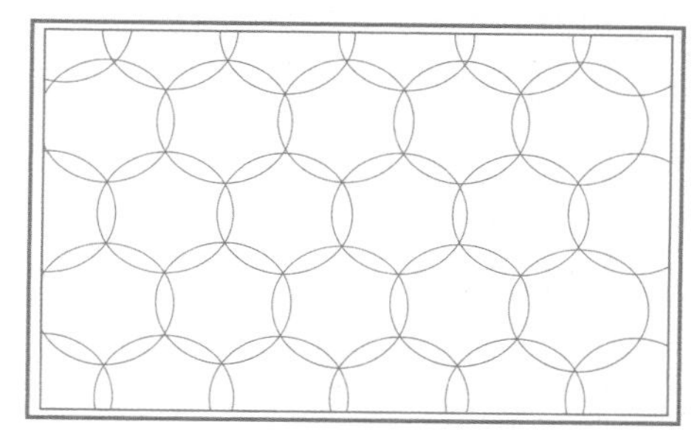
球门式

瓦花墙洞

九子式

破月式

鱼鳞式

波纹式

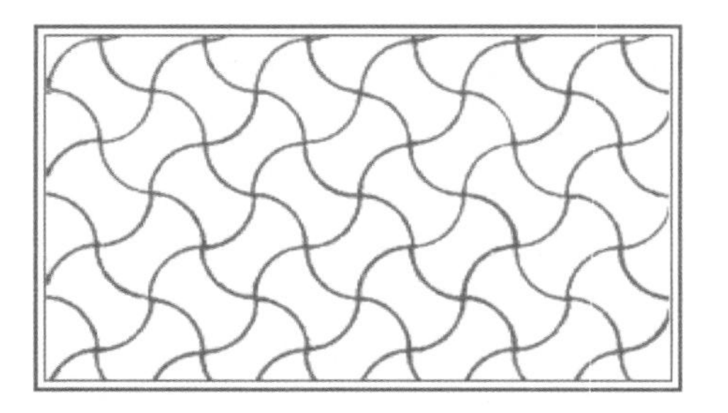

软脚万字式

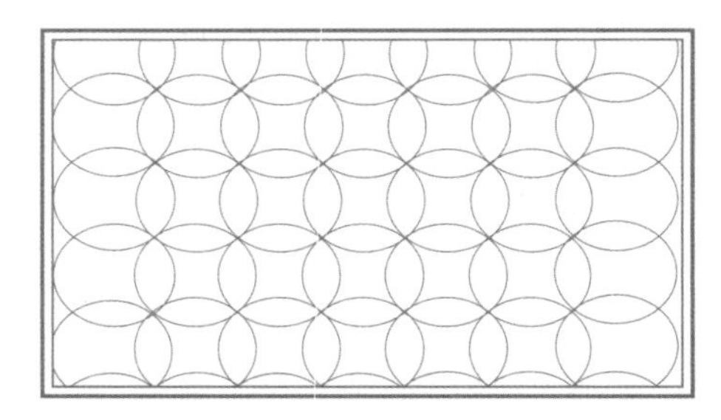

套钱式

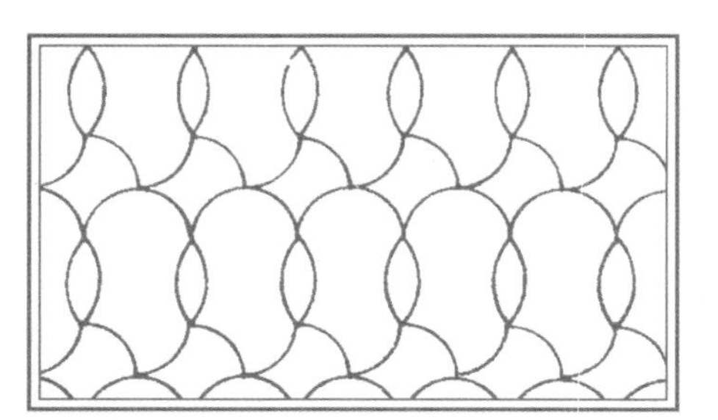

秋叶式

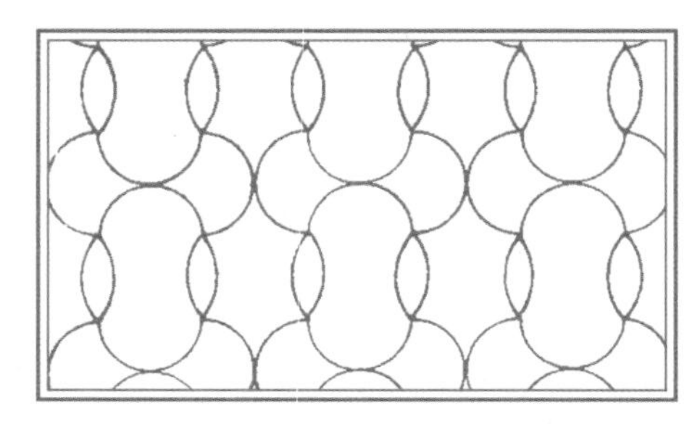

软景海棠式

花墙洞

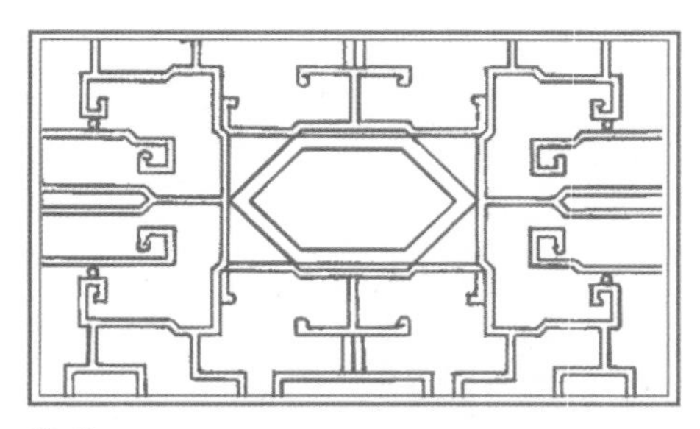

夔 式

万穿海棠

夔式穿梅花

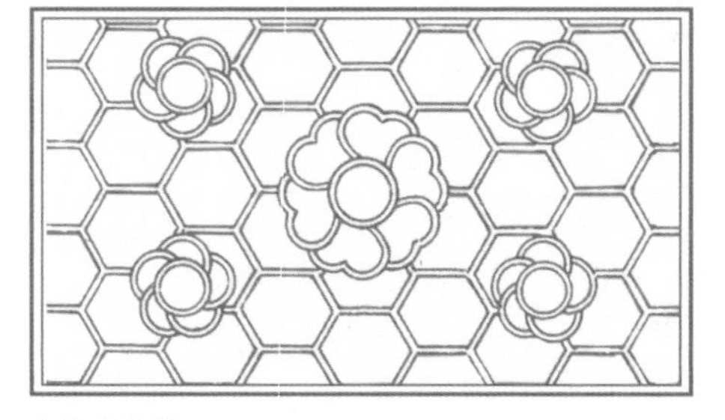

六角穿梅花

夔式穿海棠

万穿海棠

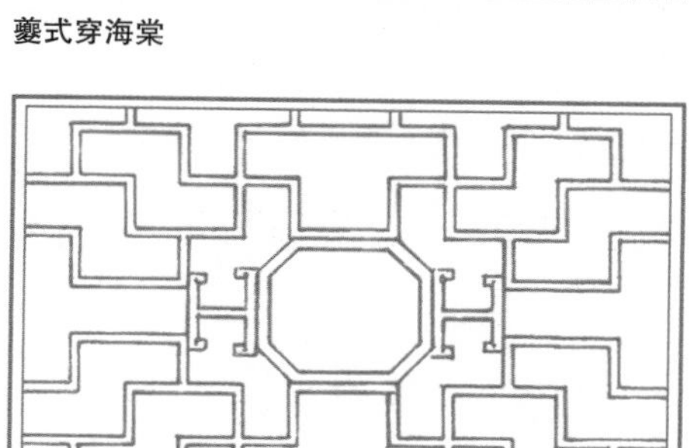
宫式万字

冰纹式

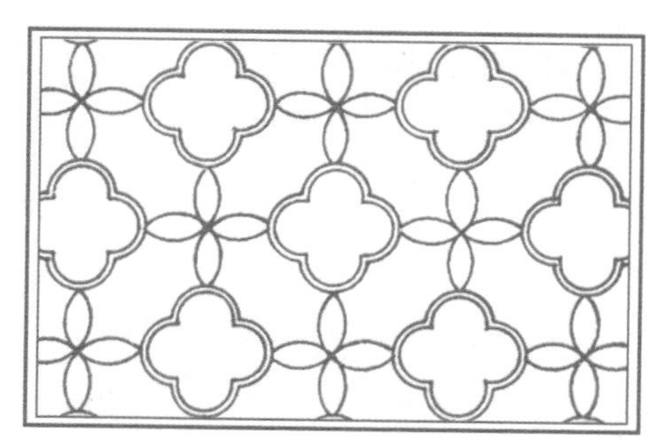
海棠芝花

瓦花灯景式

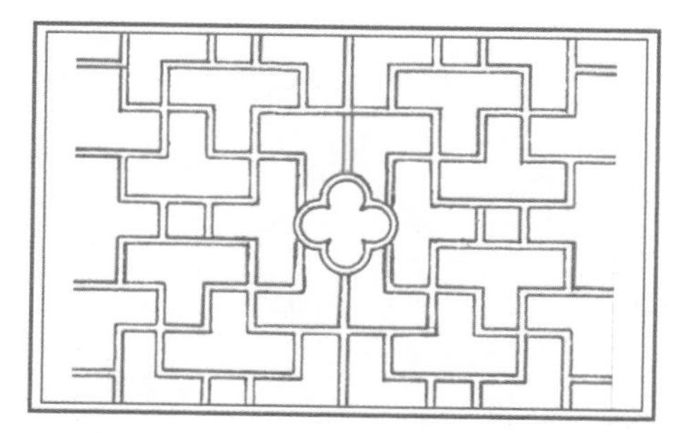
宫式万字式

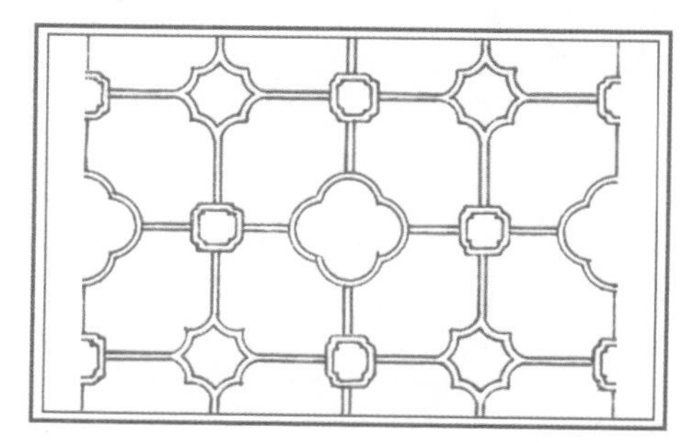
海棠灯景式

套六角式

灯景式

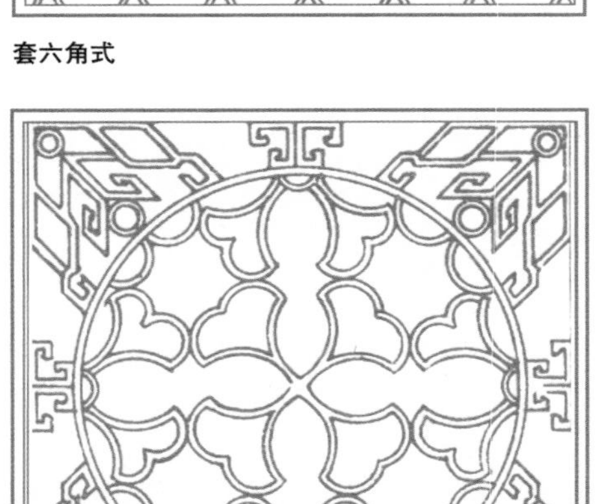

葵花式

葵花式

变球门式

藤茎如意纹式

① 色彩

园林中景墙的色彩搭配是相当重要的，白粉墙因其光洁的表面最适合"破墙透绿"装饰手法。

② 层次

高高低低，是云墙最大的特点，这点也可形成强烈的空间序列层次感，令原本静止不动的空间变得灵动起来。

③ 装饰

白粉墙的表面过于光洁，因此它的墙头就应加以强烈装饰性的花纹、图案、色彩、浮雕，以填充白墙的单调。

□ **白粉墙**

白粉墙是园林中最常用的墙垣形制。白粉墙的墙顶多以黑瓦作为装饰，墙面有的用漏窗洞门引来隔墙的景致；有的则在墙根处栽上一丛花卉，几株芭蕉，数竿修竹，再以一二峰石点缀，意境颇佳。所谓"粉壁为纸"正是这个作用。

现在的做法是使用江河湖泊中的黄沙，加上少许好石灰打底，再在表面粉刷少许石灰浆，用麻帚轻轻擦拭，自然就像镜子一样明亮照人了。即使有了污渍弄脏墙面，也可以清洗，这种墙面就是"镜面墙"。

磨砖墙

【原文】如隐门照墙〔1〕、厅堂面墙，皆可用磨或方砖吊角，或方砖裁成八角嵌小方；或小砖一块间半块，破花砌如锦样〔2〕。封顶用磨挂方飞檐砖几层，雕镂花、鸟、仙、兽不可用，入画意者少。

【注释】〔1〕隐门照墙：隐门，在大门内或院中，相当于屏风。照墙，照壁。

〔2〕破花砌如锦样：按碎花的形状砌成锦缎的花纹样。

【译文】如果是大门内的影壁的磨砖墙，或厅堂对面的墙壁，都可用水磨方砖按斜向贴面，或者把方砖磨成八

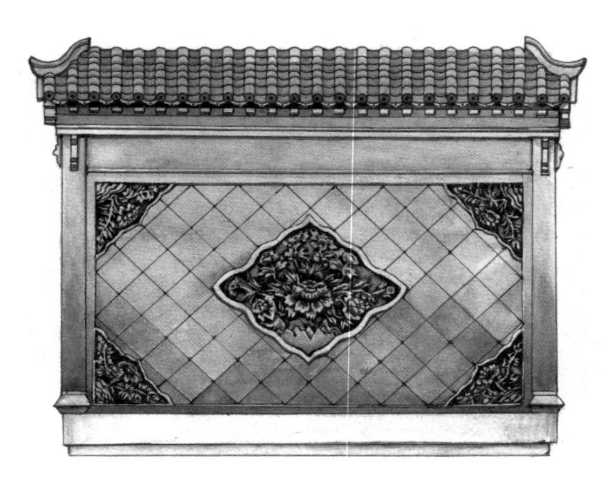

□ **磨砖墙（影壁）**

磨砖墙较为精美，但很少大面积使用，一般只作为影壁或大门上的墙裙点缀。照壁又称“影壁”或“屏风墙”。风水上讲究导气，气不能直冲厅堂或卧室。避免气冲的方法，便是在房屋大门前面置一堵墙，但为了保持“气畅”，这堵墙不能封闭，故形成照壁这种建筑形式。照壁具有挡风，遮蔽视线的作用，墙面若有装饰则造成对景效果，它是我国传统建筑特有的部分。

角镶嵌小方砖贴面，或者采用小砖一块间塔杂半块，用形状不一的小砖砌成锦缎的花纹样。在墙头封顶处，用水磨方砖叠砌成层层挑出的檐口。雕镂奇花、飞鸟、神仙或走兽的方法不能采用，这种做法很少能有诗情画意。

漏砖墙

【原文】凡有观眺处筑斯，似避外隐内之义〔1〕。古之瓦砌连钱、叠锭、鱼鳞〔2〕等类，一概屏之，聊式几于左。

漏砖墙，凡计一十六式，惟取其坚固。如栏杆式中亦有可摘砌者。意不能尽，犹恐重式，宜用磨砌〔3〕者佳。

【注释】〔1〕避外隐内：指墙上有用砖砌出的镂空孔洞图案，既可以遮挡墙外视线，使墙内景色“隐现”，更添一种意味，还可使人站在墙内，透过漏墙欣赏外面的景色。

〔2〕连钱、叠锭、鱼鳞：都是砌漏窗的花样。

〔3〕磨砌：指前面所述的磨砖砌墙法。

【译文】凡是可以眺望到远景的地方，都适合修筑这种漏砖墙，因为它既有遮挡墙外视线的作用，又有隐现墙外景色之义。古人用瓦修砌的内圆外方古钱币、重叠的古银锭、鱼鳞片等样式一律不用，现将几种雅致时新的漏砖墙样式绘制于后。

漏墙砖，共计十六种式样，都是取其坚固耐久的长处。如栏杆式中有的图样可以选取采用。能想到的样式无法全部绘制，更怕重复，但适合用于磨砖修砌的肯定最好。

乱石墙

【原文】是乱石皆可砌，惟黄石者佳。大小相间，宜杂假山之间，乱青石版用油灰[1]抿缝，斯名冰裂也。

① 漏窗

漏窗宜建于园林内部的分隔墙面上，这样方能造就出景区似隔非隔、似隐似现、景随人动的效果。若建于外围墙上，则会泄景。

□ 漏砖墙

漏砖墙是花式砖墙的一种，即在墙洞处用砖砌成菱花或做出竹节的雕饰。它在苏州、上海被称为“花墙洞”，也是园林之中最为常见的墙垣形制。它之所以常常被用于园林之中，主要是因其具有“避外隐内”的作用。

【注释】〔1〕油灰：腻子，用石灰桐油调和而成。

【译文】凡是乱石都可用来修砌此墙，其中以质坚纹古的黄石最佳。大小石块交错，尤其适合在假山间修砌，很有野趣。凡以乱青石块修砌，都要以桐油石灰勾缝，这种墙又叫“冰裂墙”。

漏明墙图式

【原文】漏明墙，凡计[1]一十六式，惟取其坚固。如栏杆式中亦有可摘砌者。意不能尽，犹恐重式，宜用磨砌者佳。

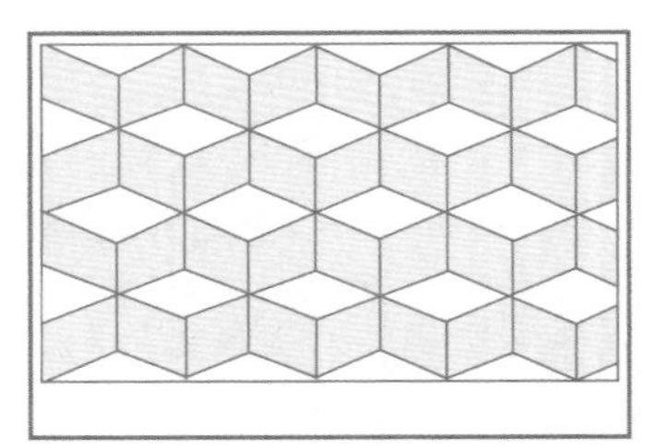

漏砖墙式之一

漏砖墙式之二

漏砖墙式之三

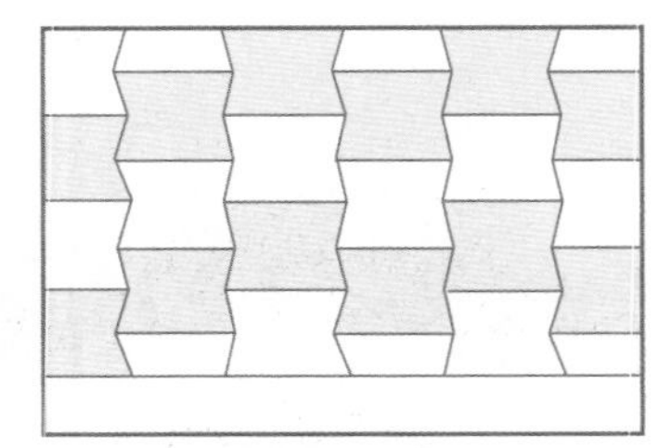

漏砖墙式之四

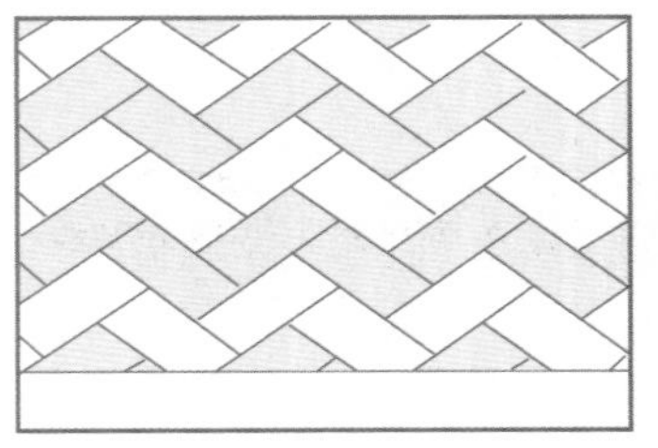

漏砖墙式之五

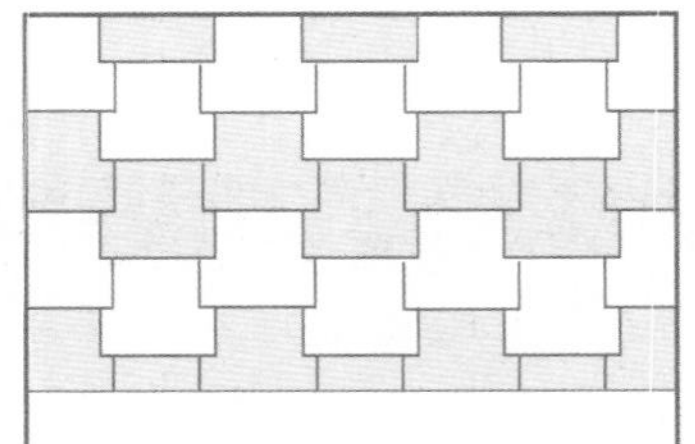

漏砖墙式之六

漏砖墙式之七

漏砖墙式之八

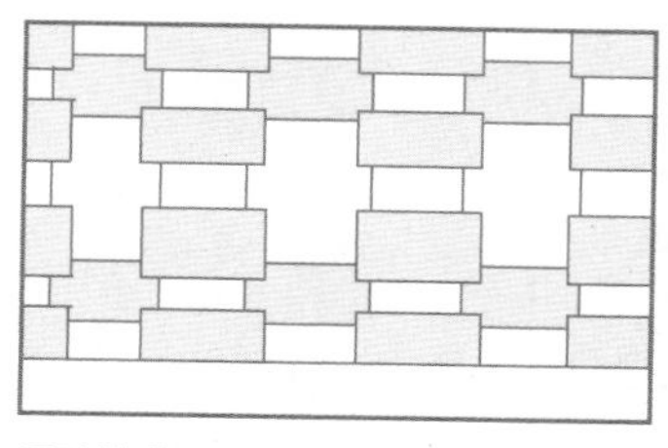

漏砖墙式之九

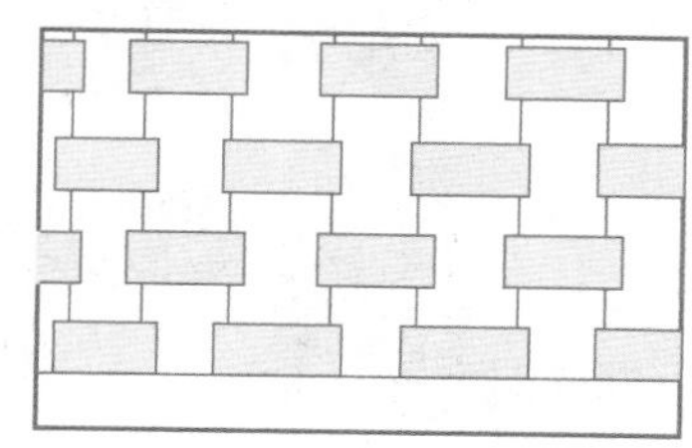

漏砖墙式之十

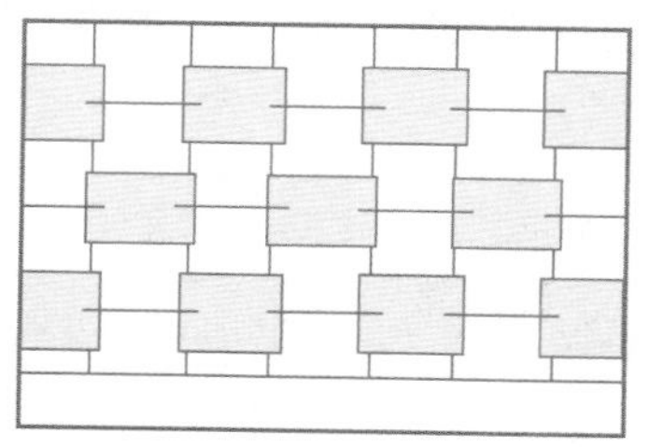

漏砖墙式之十一

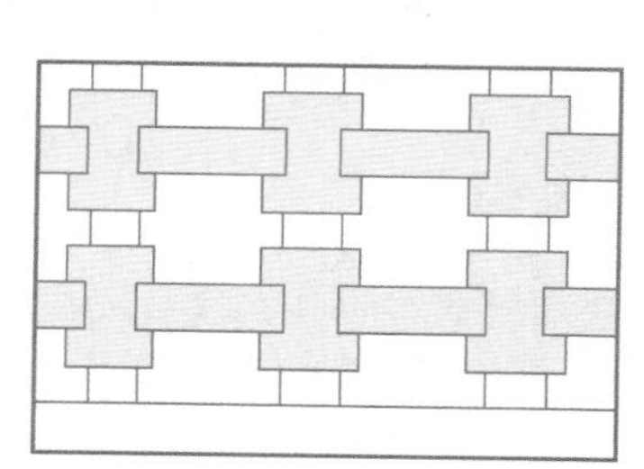

漏砖墙式之十二

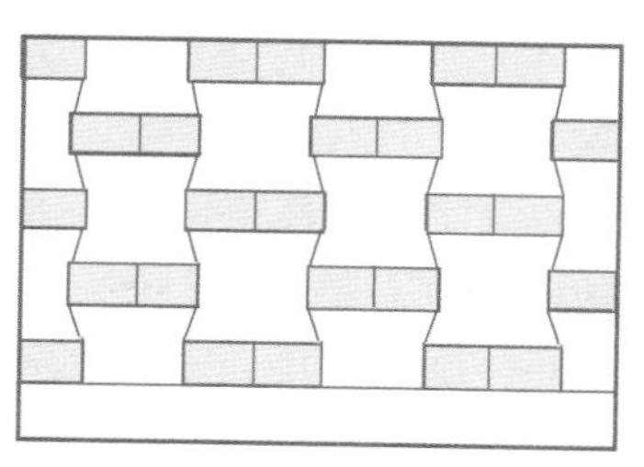

漏砖墙式之十三

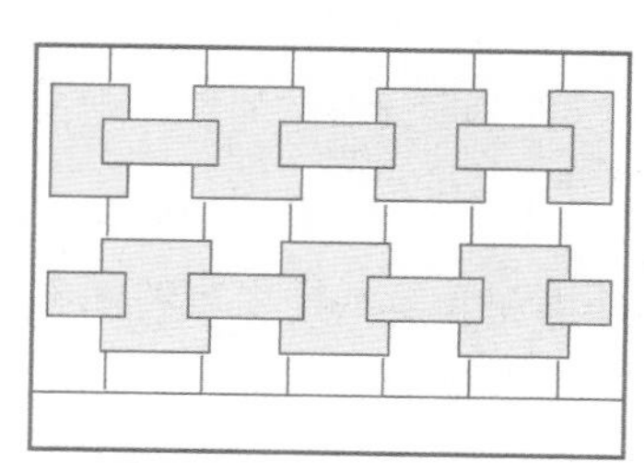

漏砖墙式之十四

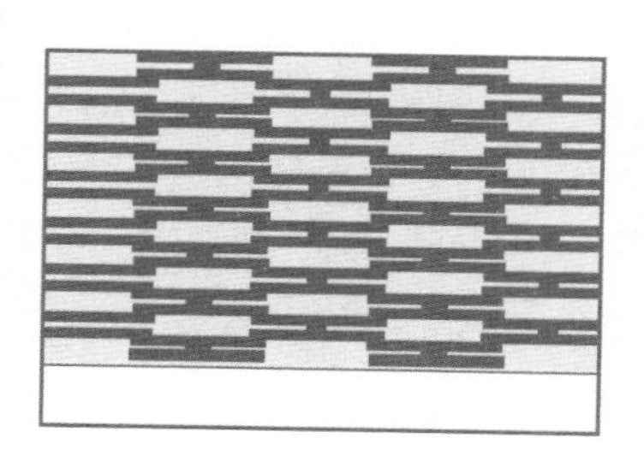

漏砖墙式之十五

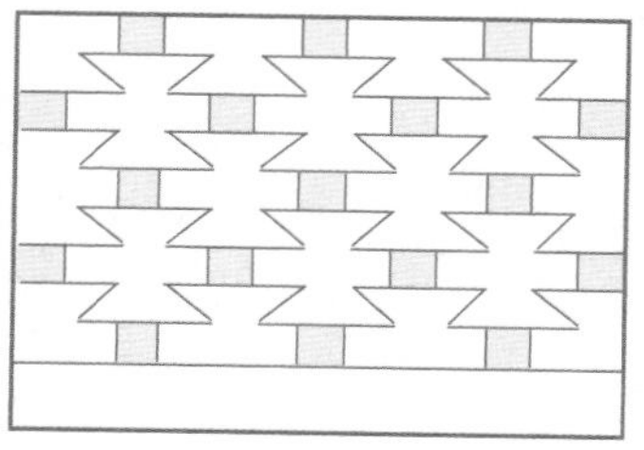

漏砖墙式之十六

封火墙的出现

古代建筑主要是木质结构，火灾发生后蔓延迅速，因此古代对防火格外重视。到了明清时期，封火墙作为一种新型的防火分隔设施出现在建筑当中。民间俗称其为“马头墙”。将这种防火技术运用推广于民间民居建筑中，始于明朝弘治年间的徽州知府何歆。当时徽州府城火患频繁，因房屋建筑多为木制结构，损失十分严重。何歆经过深入调查研究，提出每五户人家组成一伍，共同出资，用砖砌成“火墙”阻止火势蔓延的有效方法，以政令形式在全徽州强制推行。一个月的时间，徽州城乡就建造了“火墙”数千道，有效遏制了火烧连片的问题。何歆创制的“火墙”因能有效封闭火势，阻止火灾蔓延，后人便称之为“封火墙”。随着对封火墙防火优越性认识的加深和社会生产力的提高，人们已不满足于“一伍一墙”，逐渐发展为每家每户都独立建造起封火墙。而后来的徽州建筑工匠们在建造房屋时又对封火墙进行了美化装饰，使其造型如高昂的马头。于是，“粉墙黛瓦”的“马头墙”便成为徽派建筑的重要特征之一。

□ **乱石墙**

在山区、溪边多取乱石叠砌，俗称“乱石墙”。它厚度达三尺有余，由于黄石多方正，为砌墙的最佳石材。古人砌乱石墙多用油灰，以桐油、糯米汁、石灰相调，成为漆工所用的腻子。这种石灰浆异常坚固，增强了乱石之间的黏结，可以数百年不松动。

【注释】〔1〕凡计：总计。

【译文】漏明墙即漏砖墙，总计十六种样式，皆取其坚固耐久。栏杆中有的图案样式也可以选取采用。因为不是所有能想到的样式都能全部绘制，又怕重复，故宜用磨砖修砌者。

书房壁

书房的墙壁切忌使用油漆，油和漆这两样东西都是俗物，前人是不得已才使用它们。房门和窗棂之所以必须用油漆，是为了遮风避雨；厅柱和屋檐之所以必须用油漆，是为了防止污染。如果书房里面很少有人进出，阴雨也侵蚀不到，就没有必要使用油漆。用石灰粉刷墙壁，再经打磨让它光洁，这是最好的做法。其次就是用纸糊，纸糊可以让屋柱和窗棂成为同一种颜色，即使墙壁用石灰粉刷，屋柱上也必须用纸糊，因为纸与石灰的颜色相差不远。

◎造园树木图

园林之中的花木种类很多，从审美看可分为观花类植物、观叶类植物、观果类植物、草木类植物、水生类植物。其中，观花类植物要以花的外观形态以及颜色的浓淡作为观赏点；观叶类的植物是以树木叶色的浓密、叶子的姿态作为观赏点；观果类的植物是以树木果实的色泽及其形状作为观赏点；草木类的植物是以叶色的四季变化作为观赏点；水生类的植物则是以其多姿的形态、多色的花朵来取胜。

荔 枝

园中种荔枝，不是因为它的造型有多么雅致，而是由于它果实的鲜美，若环境适宜，园中一定要种植数珠。果熟时，可坐于园中，赏景品果。

杏

杏，树大，树冠开展；叶阔心形，深绿色；花盛开时白色；果圆形或长圆形，稍扁，形状似桃，但少毛或无毛。适宜置于较为宽阔的庭院中。

樱 桃

樱桃古时又称“朱桃”或“英桃”。成熟时颜色鲜红，玲珑剔透，似珍珠玛瑙般，适宜数珠种植。开花成果之时，一片艳丽，既可赏又可食。

椿

椿树高耸、枝叶稀疏，有香臭之别，香的叫椿，味美能食；臭的叫樗，不可食用。园子沿墙可多种一些香椿，既可食用，又可作装饰用。

乌 桕

乌桕俗称琼仔树，这种树十分有趣，秋、冬季节叶子会由绿转红，且比枫树更耐久，在茂密的树林里种植一两株，煞是可爱。

橘

橘因其太过多见，一般不作为造园树木。花多呈白色或淡红色，清新淡雅；其果多呈金黄色，相当艳丽。若将其作为造园树木也未尝不可。

枣 树

枣树为落叶乔木，树皮多呈灰褐色，条裂。枝有长枝、短枝和脱落性小枝之分。长枝多为红褐色，呈“之”字形弯曲，极富装饰性。

石 榴

从观赏的角度来看，石榴的花远远胜于它的果实。它的花色主要有大红、桃红及淡白色三种。有种花开得十分茂密的，叫“饼子榴”。

黄 杨

黄杨因其生长缓慢，寿命长，叶子四季常青，耐于修剪而常被制作成盆景用作园林装饰。它的木质因坚固、易造型，常被制作成工艺品。

松 树

松为常青之树，园林之中较多见。它既可种在堂前庭院，也可种在广台之上。树旁可置些许石头，树下可种植水仙、兰蕙、萱草之类的花草。

梧 桐

梧桐叶子青翠如玉，较为繁茂，植株高大，宜种于宽敞的庭院中。树干光秃、枝叶稀少的，均不可用。此外，它的种子可沏茶，亦可榨油。

槐

槐适合植于门庭，可使门户绿叶掩映，恰如青翠的幕帐。有一种自然下弯、树叶倒垂、长势茂密的槐树，叫作“盘槐”，最宜种植。

辛 夷

辛夷花，又名木笔花、望春花，为木兰科落叶灌木植物辛夷的花蕾。园林中若其他的花种全部种齐全了，才可考虑种植此花，因它过于平凡。

合 欢

合欢适宜种于多种地方，但不宜种于庭院之外，深闺内室最适宜种植。合欢因早上张开，晚上合拢，黄昏时枝丫相互交结而得名。

桂

桂树宜专门辟出土地种植，树间再建亭一座。如此一来，就可在成片桂花盛开之时，在树旁边品茗下棋，边赏这“桂树香窟”。

桃

自古以来，桃树被奉为仙木，若种植成林，就似进入武陵桃花源，相当别致。因此它不适合种于盆中或者单株种于庭院中。桃花有红白两色。

柳

柳树枝条柔韧，叶片细长，极易生长，却不易种植，适宜种于池塘水边。柳树之中又以柳条细长者为佳，微风吹过，便会摇曳多姿。

榆 树

榆树和槐树一样，宜种于门庭，最适合做行道树或者庭荫树。此外，榆树早春开花，结出的榆钱既可食用又可观赏。

铺地

本节介绍的是厅堂地面、庭院地面、路径地面、平地及坡地地面的装饰铺设，重点介绍了乱石、鹅子、冰裂、方砖等类型的地面图案和铺设方法。

【原文】大凡砌地铺街，小异花园住宅。惟厅堂广厦[1]中铺，一概磨砖，如路径盘蹊，长砌多般乱石，中庭或宜叠胜[2]，近砌亦可回文。八角嵌方，选鹅子铺成蜀锦[3]；层楼出步[4]，就花梢琢拟秦台[5]。锦线瓦条，台全石版；吟花席地，醉月铺毡。废瓦片也有行时，当湖石削铺[6]，波纹汹涌[7]；破方砖可留大用，绕梅花磨斗[8]，冰裂纷纭。路径寻常，阶除[9]脱俗。莲生袜底，步出个中来；翠拾[10]林深，春从何处是。花环窄路偏宜石，堂迴空庭须用砖。各式方圆，随宜铺砌，磨归瓦作，杂用钩儿[11]。

【注释】〔1〕广厦：高大的房屋。

〔2〕叠胜：胜，指菱形首饰的图案。叠胜指压角斜方连续构成的图案。

〔3〕选鹅子铺成蜀锦：鹅子，鹅卵石。蜀锦，古代三大名锦之一，产于四川。

〔4〕出步：指室外的平台，相当于现今的阳台。

〔5〕就花梢琢拟秦台：花梢，花木枝头。秦台，指秦皇台，原名蒲台，传说为秦始皇所筑之望仙台。

〔6〕削铺：削之成型，用以铺地。

〔7〕波纹汹涌：呈波涛汹涌状。

〔8〕绕梅花磨斗：围绕着种有梅花的地面磨制成型，拼成花纹样式。

〔9〕阶除：阶沿。

〔10〕翠拾：原意为拾翠鸟羽毛来作首饰，后多指妇女春天嬉戏游玩的景象。

〔11〕钩儿：明代苏州俗语，指干杂活的力工。

园路

园路起着组织空间、联系交通、提供散步场所的作用。

园路的布置有以下几个要点：一是回环性，即要保证园路的四通八达，让游人从园林的任何地方出发都能游遍全园；二是疏密性，园林的规模、性质决定了园路的疏密，切忌超过全园面积的百分之十；三是景观性，园路的主要作用就是将各个景点连接起来，因此要把不同景点的位置、观赏角度考虑进去；四是曲折性，园路应充分考虑造景的需要，以达到蜿蜒起伏、曲折有致的效果，做到“路因景曲，境因曲深”；五是多样性，即园路的功能应有多种。人群聚集处或庭院内的路可转化为场地，建筑周围的路可转化为廊，遇山路可转化为石阶、盘山道、岩洞，遇水路则可转化为桥、堤，林间或草坪边的路可转化为休息岛、步石。

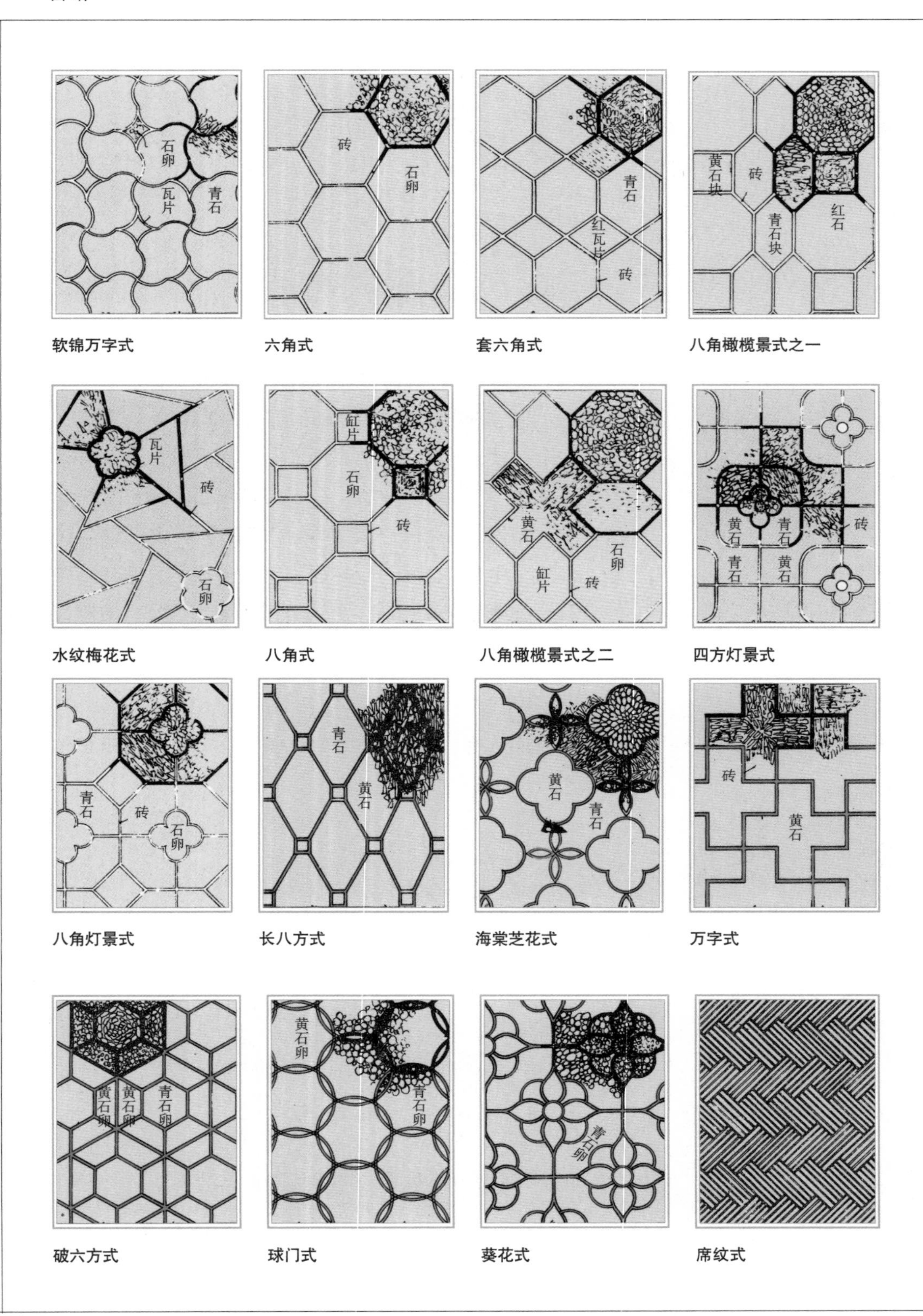

软锦万字式　六角式　套六角式　八角橄榄景式之一

水纹梅花式　八角式　八角橄榄景式之二　四方灯景式

八角灯景式　长八方式　海棠芝花式　万字式

破六方式　球门式　葵花式　席纹式

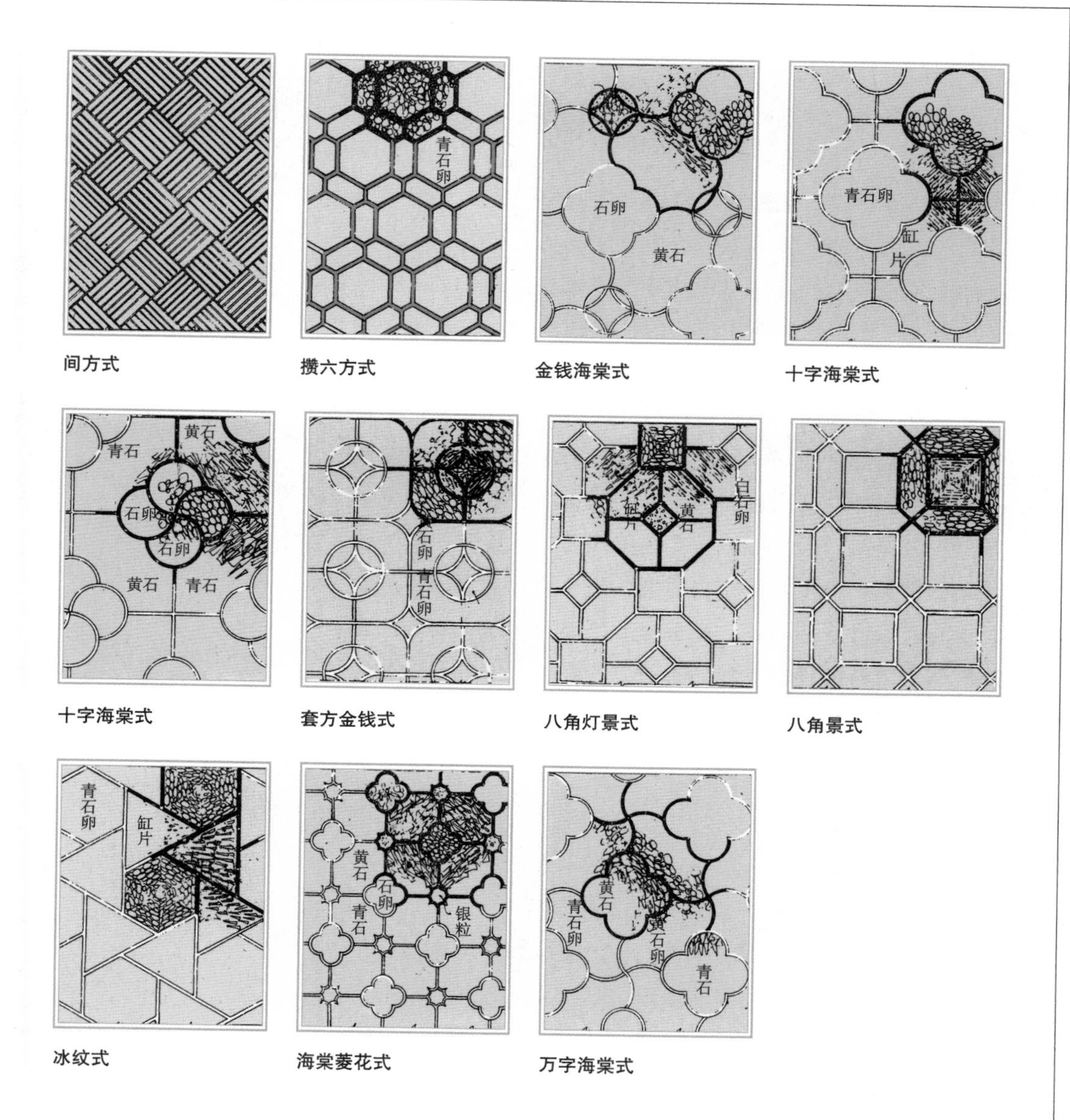

间方式　攒六方式　金钱海棠式　十字海棠式

十字海棠式　套方金钱式　八角灯景式　八角景式

冰纹式　海棠菱花式　万字海棠式

【译文】 大凡铺设地面和道路，园林与住宅略有不同。用于聚会、待客的宽敞房间和高大房屋的地面，须一律采用水磨方砖铺设；如果曲折回环的园径，因路径长，则多用乱石铺设；庭院的地面适合用斜方连叠的“胜”形样式；靠台阶的地面可以铺设成“回”字形图案。在嵌砌成的八角形图框内，可以用鹅卵石填铺成蜀锦图案；在楼层室外的平台可以照花木枝头的形状构筑为台。锦线瓦条的图形，石板铺就的平台，利于在花间席地吟诗，在月下铺毡醉酒。废弃的瓦片也可以派上用场，在立有湖石的地面立砌，可铺出汹涌的波浪纹；破碎的方砖可大用，在栽有梅花的庭院，可以镶砌成纷纭的冰裂图纹。路径的铺设虽然十分寻常，但庭院地面的图案却要尽量脱俗。足下仿佛莲花绽开，脚步好似花丛中来；丛林深处拾翠，满院处处皆春。花叶环绕的曲径最适合石块镶砌，厅堂周边的空地应当用方砖铺设。各种样式的方或圆形图案，可依据环境的不同随意铺设，铺砌磨砖是泥瓦工的活计，但也少不了力工的杂活。

乱石路

【原文】 园林砌路，堆小乱石砌如榴子〔1〕者，坚固而雅致，曲折高卑，从山摄壑〔2〕，惟斯如一。有用鹅子石间花纹砌路，尚且不坚易俗。

【注释】〔1〕榴子：石榴子，宝石名，形如石榴的子实。
〔2〕摄壑：摄，通“蹑”。引申到沟壑。

【译文】 在园林中铺砌路面，将细小的乱石累积在一起堆砌成石榴子一样的形状，坚固而又雅致，小路蜿蜒曲折，高低不一，或从高山延伸到深沟，一律以这种方法铺砌。有人用鹅卵石在路面上间隔镶砌出花纹，不仅不坚固，而且还容易显露出俗气。

铺装

铺装，指在园林环境中运用自然或人工的铺地材料，将原有的天然路面进行铺设装饰，使地面变得美观。

用于园林铺地的材料十分丰富，有石块、方砖、卵石、石板及砖石碎片等等。要根据不同的环境来选择铺装材料，因为不同材料与图案的组合，能产生多种不同形式与风格的铺地效果。“花环窄路偏宜石，堂回空庭须用砖”“鹅子石，宜铺于不常走处”。这都是对铺装选料的可贵提醒。

□ **乱石路**

园林中的乱石路，坚固而雅致，曲折高低，错落有致，铺设时选取的纹路往往会因地而异。如正方形、矩形的铺地，适合铺设在静态的环境中；三角形及其他不规则的图案适合铺设在具有动感的环境中。

鹅子地

【原文】 鹅子石〔1〕，宜铺于不常走处，大小间砌者佳；恐匠之不能也。或砖或瓦，嵌成诸锦〔2〕犹可。如嵌鹤、鹿、狮毬〔3〕，犹类狗〔4〕者可笑。

【注释】〔1〕鹅子石：鹅卵石。

〔2〕诸锦：各种锦缎的花纹。

〔3〕鹤、鹿、狮毬：鹤形、鹿形、狮子滚绣球形，皆图案。

〔4〕类狗：所谓“画虎不成反类犬”，这里的意思是指模仿不到家，反而显得不伦不类。

【译文】 鹅卵石，应当铺在人不常走动处，最好以大小鹅卵石相间铺砌，但要好看，普通工匠恐怕难以做到。或者用砖和瓦片砌成图案，再以鹅卵石镶嵌成各种锦缎纹样也可以。倘若镶嵌成仙鹤、神鹿、狮子滚绣球之类图案，就会如“画虎不成反类犬”一样可笑。

冰裂地

【原文】乱青版石，斗冰裂纹，宜于山堂[1]、水坡、台端、亭际，见前风窗式，意随人活，砌法似无拘格，破方砖磨铺[2]犹佳。

【注释】〔1〕山堂：山中居所。

〔2〕磨铺：用破砖拼斗磨合。

【译文】用乱青石板铺砌地面，拼合成冰裂纹图样，适合山丘上的平地、水岸的斜坡、楼舍的台面、亭边的空地，样式可参见前面的风窗式。冰裂纹的疏密大小，可按自己的喜好结合环境的情况灵活选择，铺砌的方法并非一定得拘泥于某一种要求，但用破方砖拼斗磨合的方法最好。

诸砖地

【原文】诸砖砌地，屋内，或磨，扁铺；庭下，宜仄砌[1]。方胜、叠胜、步步胜者[2]，古之常套也。今之人字、席纹、斗纹[3]，量砖长短合宜可也。有式。

【注释】〔1〕仄砌：在一个侧面竖着铺砌。

〔2〕方胜、叠胜、步步胜者：指铺砌的图纹样式。

〔3〕今之人字、席纹、斗纹：指人字形、苇席、斗方图纹。

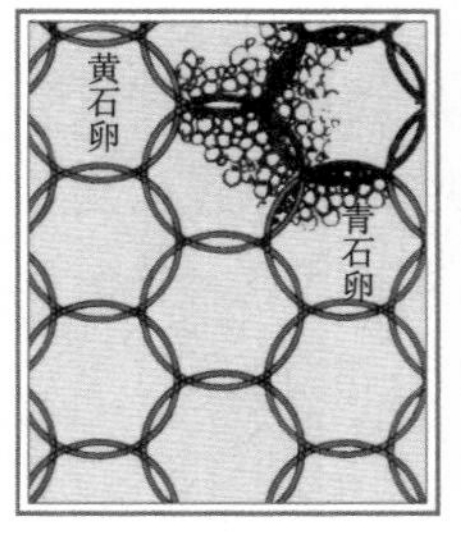

鹅卵球门式铺地法

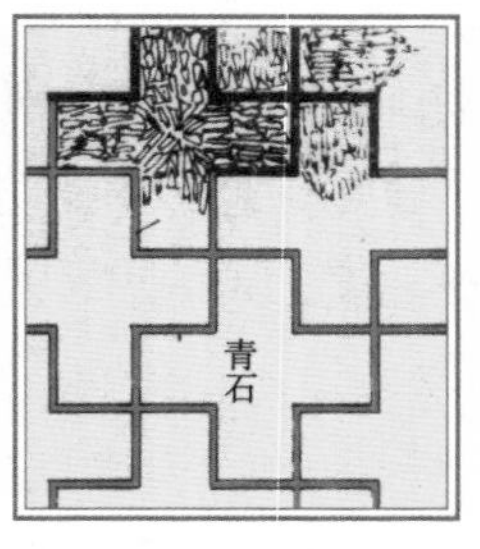

冰裂地十字式铺地法

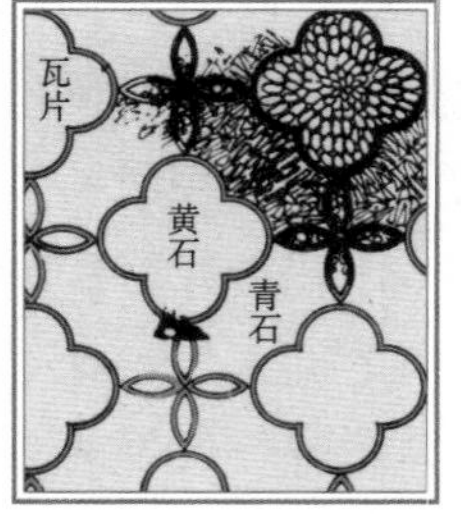

诸砖地海棠花式铺地法

【译文】用各种砖块铺砌地面，在房屋内，可以磨砖平铺；在庭院中，应当把磨砖竖着铺砌。方胜图纹、叠胜图纹、步步胜图纹等各种样式，是古时候常用的。但现在更多选用人字形图纹、苇席图纹、斗方图纹等，只要图纹比例与砖块的长短合适，就可以用。有图纹样式附于后面：

砖铺地图式

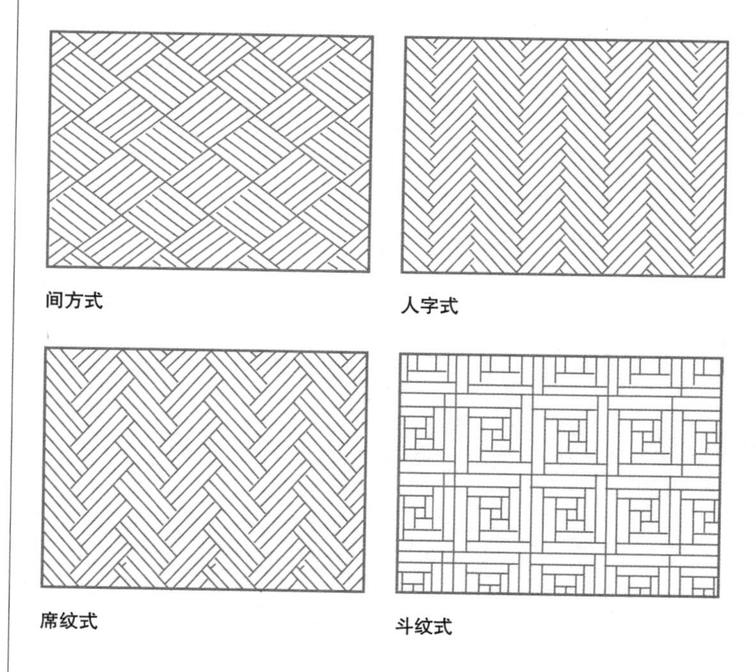

间方式　人字式

席纹式　斗纹式

注：以上四式用砖仄砌。

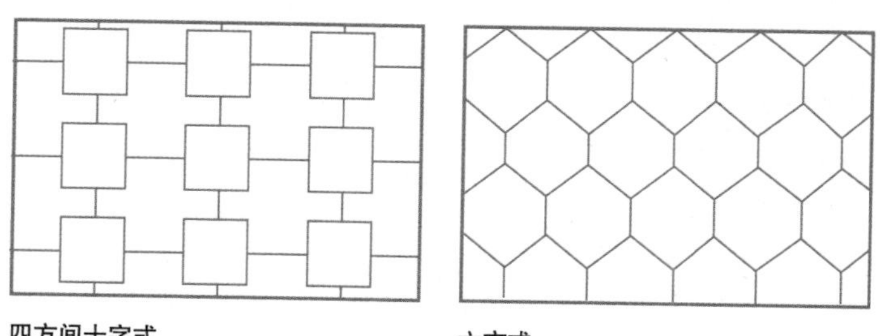

四方间十字式　六方式

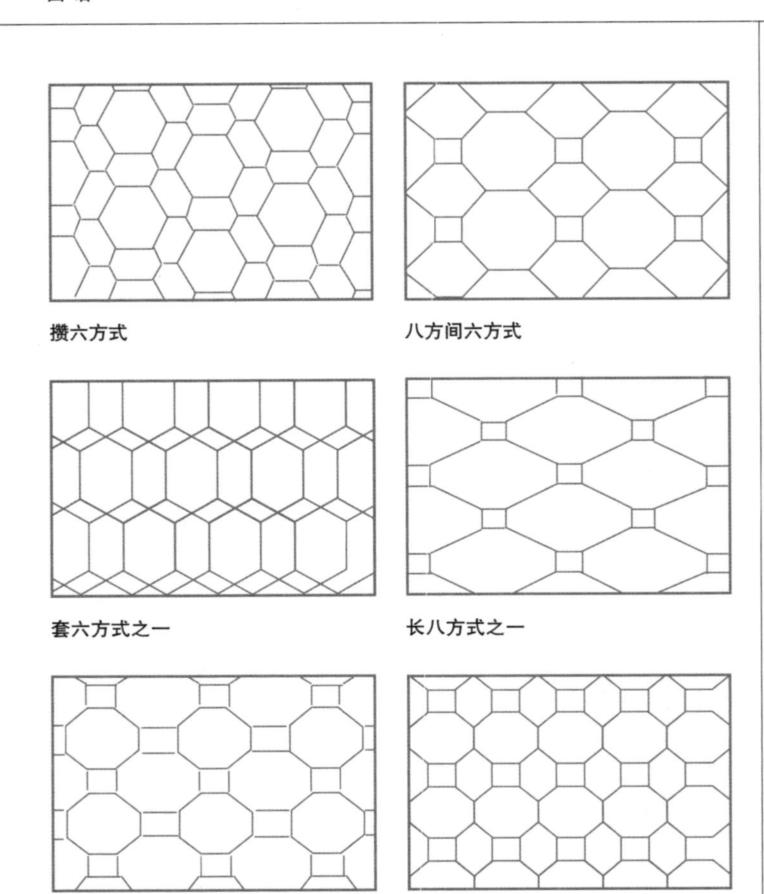

攒六方式　八方间六方式

套六方式之一　长八方式之一

套六方式之二　长八方式之二

注：以上八种样式可以用砖嵌出图案，再用鹅卵石砌成。

香草边式

【原文】 用砖边，瓦砌香草，中或铺砖，或铺鹅子。

【译文】 用砖块砌出边框，再在边框内用瓦镶砌成香草花纹。内框中或镶砌砖块，或者镶砌鹅卵石。

球门式

【原文】鹅子嵌瓦，只此一式可用。

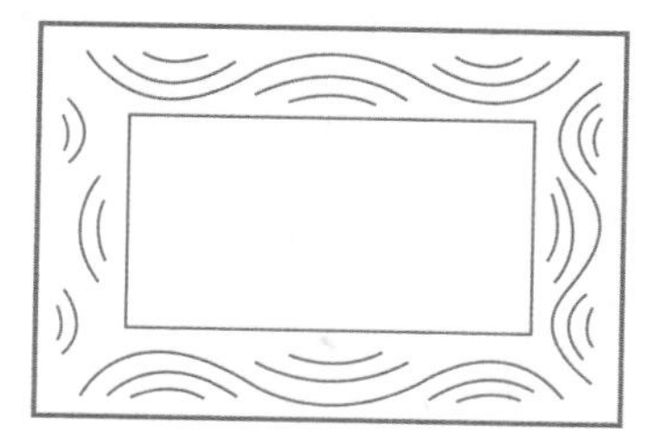

香草边式

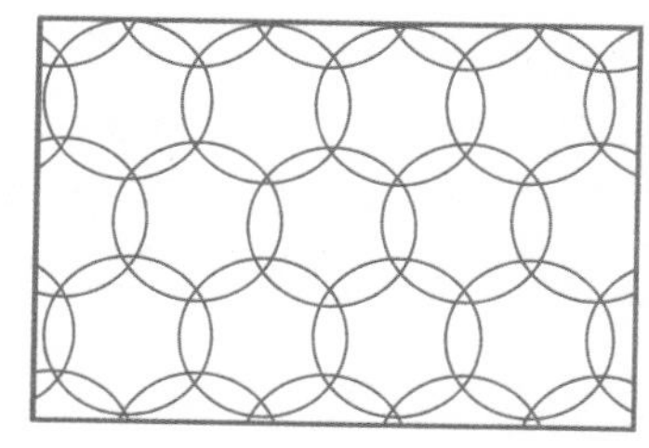

球门式

【译文】 把鹅卵石镶嵌在用瓦片砌成的球门中，只有这一种样式可以用这种镶嵌法。

波纹式

【原文】用废瓦检厚薄砌，波头宜厚，波傍宜薄。

【译文】用厚薄不同的废瓦片铺砌。波峰用厚瓦片，波峰旁边用薄瓦片铺砌。

波纹式

◎造园花草图

园林之中的花花草草，常常作为配置的植物种于园林中的各个角落，为整个园林增添了不少色彩。园林中种植花草需要注意两点：一是需要从它们的色、香、姿三个方面进行选择；二是要注重各种植物之间的色彩搭配，比如芍药和牡丹不能同植，同植会显得俗气。

金钱

金钱午时开花，子时凋落，所以又名“子午花”。因它的茎枝脆弱，故应在它长到一尺多高后，用竹支撑，这样它就不会倾斜了，宜种于石畔。

玉兰

玉兰适宜种于厅堂之前，数株种植，这样在花开之时，方能在厅堂的多个窗口赏玉兰之姿，嗅玉兰之气。此外，玉兰还有一种紫色的，叫木笔。

翠竹

竹子最好种在用土垒筑的高台上，竹前可留出平台摆放椅凳，供人坐卧。毛竹为首选，但是毛竹适宜在山野中生长，若是在城里种护基竹较好。

芭蕉

园林之中，芭蕉宜植于窗下，且以稍矮小者为佳，因为过于高大易被风刮断。芭蕉不如棕榈雅致，因此不宜作为室内装饰。芭蕉的叶子形制比较特别，所以非常适合制作拂尘和蒲团。

黄兰花

黄兰花又叫“林兰”，俗称“栀子”，花开洁白，香气浓郁，原产于西域，宜种植于佛堂里。它的花不可近闻，会有细虫吸入人的鼻孔内，故不可置放于内室或卧室。

瑞 香

瑞香又称睡香、蓬莱花，取其“花中祥瑞”之意。花色艳丽，香气浓郁，深受人们喜爱。还有种叫“金边”的睡香，利于睡眠，多置于卧室。

芙 蓉

芙蓉因生于陆地，又被称为木芙蓉。它适宜种植于水岸，靠近水边最佳，若在别处种植，就无风致可言。

玉 簪

玉簪花，洁白如玉，有淡淡的香气，秋季绽放。不适合种于盆中，只适合沿着墙边栽种一片，这样方能在花开时赏到一片白雪的景象。

荷 花

荷花又称藕花，开白花者，藕大；开红花者，花托大，种于池塘之内最美。种于池塘的花种又以重台、品字、四面观音、碧莲、金边最佳。

牡 丹

牡丹是“花中之王”，因此栽培赏玩时，不可有丝毫寒酸之气。可用带纹路的石头作为栏杆，依次栽植，但切忌将其种于木桶之中。

凤 仙

凤仙因其茎、叶、花可染指甲，又称“指甲花”，通常被种植在篱笆的角落，是比较多见的花，也正因为这点，园林中较少种植。

木 香

木香花开得稠密，香气浓郁，多被植于竹编篱笆的周边。单一种植略显单调，因此古人常在木香花的周边种植蔷薇，使蔷薇和木香互相补充。

曼陀罗

曼陀罗又名风茄儿、疯茄花、洋金花、野麻子、醉心花、狗核桃、万桃花、闹羊花等。宜种于温暖、向阳以及排水良好的砂质土壤。

茉 莉

茉莉最宜在夏季赏玩，夜风一吹，满屋生香。因茉莉的枝叶较多，故不宜置于几凳案头，也不适合插于瓶中观赏。

菊 花

菊花盛开之时，可用古香古色的盆盂种植几株，置于几案卧榻间。但是种菊非常费时费力，既要在种植之初注意浇水施肥，又要在种植之后防止虫病。

蔷 薇

园林之中可用竹篱笆做墙，篱笆之下种植蔷薇花，蔷薇沿架攀援，花开时，很是可爱。蔷薇中以“黄蔷薇”最为珍贵，野蔷薇香气浓郁，也是很好的花种。

紫藤

紫藤三月现蕾，四月盛花，较耐寒，能耐水湿及瘠薄土壤，喜光，较耐阴。宜种植于土层深厚、排水良好、向阳避风的地方。

紫薇

紫薇有四种：白色的叫“白薇”；红色的叫“红薇”；紫中透蓝的叫“翠微”。紫薇四月开花，九月凋零，俗称“百日红”，宜远观。

杜鹃

杜鹃花非常艳丽，适宜种植在阴凉之处，如树下背阴处，墙沿下，并适合成片种植。另外一种叫“映山红”，宜种于野外山坡。

海棠

海棠自古以来就是雅俗共赏的名花，花姿绰约，花开似锦。海棠中有一种叫“秋海棠”的，秋季的花卉中数它最娇艳；它喜好阴凉湿润的环境，故应种于背阴之处。

水仙

水仙以单瓣者为佳，适宜在冬季种植，但不耐寒。取形制比较好的，置于几案作装饰，较差者可种于松树竹林之下，或种于梅花怪石之间。

萱草

萱草又名忘忧，也叫“宜男”，可食用。庭院中的岩间墙角最适合种植。其中，萱草品种中的金萱，花色淡黄，香气浓郁，常被作为室内装饰。

玫 瑰

玫瑰又名“徘徊花”，它的花瓣做香袋，香气可持续很久，但不适合文人雅士佩戴。园中可开辟大片地用以种植，花开时甚是壮观。

罂 粟

罂粟以花瓣多重繁复者为佳品，有大红、桃红、纯紫、纯白色等多种颜色。花开三日即谢，而罂在茎头，上有盖下有蒂，宛如酒罂，中有极细白米，故又称米囊花。

紫 荆

紫荆因地域的不同分为两种：一种叫紫荆，花小而密，先开花后长叶，多见于北方；另外一种叫洋紫荆，花大而艳，深秋开花，多见于南方。

茶 花

茶花颜色艳丽、品种繁多，极惹人喜爱，黄色者稀少。园林种植可配以兰花同种，因二者花期相同，故花开时红白相间，相当艳丽。

芍 药

如果把牡丹当作花之王，那芍药就是花之相，和牡丹一样是花中的贵族。但是，这两种花切忌种在一起，同时，二者均不能种于木桶或者盆盂之中。

月 季

月季的花朵常簇生，花色甚多，品种万千，多为重瓣也有单瓣者，有微香，花期4～10月，春季开花最多。可在庭院中角落处种植一片，能起到画龙点睛的作用。

秋色

秋色又称“鸡冠”，其花杂彩绚烂，热烈耀眼，适宜植于庭院中较为宽阔的地带，最忌种在窗下，会显得芜杂。秋色中有种比较矮小的，十分特别。

扶桑

扶桑又名朱槿牡丹，不耐寒霜，不耐阴，宜植于阳光充足、通风的地方。品种较多，其中深红重瓣者略似牡丹，不为多见，故有朱槿牡丹之名。

木槿

木槿因其花期只有一天又被称为“舜华”。在园林中多被用作绿篱，即以木槿花簇做围墙，别有一番情趣，煞是好看。

锦葵

园林里栽种的葵花主要有三种，一是锦葵，小如铜钱，色彩斑斓，宜种于庭前石阶旁；二是向日葵；三为秋葵，是葵中之魁。

兰

种植兰的盆盂一定要精致，它的叶子要经常擦拭，防止积灰；冬季要安放在向阳室内，无风晴日时，要搬出去晒太阳。如果叶子发黑，不开花，是光照太少的原因。

梅

梅花为园林必种之物，多被种于岩石或者庭院间。适宜成片种植的，绿萼梅最佳，红梅稍俗。

掇 山

本节分别介绍了按所处环境分类的各类假山的建造要领，以及假山之上峰、峦、岩、洞、涧、曲水、瀑布等形态的排布要领。

【原文】 掇山〔1〕之始，桩木为先，较其短长，察乎虚实。随势挖其麻柱〔2〕，谅高挂以称竿〔3〕。绳索坚牢，扛抬稳重。立根铺以粗石，大块满盖桩头；堑里扫于查灰〔4〕，着潮尽攒〔5〕山骨〔6〕。方堆顽夯而起，渐以皴文而加；瘦漏〔7〕生奇，玲珑安巧。峭壁贵于直立，悬崖使其后坚。岩、峦、洞、穴之莫穷，涧、壑、坡、矶之俨是。信足疑无别境，举头自有深情。蹊径盘且长，峰峦秀而古。多方景胜，咫尺山林，妙在得乎一人〔8〕，雅从兼于半土。假如一块中竖而为主石，两条傍插而呼劈峰，独立端严，次相辅弼〔9〕，势如排列，状若趋承〔10〕。主石虽忌于居中，宜中者也可；劈峰〔11〕总较于不用，岂用乎断然。排如炉烛花瓶，列似刀山剑树〔12〕；峰虚五老〔13〕，池凿四方；下洞上台，东亭西榭。罅堪窥管中之豹〔14〕，路类张孩戏之猫〔15〕；小藉金鱼之缸，大若酆都〔16〕之境。时宜得致，古式何裁？深意画图，余情丘壑；未山先麓，自然地势之嶙嶒〔17〕；构土成冈，不在石形之巧拙。宜台宜榭，邀月招云；成径成蹊，寻花问柳。临池驳以石块，粗夯〔18〕用之有方；结岭挑之土堆，高低观之多致；欲知堆土之奥妙，还拟理石之精微。山林意味深求，花木情缘易逗〔19〕。有真为假，做假成真；稍动天机〔20〕，全叨人力；探奇投好，同志须知。

【注释】 〔1〕掇山：叠石为山，但掇山较叠山而言，选的意味更浓。

〔2〕麻柱：古代的起重工具，“桔槔”的立柱，用来绑挂吊杆的柱子。

叠山用土之要

小山的精巧容易营造，大山却很难造好。营造大山最妙的方法是把假山混在真山之中，使人不能分辨出来。想要垒高大的山，如果全都用碎石，就会如同僧人的百衲衣，想找一处没有缝的地方是做不到的。但如果用土混杂其间，就可以泯然不见拼凑的痕迹，而且便于种树。树根盘绕稳固，就跟石头一样坚固，再加上树大叶繁，浑然一色，便辨不出它们之中谁是石谁是土了。采用这种方法可以不拘泥于二者的多寡，不必要求土和石各占一半，土多就是土山带石，石多就是石山带土。

小山也不可以没有土，只是应以石为主，让土来依附石。之所以以石为主，是因为石可以竖立起来，而土很容易崩塌，一定要依仗石来作支撑。外面用石里面用土，这是一贯的叠法。瘦小的山，皆应山顶宽山脚窄，若山脚一样大，即使有很美的形状，也无观赏价值。

〔3〕称竿：秤杆，亦称吊杆，吊起石材的设施。

〔4〕堑里扫于查灰：基坑中要用碎石灰渣填充。堑里，基坑。扫于，填充。

〔5〕攒：通“钻”。

〔6〕山骨：山中岩石。

〔7〕瘦漏：为米芾的“瘦、皱、透、漏”四字赏石理论之二，皆指石头的形态。“瘦”是指奇石形瘦健美，体态窈窕。“漏”指孔隙上通下达，与横面的透洞相连。

〔8〕一人：指园林的设计者。

〔9〕辅弼：也作“辅拂”，泛指辅佐，辅助。

〔10〕趋承：趋附奉承，引申为迎合，比喻主石与次石的摆放关系。

〔11〕劈峰：正对着主峰的次石。

〔12〕刀山剑树：在佛教中指地狱之刑，形容极残酷的刑罚。这里借指呆板排列。

〔13〕五老：指江西庐山南面的五老峰。

〔14〕窥管中之豹：从竹管的小孔里看豹，只看到豹身上的一块斑纹。

〔15〕路类张孩戏之猫：开辟路径如同小孩捉迷藏一样。

〔16〕酆都：现重庆市丰都县，为道教七十二福地之一，传说为土伯居住之地，土伯传说为巴蜀氐羌部落第一代鬼帝，也有一说为汉族神话中后土手下的侯伯，阴间幽都的看守。

〔17〕嶙嶒：形容山石突兀。

〔18〕粗夯：形容山石粗笨。

〔19〕逗：惹、招引，此句是说，花木易使人触景生情，令人沉醉于山林意趣。

〔20〕天机：应与人力相对，即自然形成的景色。

【译文】 选择适宜的石头掇叠假山，先要用桩木打好基础，要判断土壤的虚实，以确定桩木的长短和桩基的深浅。根据假山的高低大小挖出坑基，立好起重的麻柱，视假山的高度拴好起重的吊杆。起吊的绳索要坚韧，还应捆绑牢固，起吊和放落要力求稳重。叠造假山，要用粗石

□ 景石

园林构成一般以山水为主，其他景物围绕山水来布局。因而山石是不可缺少的造园要素。置石组景不仅有其独特的观赏价值，而且能陶冶情操，给人们无穷的精神享受。石玲珑剔透，更兼陡峭峻拔；如堆叠自然，气象雄浑，则会丰富园林的内涵。

铺底，桩头要用大石块盖满；基坑要用碎石灰渣填充，如果坑中过于潮湿，应尽量深入到山岩中。叠造假山，先要用坚硬的石头夯脚，再根据石块的纹理，以皴法逐渐垒筑；“瘦”“漏”的假山才显奇妙，巧妙地运用石头的形状才显玲珑。峭壁的掇叠贵在直立，悬崖的掇叠一定要让后部给人坚固牢实之感。岩、峦、洞、穴不能让人感觉险恶，涧、壑、坡、矶要让人感觉真实。信步其间，在“疑无路”处，突然有“柳暗花明”的情愫生成。路径盘环蜿蜒，峰峦秀丽而苍茫。处处美景，咫尺山林，都出自设计者一以贯之的神奇构思，其中一定也体现了园林主人的闲情雅致。如果将其中一切大石竖为主峰，两边劈峰，端庄严谨，彼此辅助，既有秩序，又有迎合趋附的关系。主石虽然忌讳处于假山的中心，但根据大石的形态和周边环境的情状，居中也可以。主石居中的最好不用劈峰，也没必要非得固执地采用。有人掇山，其排列形式如炉烛花瓶，又好似刀山剑树；山峰如五老分立，水池边挖凿得四方规整；下面凿洞，上面设台，东面建亭，西面筑榭；山峦百孔千洞，仿佛管中窥豹，开辟路径仿佛是为小孩捉迷藏，突兀无序；小山如金鱼缸中的顽石呆景，大山则垒得如丰都的阴曹地府。现在的人以为这才是风雅，而古时候哪里有这般格调？掇山要如绘画般注入深广的意境，也要有游历天然丘壑般的余情寓托。在确定山形前心中要存有山下，要明白自然地势与山石突兀的关系；培土构造山冈，山冈的美感不取决于石形的巧妙或笨拙。适合设台处则设台，适宜建榭处则建榭，要给人登台可邀月，入榭可招云之感；顺势可以成路处则开出路径，但要给人信步其间可寻花问柳之感。池岸要石块筑砌，形色不同的乱石在使用时要有适当的方式；山岭要用泥土堆垒，高处和低处看起来必须富于情致。要知道堆垒土山的奥妙，首先应当想到山石处理的精微所在。要深入享有山林的意味，花木的栽植一定要容易使人触景生情。仿效真实的自然山水垒筑假山，虽是假山也会有真山水的神韵；垒砌假山的构思需要

假山石洞

假山无论大小，中间都可以制作洞。洞不一定要宽，能够坐人即可。如果洞太小，不能容膝，可把别的屋子与它连接。屋中也可旋转几块小石头，与这个石洞若断若连，这样就能让屋子与石洞浑然一体；虽然坐在屋子中，却与坐在石洞中无异。石洞中适宜空出少许地方，在里面贮上水，并且故意凿出漏隙，让涓涓滴水的声音从上而下叮咚作响，日夜都是这样。置身石洞之中，会让人感到六月生寒。

◎掇山过程图示

园林掇山较之园林置石要复杂得多，完美的假山往往是将艺术性、科学性及技术性结合为一体的。掇山首先要“立意”，要做到“意”，必须做到三点：一是在堆砌假山时要“有真有假，做假成真”，达到“虽由人作，宛自天开”的境界；二是要因地制宜，结合掇山的材料、功能、结构以及周边的环境，如此一来方能使砌出的假山与周围的环境相得益彰；三是利用对比衬托的手法，将周围景物与假山本身相比较，选择性地作出大小、高低、进出、明暗、虚实、曲直、深浅、陡缓等掇山手法。一般来说，堆砌假山的过程包括：选石、采运、相石、立基、拉底、堆叠中层及结顶。

①选 石

自古以来选石多注重奇峰孤赏，追求“透、漏、瘦、皱、丑”。选石除了可就地取材之外，还可四处物色方正端庄、圆润浑厚、峭立挺拔、纹理奇特、形象仿生等天然石种，或者利用废旧园林的古石、名石。

掇山常用的石品有四种：第一种是湖石类，此类石头体态玲珑通透，表面多弹子窝洞，形状婀娜多姿；第二种是黄石类，此类石头体态方正刚劲，解理棱角明显，无孔洞；第三种是卵石类或圆石，因其体态圆浑，质地坚硬；第四种为剑石类，指的是利用山石单向解理而形成的直立型峰石类。

②采 运

中国古代采石，多采用潜水凿取、土中掘取、浮面挑选和寻取古石四种方法。运石时则多用浮舟扒杆、绞车索道、人力地龙、雪橇冰道等方法。不过，为保护奇石的外形，施工者往往会采用泥团、扎草、夹杠、冰球等方法。而且无论人抬、机吊、车船运输，都不可集装倾卸，应单件装卸，或以绳捆绑，或单层平摆，以免损伤。

③相 石

即读石，品石。主要是指在施工前需对现场石料反复观察，以便按照石头的质色、形纹和体量加以区分，这样就利于按照掇山部位和造型要求对石头进行分类。应对关键部位和结构用石作出标记，以免滥用。

④立 基

即奠立基础。基础深度取决于山石高度和土基状况，一般基础表面高度应在土表或常水位线以下0.3至0.5米。基础常见的形式有三种：桩基，主要用于湖泥砂地；石基，多用于较好的土基；灰土基，用于干燥地区。

⑤ 拉 底

又称起脚。主要为了使假山的底层稳固和控制其平面轮廓的作用，一般在周边及主峰下安底石，中心填土以节约材料。

⑦ 结 顶

又称收头。收头的峰势设计就地区来说，有北雄、中秀、南奇、西险之分；就单体形象而言又有仿山、仿云、仿生、仿器设之别。一般的掇山顶层有峰、峦、泉、洞等二十多种。其中“峰”就有多种形式，峰石需选最完美的丰满石料，或单或双，或群或拼。立峰必须以自身重心平衡为主，石体则要顺应山势，但忌笔架香烛，刀山剑树之势。“洞”按结构可分为梁柱式、券拱式、叠涩式。

⑥ 堆叠中层

中层指的是底层以上、顶层以下的大部分山体，这一部分也是掇山工程的主体。古代匠师把掇山归纳为三十字诀：“安连接斗挎（跨），拼悬卡剑垂，挑飘飞戗挂，钉扭钩榫扎，填补缝垫杀，搭靠转换压”。“安”指安放和布局，既要玲珑，又要安稳；“斗”指发券成拱，创造腾空通透之势；“挎”指顶石旁侧斜出，悬垂挂石；“跨”指左右横跨；“拼”指聚零为整，欲拼得得体，须熟知石头风化、解理、断裂、溶蚀、岩类、质色等不同特点，因为只有相应合皴，才可拼石对路；“挑”又称飞石，用石层层前挑后压，创造出飞岩飘云之势；挑石前端上置石称“飘”，也用在门头、洞顶、桥台等处；“卡”有两义，一是用小石卡住大石之间隙以求稳固，二是指特选大块落石卡在峡壁石缝之中，兼加固与造型之用；“垂”主要指垂峰叠石，有侧垂、悬垂等做法；“钉”指用扒钉、铁锔连接加固拼石的做法；“扎”是叠石的辅助措施；“垫”“杀”为假山底部的稳定措施，如山石底部缺口较大的话，需用块石支撑平衡者为垫，而用小块楔形硬质薄片石打入石下小隙为杀，古人也常用铁片铁钉打杀；“搭”“靠（接）”“转”“换”多见于对黄石、青石施工；“缝”指勾缝，做缝常见的有明缝和暗缝两种：做明缝要随石面特征、色彩和脉络走向而定，此外，勾缝还要用小石补贴；做暗缝是在拼石背面胶结而留出拼石接口的自然裂隙。“压”在掇山中十分讲究，有收头压顶，前悬后压，洞顶凑压等多种压法；中层还需千方百计留出狭缝穴洞，以便填土以供植花种树。

一定的天分，但自身的境界追求更为重要；对奇妙山水的探求，对美好境界的喜欢，其中的道理是志趣相投者必须知道的。

园山

【原文】园中掇山，非士大夫好事者不为也。为者殊[1]有识鉴。缘世无合志[2]，不尽我欣赏，而就厅前三峰，楼面一壁而已。是以散漫理之，可得佳境也。

【注释】〔1〕殊：很、非常。
〔2〕合志：志同道合的意思。

【译文】园林中垒砌假山，不是士大夫中的园林爱好者是不会去做的。愿意做的人一定很有见识和很高的审美水平。因为世上少有志同道合的人，所以我对假山的欣赏

□ **庭池 佚名 线描 明代**

水池富有动感和生气，点景力强，同时还可增加小庭院的湿度，有利周围植物的生长。尤其在酷热的炎夏，给人带来清凉。纵览中西庭园，几乎每种庭园都有水池的存在。作为园林水景形式之一的庭池，尽管在大小、形式和风格上有着很大的差别，但人们对水池的喜爱却如出一辙。

一直不能尽兴，因而也只能在厅堂垒砌三峰，在楼面垒砌一壁山墙而已。其实只要遵循其自然，高低错落地分散垒砌，就可以构造出美妙的意境。

厅 山

【原文】 人皆厅前掇山，环堵[1]中耸起高高三峰排列于前，殊为可笑。加之以亭，及登，一无可望，置之何益？更亦可笑。以予见：或有嘉树，稍点[2]玲珑石块；不然，墙中嵌理壁岩，或顶植卉木垂萝，似有深境也。

【注释】 〔1〕环堵：四周环着每面一方丈的土墙。形容狭小、简陋。

〔2〕点：散点布置。

【译文】 人们都爱在厅堂前掇叠假山，如果在四周环着土墙的封闭庭院高高地耸立三座假山，而且整齐地在眼前排列着，则是非常可笑的。有的人甚至在庭院里加建亭子，试想登上亭子，四周土墙遮挡，无景色可以眺望，这样的亭子建来又有什么用处？这就更可笑了。以我的看法，庭院中如有秀美的树木，散点布置几块玲珑的石块倒画意十足；不然就在墙上嵌埋一面峭壁，在峭壁顶上栽种点悬葛垂萝，也仿佛有了更丰富的境致。

□ 庭院假山

假山的营造要与庭院中的其他元素相得益彰，在设计上首先要注重“三远”。所谓的“三远”是由宋代画家郭熙在《林泉高致》中提出的：“山有三远：自山下而仰山巅，谓之高远；自山前而窥山后，谓之深远；自近山而望远山，谓之平远……高远之势突兀，深远之意重叠，平远之意缥缥缈缈。”叠石掇山，虽石无定形，但山有定法，所谓法者，就是指山的脉络气势，与绘画中的画理是一样的。

楼 山

【原文】 楼面掇山，宜最高，才入妙，高者恐逼于前，不若远之，更有深意。

【译文】 在楼面上垒砌假山，应尽量掇叠得很高，这样才会有奇巧的效果。但山若太高，又怕太逼近楼体，产生逼仄感，不如掇叠得稍远一点，这样也更有深意。

阁山

【原文】阁皆四敞也，宜于山侧，坦而可上，便以登眺，何必梯之。

【译文】阁的四面都是开敞的，应当在靠近山那面，山坡平缓方便攀行，也便于登临远眺，在阁内何必再添架梯子呢？

书房山

【原文】凡掇小山，或依嘉树卉木，聚散而理；或悬岩峻壁，各有别致。书房中〔1〕最宜者，更以山石为池，俯于窗下，似得濠濮间想〔2〕。

【注释】〔1〕中：疑为“前”字之误。

〔2〕濠濮间想：濠、濮分别指《庄子》中记载的两个故事，即庄

□ 园林假山

园林中的假山，或峰、或岸、或丘、或穴；或置于楼前，或置于阁旁，或置于厅前，或置于书房之侧，它使植物、水与建筑群巧妙结合，是自然与人工的中介。李渔认为，假山“能将城市变山林，招飞来峰使居平地，自是神仙妙术”。而“丘壑填胸，烟云绕笔之韵士，便可因之画水题山”，则显示出千顷万壑的神奇。

① 湖石

园林假山均以其“形”取胜，而石中湖石因其独特的形制、别致的色泽常常以“孤峰独置”的手法被置于园林中厅堂、楼阁之前。

② 铺地

若建筑物之前有山，它的铺地就应与所置的山相得益彰。此处就是用鹅卵石铺地的，与旁边的湖石相映成趣。

□ 阁 山

阁在园林之中多是为了赏景而搭建，一般建于园林中比较高的地方。阁山的堆砌多是为了便于登阁远眺，这样既省去了搭梯的麻烦，又增添了朴拙苍古之气。因为黄石有平洁整齐的特点，所以多作为搭梯修路的石材。

① 修阁

此阁以石架梯，要特别注意其稳定性和安全性；还有一点是为了能在此处更好地赏景，它的前方不宜种植高大的树木，不宜修墙。

② 砌山

石料的“形”和“色”直接影响到掇山效果，因此阁旁砌山应特别注意这两点。

子与惠子同游濠梁观鱼的故事和庄子垂钓濮水的故事。后以“濠濮间想”谓逍遥闲居、清淡无为的思绪。

【译文】凡是在书房所在庭院掇叠小的假山，或依姿态秀美的林木花卉，将假山掇叠得疏密错落而有条理；或掇叠成悬崖峭壁，以呈现与众不同的形态和意趣。书房所在庭院最适合的造景，是山石围砌成水池，在窗前凭栏俯瞰，仿佛有濠梁观鱼或庄子垂钓之情。

池 山

【原文】池上理山，园中第一胜也。若大若小，更有妙境。就水点其步石[1]，从巅架以飞梁；洞穴潜藏，穿岩径水；峰峦飘渺，漏月招云；莫言世上无仙，斯住世之

石壁

造假山的地方，非宽大不可；石壁却挺拔直立，如同劲竹孤桐，屋旁只要有一点空地，都可以垒它。假山形状曲折，要垒出气势很难，手艺稍微平庸，便会贻笑大方。而石壁就没有其他的奇巧，它的垒法就像垒墙，只要垒得稍稍迂回凹凸一些，壁体嶙峋，仰看如同刀削，便与悬崖绝壁没有什么不同。而且山与石壁的形势是相辅相成的，可以并行不悖。凡是垒石的人家，正面垒假山，背面都可以垒成石壁。山与石壁要前面倾斜后面直立，因为事物的规律都是这样，如椅、床、船、车之类，都是前面逶迤起伏的，后面没有不陡峭壁立的，所以峭壁的设置确实是不可缺少的。只是峭壁的后面忌讳做成平原，使人一览无余，必须有一样东西来遮蔽它，让座客仰看不能把壁顶全看清楚，这样才有万丈悬崖的气势，绝壁也就名符其实了。遮蔽它的是什么呢？通常不是亭子就是屋子。要么面朝石壁而坐，要么背靠石壁而立，只要让目光与屋檐齐平，见不到石壁的壁顶，这样就达到完善了。石壁不一定要垒在山后，或在山左，或在山右，无一不可，只是要选取与它相宜的地势。或者原来就有亭有屋，就用这石壁来代替照墙，也非常方便。

① **背景**

书房假山的放置，最重要的是要考虑它与整体环境的相得益彰。

② **石料**

要在书房之中堆砌假山，石料的选择非常重要。宜选择体积稍小、造型别致、石体通透的石头。

③ **位置**

书房置山，位置十分重要，但是会因地而异，并没有固定的规则，一般多置于靠墙或者靠窗的位置。

□ **书房山**

在书房之中、书房之外置石掇山也是园林之中比较常见的装饰手法。书房之中，可置小型的盆景石，也可放集“丑、漏、皱”等特点于一身的太湖石；书房之外，可堆叠姿态完全的群石，也可孤置附墙的峭壁山，但以理水（以水造景）中置石为最妙。

瀛壶也。

【注释】〔1〕步石：又称汀步石、踏步石，是按人的行走步距设立的露出水面的石头。

【译文】在水池上掇叠的假山，往往会成为园林中的第一胜景。或大或小，都具有神奇的意境。就水面点设踏步石，在山巅架设飞桥；洞穴潜藏，岩石间布有细小的水道；峰峦若隐若现，一线清辉如云如烟。不要说世间没有仙人，这里就是人间蓬莱。

内室山

【原文】内室中掇山，宜坚宜峻，壁立岩悬，令人不可攀。宜坚固者，恐孩戏之预防也。

【译文】在内室中掇叠假山，应叠得坚固而高峻，可以顺着墙壁垒立成悬崖峭壁，让人有高不可攀之感。应该堆叠得坚固的原因，是怕孩子在内室嬉戏时产生危险。

峭壁山

【原文】峭壁山者，靠壁理也。藉以粉壁为纸，以石为绘也。理者相石皴纹[1]，仿古人笔意，植黄山[2]松柏、古梅、美竹，收之圆窗，宛然镜游[3]也。

□ **园林水池 《素园石谱》插图 明代**

在古典园林中，山水往往统一协调，正所谓“山骨水脉，山得水而活，得木而华，水得山而媚”。在水池之中堆砌假山石是一种山水结合的形式，直接以石为岸、池中注水也是一种绝妙山水协调的形式。如图中的水池，池岸呈圆形，曲折有致，驳岸（护坡）用水石挑砌或叠为石矶，山石隔水池相对，又互为观赏。

① **驳岸**

垒砌池山的驳岸应选择高低不一、参差不齐的石料作为修建的材料。

② **石材**

垒砌池底应选择形体平整，渗水性较好的石料作为修建的材料。

③ **池水**

池中之水一定要清澈见底，池底可散置些许鹅卵石，池中也可养几条颜色各异的金鱼。

石质

此石石质坚润，属水冲石，表面凹凸不平，多孔洞。

石色

此石底色多为黑、灰黑色，原石裸露的部分常呈黄褐色，有些石上有着颜色明快的花纹。

石体

此石的体形因产地不同各异，一般多在1至5米左右，也有1米以下的鹅卵石状者。

石纹

此石的纹络多呈白色，犹如雪花匀撒于石上，形似溪水瀑泉、浪涌雪沫，亦如一幅若隐若现的山水画卷，清晰而不张扬。

□ **雪浪石**

内室之中，常见的装饰假山多为高大的山石，其中雪浪石因其特殊的色泽以及坚固的石质被作为常用的内室装饰石材。雪浪石是质地坚润的花岗岩，表面相对平整，纹理线条流畅，石上黑白相间的色彩花纹显得肃穆古朴，凝重深沉。雪浪石有一个以上的观赏面，从任何角度均可观赏，特别适宜点缀各种园林绿地。

叠山与土石的关系

土、石是园林假山的主要构成，两者的结合得当与否，影响着叠山效果。仅以土造山，不能叠太高，因为很难塑造雄奇、秀耸的山体形象，因此多为土石合用。在掇叠洞谷崖壑，或造面积小而高的假山时，石的用量应比土多。宋以前，园林山水多利用自然环境；北宋洛阳诸园多为土山，南宋吴兴诸园大部分利用自然环境，用石也不多；到了明代，则多数叠石为山，内构洞窟，外列奇石；清代初期的假山，因用石过多而大多产生了不自然的毛病。可见无论石多还是土多，都必须与山的自然形象相接近。

【注释】〔1〕相石皴纹：根据石头的纹理用绘画的皴法来垒砌。

〔2〕黄山：黄山位于安徽省南部黄山市境内，被称为天下第一奇山，其景观迎客松为最著。

〔3〕镜游：此喻山水景色秀丽清新，如铜镜中的仙境。

【译文】所谓峭壁山，是靠墙壁嵌叠而成的，如同把白色的墙壁视作画纸，用石头作画一样。其原则即根据石头的纹理，以绘画的皴法，仿效古人的笔意来掇叠，再在峭壁上栽种类似黄山的松柏、古雅的梅树、清秀的修竹，透过圆窗望去，如同在镜中神游。

山石池

【原文】山石理池，予始创者。选版薄山石理之，少得窍不能盛水，须知“等分平衡法[1]”可矣。凡理块石，俱将四边或三边压掇[2]，若压两边，恐石平中有损。如压一边，即罅稍有丝缝，水不能注，虽做灰坚固[3]，亦不能止，理当斟酌。

【注释】〔1〕等分平衡法：指在放置叠石时要考虑力学上的平衡问题。

〔2〕压掇：指将石板牢固压实。

〔3〕做灰坚固：以桐油石灰将石缝涂牢，不使漏水。

【译文】用山石砌筑水池是我的首创。选择薄如木板的片石砌筑，即使有很少的裂缝孔洞都无法蓄水，而且于池边垒石，必须懂得“等分平衡法”才行。凡是在池边砌筑块石，都应当将铺底石板的四边或三边牢固地压实；如

嵌理壁岩

峭壁山，即在粉墙中嵌理壁岩，是江南庭院中掇石叠山最常见、最简便的方法。有的将山石嵌于墙内，犹如墙面的浮雕，占地面积很小；有的虽然与墙面脱离，但十分靠近，占地面积也不大，获得的艺术美感与前者一样。叠山时以粉壁为背景，聚点湖石或黄石数块，缀以花草竹木，如一幅中国山水画。透过洞窗、洞门观赏峭壁山，所能感受的画意更浓。例如苏州拙政园“海棠春坞”庭院，就在南面院墙嵌以山石，并种植海棠、慈孝竹，题名“海棠春坞”。

□ 山石池

山石理池除了要注意其牢固性之外，还要注意水池的形式和布置方式，要根据地形、池面大小和周围环境，因地制宜地处理。通常是庭院和小园林多造简单形状的水池，然后周围点缀若干湖石、花木和藤萝，再在池中养鱼、植睡莲等，即可表现自然之趣。

果只压两边，恐怕池底平铺的石板会破裂损坏；如果只压住一边，一旦接缝处稍有缝隙，水就不能注入，即使用桐油石灰将石缝抿牢，也很难阻止池水外漏，其中的道理必须斟酌。

金鱼缸

【原文】如理山石池法，用糙缸一只，或两只，并排作底。或埋、半埋，将山石周围理其上，仍以油灰抿固缸口。如法养鱼，胜缸中小山。

【译文】像砌筑山石池的做法一样，用一只或两只糙缸，并排在一起作底。或将其全部埋入地中，或只埋一半，然后在缸的周围用山石垒砌，仍用桐油石灰将缸口抿封严实。用这样的方法养鱼，比在缸中垒砌小山好。

□ **金鱼缸**

“养鱼应先养水”，这是古人养鱼所总结下来的最为珍贵的经验。但是“养”的水并非是越清越好，最适宜的水被称为“老水”，这种水呈浅绿色或者淡琥珀色，因富含腐殖质、有益的微生物及藻类，而对鱼的生长极为有利。古人养的观赏鱼有朱鱼、白斑、花斑、蓝鱼、白鱼等，其中以色泽亮丽、花纹独特者为贵。此外，古人认为观鱼应当早起，日未出前、雨后新涨都是观鱼的最好时机。

峰

【原文】峰石一块者，相形何状，选合峰纹石，令匠凿笋眼为座，理宜上大下小，立之可观。或峰石两块三块拼叠，亦宜上大下小，似有飞舞势。或数块掇成，亦如前式；须得两三大石封顶〔1〕。须知平衡法，理之无失。稍有欹侧〔2〕，久则愈〔3〕欹，其峰必颓〔4〕，理当慎之。

【注释】〔1〕封顶：封盖住顶部。

〔2〕欹侧：倾斜偏侧。欹，倾斜。

〔3〕愈：更加，越发。

〔4〕颓：崩塌，倒塌。

□ **冠云峰**

冠云峰是苏州留园内的一座独峰，因为从石之西北观之，它亭亭玉立，犹如一尊送子观音佛像，故又名观音峰。该石高6米多，兼有太湖石美、瘦、漏、透、皱的特点，相传为宋时花石纲的遗物。它的周边建有亭、楼、台、廊与之相衬，站在这些建筑物中均可从不同的角度来欣赏此峰的美妙。

① **透**

就石的孔洞而言，多孔多洞，孔通洞连，古意盎然。

② **漏**

就石的形态而言，疏密变化不一，左偏右斜，变化无常。

③ **瘦**

就石体而言，形体瘦骨嶙峋，刚强脊薄，清爽少肉，露骨突筋。

④ **皱**

就石的外观而言，多纹多络，纹络褶皱凹凸相间，大洞小孔似连非连。

峭壁与山峦的堆叠之法

峭壁：园中高山多采用峭壁的叠法，所用的石材大小相同，叠砌得凸凹交错、形象自然，又有绝壁之感；峭壁上端可做成悬崖式，这是采用悬崖与陡壁相结合的叠山手法；耸秀亭檐下的悬崖，有挑出数尺的惊险之景，崖边立石栏杆，凭栏俯视时，如临深渊，颇为险峻。山峦：叠筑山峦多采用连绵起伏的手法，峦与峰结合使用，可以增加起伏感；用突起的石峰进行散置堆筑，以加强整个山势的起伏变化；园中除了山顶多用石峰以外，山腰、山脚、厅前、道旁等处，也多散置石峰，有的采用整块耸立的巨石，有的用几块湖石连缀而成。

【译文】 选择一块石头筑成山峰时，应先观察它的形状，选择符合山峰纹理的石块，让工匠做出带榫眼的基座，峰石以上大下小为宜，这样立起来才有好看的神韵。或用两三块峰石掇叠成山峰，也应以上大下小为宜，这样才会有飞临欲举之势。几块石头掇叠的山峰也应与前面的样式一样，但必须用两三块大石头封顶。只有懂得了平衡法，在掇叠时才不会有闪失。山峰刚筑成时稍微有点倾斜偏侧，时日久了就会更加倾斜，终将导致峰石倒塌，对此必须慎重。

峦

【原文】 峦〔1〕，山头高峻也，不可齐，亦不可笔架式，或高或低，随至乱掇，不排比〔2〕为妙。

【注释】〔1〕峦：小而尖的山。

〔2〕排比：指峰峦高低相等，成排列式。

【译文】 山峦，其山顶高峻尖小，一定不能齐整，也不可以是笔架那样的匀称式。峦要有高有低，依照石头相

□ 峦

园林中堆砌假山除了单块特置的峰石外，也有用两三块或数块形态、纹理、色泽、皴皱等近似的造型山石进行拼叠而形成石峰的，这种布石形式称为“拼峰”，是一种较为复杂的置石形式。拼峰所置出的形式比较多样，既可呈丘陵状，也可呈山峦状，其中峦稍多变，可随石头的自然形态任意造型。

符的形态随意堆叠，高低不等，排列不齐为好。

岩

【原文】如理悬岩，起脚宜小，渐理渐大，及高，使其后坚能悬。斯理法古来罕有，如悬一石，又悬一石，再之不能也。予以平衡法，将前悬分散后坚[1]，仍以长条堑里石压之，能悬数尺，其状可骇，万无一失。

【注释】〔1〕前悬分散后坚：将前部悬挑石块的重量分散到后部。

【译文】如果掇叠峻峭的悬崖，底部基脚宜小，愈往上掇叠愈大，到了一定的高度，就要加固后部，使岩石能悬挑出去。这种垒砌方法自古就很少见，通常只悬挑一块石头，最多悬挑两块，再悬挑就很难做到了。我使用平衡法，将前部悬挑石块的重量分散到后部，用长条石压牢，就能悬挑出好几尺，其形状虽然令人惊讶，但绝对万

□ 岩

"山，骨于石，褥于林，灵于水。"因此，山石的用料和做法实际上表示一种类型的地质构造存在。在被土层、沙砾、植被覆盖的情况下，人们只能感受到山林的外形和走向；若除去覆盖物，则"山骨"尽出。因此，山石的选用要符合总体规划的要求，应与整个地形、地貌相协调。此外，山石的布置还应注意其垒砌的平衡性，若垒悬岩起脚应小，若堆稳岩起脚应大。

无一失。

洞

【原文】理洞法，起脚如造屋，立几柱著实，掇玲珑如窗门透亮，及理上，见前理岩法，合凑收顶[1]，加条石替之，斯千古不朽也。洞宽丈余，可设集[2]者，自古鲜矣！上或堆土植树，或作台，或置亭屋，合宜可也。

【注释】〔1〕合凑收顶：指将石块合拢，搭成拱形，当做洞顶。

〔2〕设集：设宴聚会。

【译文】山洞的掇叠法，砌筑基脚应如建房一样，首先架立几根牢固的石柱，中间用精巧的小石头镶嵌成窗门样的空洞以透光，上部的掇叠方法与前面的理岩法一样，

□ 洞

从计成所述的理洞法中可见，古代叠洞一般采用梁柱式。其中洞壁为山洞的支架，由柱和墙组成，柱为点，墙为线，洞则为面。在“梁柱式”理洞法中，人们大多选用花岗岩条石作梁，虽然起到了一定的装饰作用，但不甚自然。直至后来，“挑梁式”叠洞法渐渐流行。它是将所选山石向山洞内侧逐渐挑伸，伸至洞顶便用自然山石压盖形成梁。这种理洞法不但使顶壁一气，提升了洞的整体感和协调感，还可避免“梁柱式”石梁中容易出现的压裂、压断等危险，更为实用。

① 选石
砌洞应选择玲珑剔透的湖石为石材。

② 洞顶
拱顶加条石，可增加此洞的牢固性。

③ 植物
洞顶适于栽种爬藤类植物，以增添洞的生气。

④ 基石
修建洞底部的基石宜平整，方能使洞平稳。

⑤ 洞口
洞口的方向，宜采光。

⑥ 砌石
石头的堆砌应与周边环境相得益彰。

□ **涧**

园林中的溪涧宜多弯曲以增长流程，显示出源远流长、绵延不尽之势。水底要用自然石铺垫，溪水宜浅，可数游鱼，又可涉水。亦可造成河床石骨暴露、流水激湍有声的景象。曲水也是溪涧的一种，让流水依势缓缓而过，这种做法已演变成为一种建筑小品。

只是在拱顶将要合拢时，加嵌条石以代替砖块石块，这样可以永远不坏。这样的山洞能宽至一丈左右，可以在其间设宴聚会，这是自古以来都很少见的！山洞上面可以堆土栽树，可以建成平台，也可以建造亭屋，只要适宜就都可以。

涧

【原文】假山依〔1〕水为妙，倘高阜处不能注水，理涧壑无水，似少深意。

【注释】〔1〕依：应为“以”。

【译文】 假山与水源邻靠最佳，假如在假山高起的地

园林理水

自然界的景致，一般是有山多有水，有水多有山，因而逐步形成了中国传统园林崇尚自然山水的基本形式。山水相依，构成园林，无山要叠石堆山，无水则要挖池取水。理水就是对园林水的疏理与设计，具体包括对水的源头，水面形态、大小，水中植物、倒影、游鱼等，乃至水与周围所有景物关系的设计与处理。水景的细部处理，如水口、驳岸、石矶以及水中、水边的植物配置和其他装饰，乃至利用自然景物等水景的创作构思，都应源于大自然。北方皇家园林常以一山一岛为中心，水围绕山、岛，水面很大。通常是引江河湖海的水入园来构成一个完整的活水系统，如秦始皇引渭水为“兰池”；汉代的“上林苑”外围有“关中八水”提供水流；魏晋南北朝时期，石虎的“华林苑”也是引漳水入天泉池。而南方私家园林则多以水池为中心，岸旁堆叠山石，建筑围池修建，再在建筑与山石间种植花木。

方不能注入水源，构筑的涧壑没有水，似乎就少了深意。

曲水

【原文】曲水〔1〕，古皆凿石槽，上置石龙头〔2〕喷水者，斯费工类俗，何不以理涧法，上理石泉，口如瀑布，亦可流觞，似得天然之趣。

【注释】〔1〕曲水：是古时候的一种风俗。在水陆相邻的地方举行宴会，认为这样可以祓除不祥，后人因引水环曲成渠，把装有酒的酒杯放入渠中，然后取渠中的酒杯而饮，相与为乐，称为曲水。

〔2〕石龙头：将出水的石嘴，雕琢成龙头的形状，使之看上去如龙吐水一般，谓之石龙头。

【译文】修筑曲水，古时候的人大都是开凿石槽，再在石槽上设置石龙头用来喷水，这种方法既费人工又很俗

① 色美

有了如八音齐奏、美妙动听的声音，加上周围事物与之搭配的色彩，满足了人们的视听享受。

② 声美

涧中的水，只要有小小的落差就能成为点缀园林景致的重要元素。

园林水的形态与理水之要

首先，水随器而成其形，应注重园林中水形、岸畔的设计。“延而为溪，聚而为池”，利用水面的开合变化，形成不同水体形态的对比与交融。其次，园林理水有动态与静态之分。溪流及泉水、瀑布等，既让水景变得生动、活泼，水流声又增加了园林的生气。园林设计中可利用水源与水面的落差，形成瀑布景；还可以利用容器蓄水，放于高处，形成人工瀑布与叠水景观，强化水流的涌、注、喷、流、滴等动态特征，营造出生动的园林环境。而一平如镜、杨柳依依的湖水，映照出桥影、山色，又别有一番清静与迷离之美。风景园林中的静态湖面，多设置堤、岛、桥、洲等，目的是划分水面，增加水面的层次与景深，扩大空间感，也可以增添园林的景致与趣味。此外，园林理水还擅长利用水体营造声景，可随其构筑物（容水物）及其周围的景物而发出各种不同的声响，产生丰富多姿的水景。最后，运用水能映射成景的特点，将天空云彩、花草树木、亭台楼榭等引入其中，使园林景致更宽广、深远。

□ 流杯亭内的龙虎曲水

流杯亭是根据三月三“曲水流觞”的习俗而建造的。“曲水流觞”有两大仪式，一是欢庆和娱乐，二是祈福免灾。流杯亭分为两种仪式，一是在亭外布置流觞曲水，讲求自然天成之美；一是在亭内的石座上凿成水渠，这是明清时期流杯亭的基本形式。该水道，从南向北看是龙头形，从北向南看是虎头形。

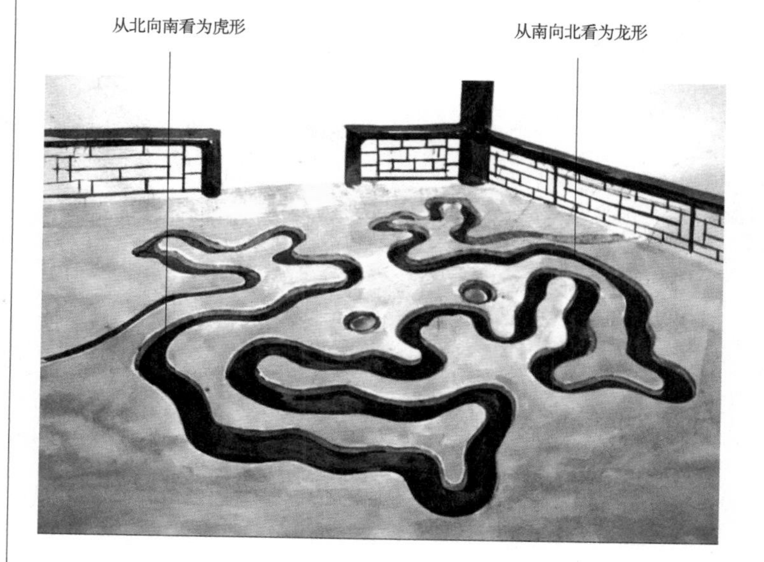

□ **园林造桥**

园林中，因水而有桥，桥亦成为组织游览线路、变换观赏视线、点缀水景、增加水面层次的重要元素。在园林中，桥的布置同园林的总体布局、道路系统、水体面积占全园面积的比例、水面的分隔或聚合等因素密切相关。一般来说，若在大水面上架桥，且又位于主要建筑附近的，宜重视桥的体形和细部的表现，突出宏伟壮丽之美；小水面上架桥，则宜简化其体形和细部轻盈质朴，表现出轻盈质朴之美。水面宽广或水势湍急者，桥宜较高并加栏杆；水面狭窄或水流平缓者，桥宜低并可不设栏杆。水陆高差相近处，平桥贴水，过桥有凌波信步亲切之感；沟壑断崖上危桥高架，能显示山势的险峻。水体清澈明净，桥的轮廓须考虑倒影；地形平坦，桥的轮廓宜有起伏，以增加景观的变化。常见园桥的基本形式有平桥、拱桥、亭桥、廊桥几种。

气。为什么不采用理涧法，在其前端构筑石泉，使泉口出水如瀑布，也可以在流水中放入酒杯，传饮取乐，似乎也更得天然雅趣。

瀑 布

【原文】瀑布如峭壁山理也。先观有高楼檐水，可涧至墙顶作天沟，行壁山顶，留小坑，突出石口，泛漫[1]而下，才如瀑布。不然，随流散漫不成，斯谓“坐雨观泉”之意。

◎瀑布图示

一般的园林瀑布，远处应有远景作为背景，上游应有积聚的水源，还得有瀑布落水口及瀑身下的承瀑潭，而瀑身是观赏的主体。古人造瀑布时，大多用长短不一的竹子，承接屋檐的流水并隐蔽地引入岩石缝隙，并将它垫高，下面凿小池接水，安放一些石头在池子里，下雨时能形成飞泉喷薄，潺潺有声的意象。这也是一景。尤其在竹林松树之下，青翠掩映，更为美观。也可储水于山顶，客至开闸，水直流而下，但终究不如承接雨水而成更有雅趣更近于自然，因为山顶储水终归属于人为。

① 山石

堆砌瀑布的石头宜选形制稍稍平整、色泽雅致的石料。这些石头在此处已不单单是堆砌的材料，它们还是瀑布的构成部分。“水令石古，石令水灵”，水和石的搭配是园林之中最不可缺的元素。

② 植物

瀑布周边可种植几株植物，以达到“木欣欣以向荣，水涓涓而始流”的境界。

③ 水流

“水随器而成形”，因此古代的造园家非常注重水形、岸畔的设计。园林中瀑布的水流多被设计成两种形式：一是水体自由跌落，二是水体沿斜面急速滑落。这两种形式因瀑布溢水口高差、水量、水流斜坡面的种种不同而产生千姿百态的水姿。

④ 水源

园林中营造瀑布水源的方法常见的有两种：一种是人工蓄水，即主要通过在上游人工营建蓄水池的方法蓄水；另外一种方法是以天水做水源，这种方法具有很大的局限性，因为只有在降雨时方能领略飞流直下的壮丽景观。

夫理假山，必欲求好，要人说好，片山块石，似有野致。苏州虎丘山，南京凤台门，贩花扎架[2]，处处皆然。

【注释】〔1〕泛漫：从水口中溢出而漫下。

〔2〕扎架：将花木用架子绑扎。

【译文】构筑瀑布，像掇叠峭壁山的方法一样。要先察看高楼的房檐是否能够承接雨水作水源，也可以引山涧的流水到墙头作成天沟，再顺着墙壁将流水引到峭壁的顶部，注入山顶蓄水的小坑，水从小坑石口吐出，倾泻而下，就成挂在悬崖的瀑布。不然，任随流水散漫流下是成不了瀑布的。这就是所谓的“坐雨观泉”的意思。

掇叠假山，必定要追求佳境，要令人称赞，即使片山块石，都应有天然野趣。如今在苏州的虎丘山、南京的凤台门，将花木用架子绑扎贩卖的造作风气已是随处可见。

◎造园理水图示

水是造园不可缺少的元素，各个园林，水的形态各不相同，这正如宋代的郭熙在《林泉高致》中所说："水，活物也，其形欲深静，欲柔滑，欲回环，欲肥腻……"而从布局而言，园林中水面处理有集中和分散两种形式。以下几幅图为著名园林中水的形态图示。

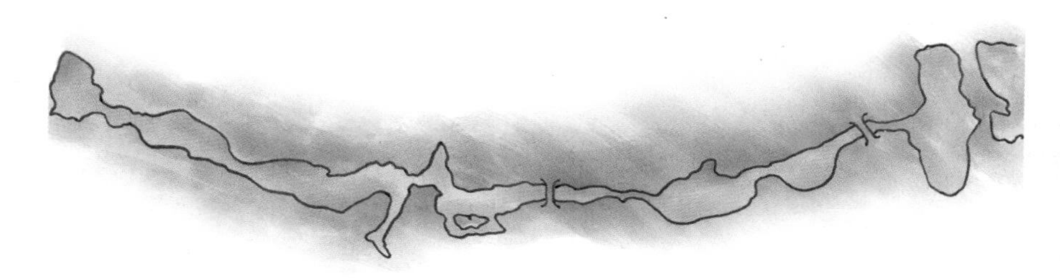

颐和园后湖的理水

园林中狭长的水面，一般有收分和曲折两种变化，颐和园后湖的水面正是如此。它是仿照苏州买卖街的形式所建的，水体有聚有散，间或有小桥加以分隔和点缀，水面有曲有折，恰恰与昆明湖的大面积用水形成鲜明的对比。

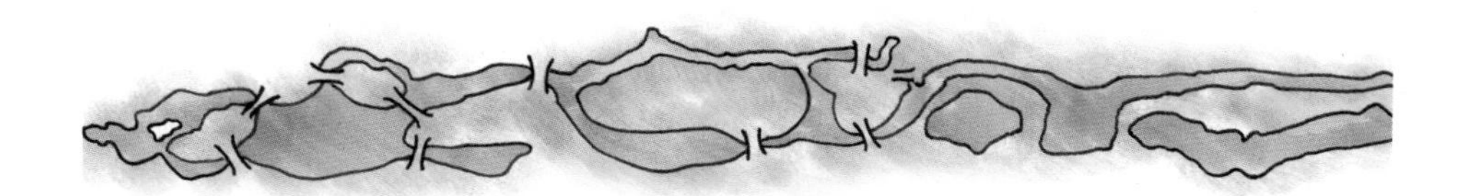

圆明园中的理水

园林圆明园的水面设计相当别致，它形如宛转的溪流，采用的是分散集水的方法，既有比较集中的小片水面，又有一条条起到连接作用的曲折的溪流，这使园林的空间变得更加丰富多变。

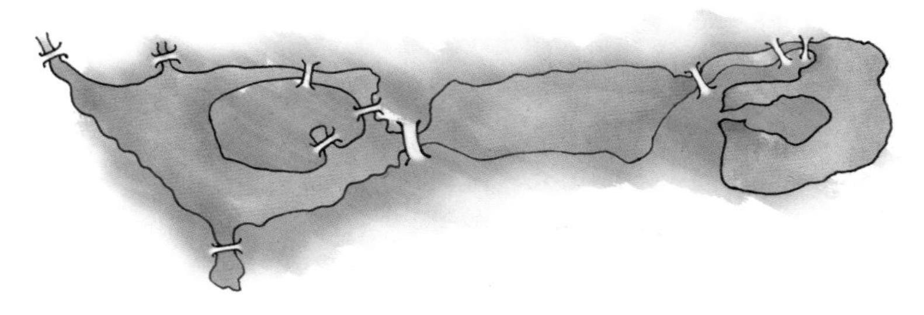

北京三海的理水

三海，即北海、中海、南海。此处理水的设计也是相当巧妙的，三海东北相连，十分自然，大的水体中嵌以小岛，狭窄的水面点缀以小桥，极富观赏趣味。

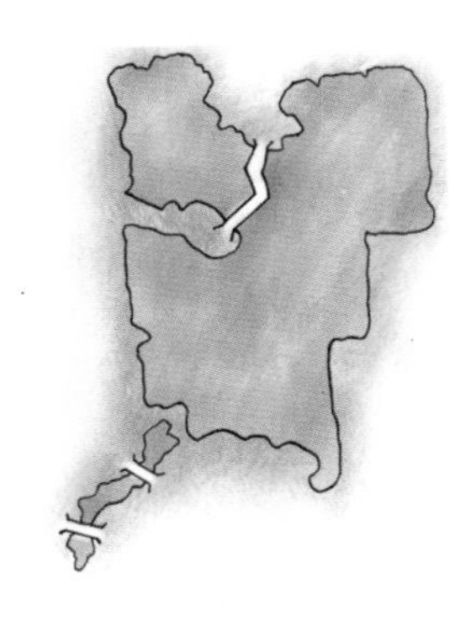

留园的理水

留园中的理水打破了方形的呆板与单调，园主人在池的东面筑一小岛，并设置了两座曲桥与池岸相连，使得水体西部形成一个“之”字的小河，既别致又富有文化情趣。

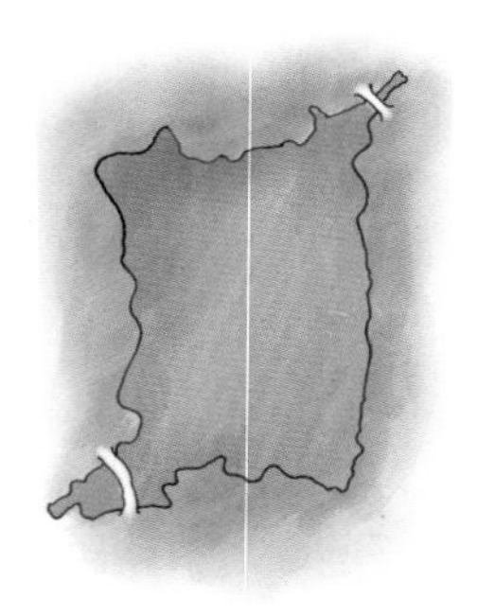

峨眉山万年寺内的理水

寺庙园林之中，多见小面积的、比较规则的平面理水，多以水池的形式出现。正如四川省峨眉山万年寺内的理水一般，呈长方形，尽管水面不大，却与寺庙的风格相得益彰，其形式设计得也颇具匠心。

苏州艺圃理水

园林之中的水面设计与园林的面积有着极其密切的关系。水池位于艺圃北部，形制上较为方整，大多被设计成较为规整的长方形。

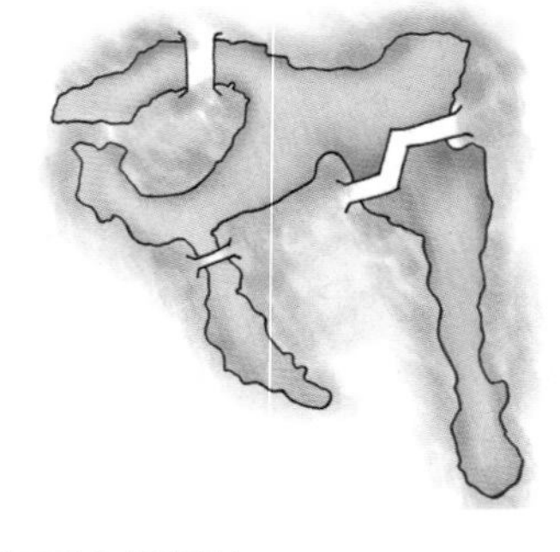

苏州环秀山庄的理水

受地形的影响，苏州环秀山庄中的理水呈带状贯穿于山石之间，形成“涧”。“山因水活，水围山转”在此处的表现是最明显的。

拙政园的理水

拙政园的理水设计得相当巧妙，可谓是江南园林中的上乘之作。全园的水以分为主，分中有合，分分合合让水面更富于层次和变化。大的水体中，还有多个小岛进行分隔，使水体和驳岸曲折迂回，十分巧妙。

选石

本节介绍了十多种天然石料的产地、色彩、质地、形态，以及它们在园林建筑中的妙用。

【原文】夫识石之来由，询山之远近。石无山价，费只人工，跋蹑搜巅[1]，崎岖挖路。便宜出水[2]，虽遥千里何妨；日计[3]在人，就近一肩[4]可矣。取巧不但玲珑，只宜单点[5]；求坚还从古拙，堪用层堆。须先选质无纹，俟后依皴合掇[6]。多纹恐损，无窍当悬。古胜太湖，好事只知花石[7]；时遵图画[8]，匪人[9]焉识黄山。小仿云林[10]，大宗子久[11]。块虽顽夯，峻更嶙峋，是石堪堆，遍山可采。石非草木，采后复生，人重利名，近无图远。

【注释】〔1〕跋蹑搜巅：跋涉山巅，以搜寻奇石。

〔2〕出水：指出去的道路，这里应引申为出行。

〔3〕日计：形容短暂，为时不远。

〔4〕一肩：一次肩的行程。

〔5〕单点：对峰石进行单独布局。

〔6〕依皴合掇：指借鉴山水画的皴法垒砌假山。皴法，中国画技法名。是表现山石、峰峦和树身表皮的脉络纹理的画法。表现山石、峰峦的,主要有披麻皴、雨点皴、卷云皴、解索皴、牛毛皴、大斧劈皴、小斧劈皴等。

〔7〕花石：石头名称。广义上，所有有多种色彩和花纹的石头都可以称为“花石”。

〔8〕时遵图画：指当时的人按山水画的皴法做的假山。

〔9〕匪人：匪，同“非”，指不懂绘画的人。

〔10〕云林：元代画家倪瓒，号云林，善水墨山水画。

〔11〕子久：元代画家黄公望，字子久，号大痴，擅画山水，为“元末四大家”之一。

【译文】选用山石，要辨别石的来历，了解山的远

山石

山石的美，无外乎“透”“漏”“瘦”三字。此与彼相连，彼与此相通，永远有路可走，这就是“透”；石上有孔眼，四面玲珑，这就是“漏”；当空直立，独立无倚，这就是“瘦”。其中“透”、“瘦”二字处处都应该这样，“漏”却不应该太过。只有在非常堵塞之中，偶然见到一处通孔，才与石的本性相符。石的孔眼忌讳是圆的，即使有天生的圆孔，也要黏些碎石在旁边，让它有棱有角，避免浑圆的形状。石的纹路和石的颜色，要选取相同的。比如粗纹的与粗纹的应当挨在一起，细纹的与细纹的适宜垒在一起。紫、碧、青、红，各种颜色应以同类相聚。然而分别又不要太过，以至于在它们相接的地方，反而觉得不自然，还不如随取随垒、随心所欲。石的本性，就是它的斜正纵横的纹理，应依从它的本性来使用；违背石的本性去使用它，不但不耐看，而且很难持久。

□ **《芥子园画谱》·石**

此图为《芥子园画谱》中，历代名家绘制各种山石所用皴法的示意图。此类山石多被用于大型园林中，作装饰用。

近。石出自山中，本无须购买，花费只在人工，都要登越山巅，运送奇石，更要在崎岖处挖路。如果便于水路运输，虽然路遥千里也没关系。如果徒步要以日程计算，一肩的行程就近取用当然最好。不仅要选取玲珑奇巧，只适合单独布局的峰石，还要搜求拙朴坚硬，可用于层层堆垒的山石。必须先选用质地好无裂纹的石头，然后按照皴法掇叠假山的需要选取。裂纹过多的石头要小心被损毁，没有孔洞的应当悬挑。古时把太湖石作为最好的石料，但现在的园林爱好者只有“花石”；当下的人只知道按绘画的皴法掇叠假山，不懂绘画的人怎么能知道黄山石的妙用。小的假山可以力求复现倪云林幽远简淡的画意，大的假山可以追索黄子久雄伟豪壮的笔锋。黄山石虽然粗顽坚硬，但垒砌高峻的假山会更陡峭，这种石料最适合垒砌假山，而且山上也随处可采。山石不像草木，采后还可以再生，世人大都只看名利，近的地方得不到，往往会想到去远处搜求。

太湖石

【原文】苏州府[1]所属洞庭山，石产水涯[2]，惟消夏湾[3]者为最。性坚而润，有嵌空、穿眼、宛转、险怪势。一种色白，一种色青而黑，一种微黑青。其质文理纵横，笼络起隐[4]，于石面遍多坳坎[5]，盖因风浪中冲激而成，谓之“弹子窝”，扣之微有声。采人携锤錾[6]入深水中，度奇巧取凿，贯以巨索，浮大舟，架而出之。此石以高大为贵，惟宜植立轩堂前，或点乔松奇

□ 太湖石

太湖石为园林造景最为常见的实用石材，又称洞庭石、贡石、花石。南山太湖石分水石和旱石两种，水石产于太湖之中，旱石产于吴兴卞山。一般来说，太湖石大者丈余，小者及寸，外形多具峰峦岩壑之势。优质太湖石可用“皱”“漏”“透”“瘦”来形容，整体上给人以亭亭玉立、洞洞相连的视觉效果。在园林中往往与植物、水池等物相配，使得整个园子灵动起来。

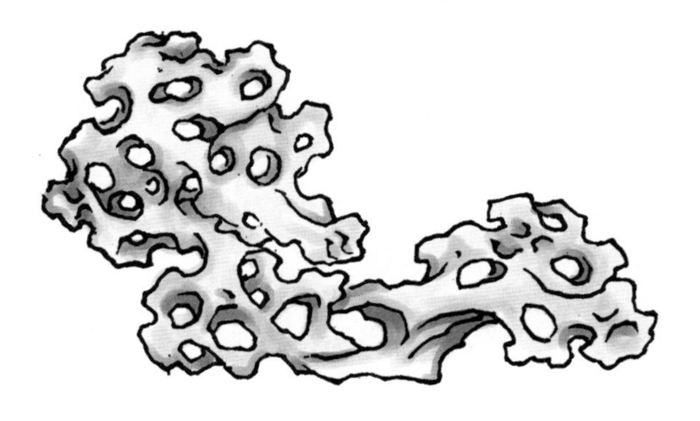

太湖石

太湖石属于石灰岩，分为水石和干石两种。石灰岩长期经受波浪的冲击，以及含有二氧化碳的水的溶蚀，逐步形成大自然精雕细琢、曲折圆润的太湖水石。明代文震亨在《长物志》中写道：“太湖石在水中者为贵，岁久被波涛冲击，皆成空石，面面玲珑。”四亿年前的石灰岩，在酸性红壤的历久侵蚀下形成太湖干石，但石质枯而不润，棱角粗犷，难有婉转之美。除天然形成的太湖石外，还有利用与其形制特点相近的石材加工而成的太湖石。如明代林有麟《素园石谱》中记载：“平江（今苏州）太湖工人取大材，或高一二丈者，先雕置于急水中冲撞之，久之如天成；或以烟熏，或染之色。”现今太湖石还有种广义的理解，即把各地产的由岩溶作用形成的千姿百态、玲珑剔透的碳酸盐岩统称为太湖石。

由于长年受水浪冲击，太湖石产生许多窝孔、穿孔、道孔，形状奇特峻峭，具有“瘦”“皱”“漏”“透”的审美特征。其色泽以白石为多，少有青黑石、黄石。因有玲珑剔透、重峦叠嶂之姿，自古备受造园家青睐。古代采石工人携工具潜水取石，用大绳捆绑后，吊上大船运往各造园地点。五代后晋时开始有人玩赏，至唐代特别盛行，宋代更是因宋徽宗对太湖石痴迷而引发了农民起义。现今“水太湖”已十分稀少，尤为珍贵。

卉下，装治假山，罗列园林广榭中，颇多伟观也。自古至今，采之已久，今尚鲜[7]矣。

【注释】〔1〕苏州府：今江苏省苏州市。

〔2〕水涯：水边。

〔3〕消夏湾：位于苏州吴县洞庭西山，相传因吴王夫差曾在此避暑而得名。

〔4〕笼络起隐：指石头的纹理脉络起伏隐现。

〔5〕坳坎：指石的表面上凹凸不平。

〔6〕錾：錾子，凿石用的工具。

〔7〕鲜：少。

【译文】苏州府洞庭山，山边的湖水里盛产太湖石，但只有消夏湾的太湖石最好。太湖石坚硬而润泽，有嵌空、穿眼、宛转、崄怪等各种形状。有白色、青黑、微青和黑色等。石质有纵横交错的纹理，脉络起伏隐现，石的表面上遍布凹凸不平的陷坑，都是因为风浪的长期冲击而形成的，名叫“弹子窝”，敲击时能发出微弱的声响。采石的人携带锤子和錾子潜到深水中，凿切奇巧的湖石，再套上粗大的绳索，用大的浮船，架设木绞架，将凿切下来的太湖石绞出水面。太湖石以高大最为贵重，适合在轩堂前竖立安置，也可点缀在高大的松树和奇异的花草间，精心整治成假山；如果布置在广榭中，那会更加壮观。从古到今，太湖石已开采很久，现在很少了。

昆山石

【原文】昆山县马鞍山，石产土中，为赤土积渍[1]。既出土，倍费挑剔洗涤。其质磊块[2]，巉岩[3]透空，无耸拔峰峦势，扣之无声。其色洁白，或植小木，或种溪荪[4]于奇巧处，或置器中，宜点盆景，不成大用也。

【注释】〔1〕为赤土积渍：被红土长期浸渍。

〔2〕磊块：石头成块状。

昆山石

昆山石简称“昆石”，为距今五亿年前寒武纪海相（海洋环境中形成的沉积相的总称）环境的产物。玉峰山因受到地壳运动挤压，产生了大量的节理、裂隙、断层，地下层岩浆中富含二氧化硅的热水溶液侵入岩石的裂缝，冷凝后就形成了洁白无瑕的石英脉，在晶洞中长成各种形态的水晶晶簇体。过去误以为昆山石是“白云岩”，后来才知道是产于白云岩层破碎带中的硅化角砾岩。其中的白云岩角砾及杂质被清理之后，留下来白色网脉状的石英即为昆山石。其奇形怪状，洁白晶莹，故俗称“玲珑石”。

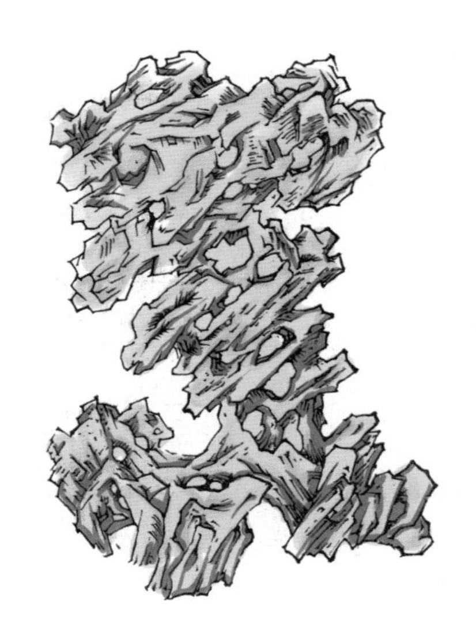

□ **昆山石**

对于昆山石，宋代《云林石谱》中有如下介绍："其质磊隗，峰声透空，无耸拔峰峦势。"该石质纯如雪，黄者似玉，晶莹剔透。由于此石是白色石英在山岩中的结晶，故开采颇艰，更让此石显得弥足珍贵。

〔3〕巉岩：险峻貌。

〔4〕溪荪：菖蒲的别名。生于溪涧，所以叫溪荪。

【译文】 在昆山县马鞍山出产的昆山石，因为被红土长期浸渍，所以出土之后要费许多精力进行挑剔洗涤。昆山石大都为块状，峻透空险，没有突兀而又挺拔的峰峦形态，敲击也不会发出声响。昆山石颜色洁白，或栽植小树，或将溪荪草种植在它的奇巧处，或将它放置在器具中，但只适合点缀盆景，用处不是很大。

宜兴石

【原文】 宜兴县张公洞〔1〕、善卷寺〔2〕一带山产石，便于竹林〔3〕（祝陵）出水，有性坚，穿眼，险怪如太湖者。有一种色黑质粗而黄者，有色白而质嫩者，掇山不可悬，恐不坚也。

【注释】〔1〕张公洞：在江苏宜兴县（今已改为市）东南五十五里，传说因汉代张道陵曾在此修炼而得名。

〔2〕善卷寺：今也称为善卷洞或善权洞，在宜兴县西南五十里，有洞三层，分上中下。善卷，又称单卷相，单父人，传为尧舜时隐士。

〔3〕竹林：疑为祝陵的谐音，指祝英台的陵墓。

【译文】宜兴县的张公洞、善卷寺一带的山中盛产此石，在竹林有流水的地方更容易找到。有的宜兴石质地坚硬，有穿眼，其形态如太湖石一样险峻怪异。有一种宜兴石质地较粗，颜色黑中带黄，还有一种质地较为软嫩，是白色的，在垒砌假山时不能用作悬挑，因为都担心它不够坚硬。

□ 宜兴石

该石质地为石灰岩，造型怪异，天然轮廓具有瘦、透、漏、皱、怪等特点，其状类太湖石，玲珑奇秀，是点缀园林、叠造假山的良好材料。

龙潭石

【原文】龙潭〔1〕金陵〔2〕下七十余里，沿大江，地名七星观，至山口、仓头一带，皆产石数种，有露土者，有半埋者。一种色青，质坚，透漏文理如太湖者。一种色微青，性坚，稍觉顽夯，可用起脚压泛〔3〕。一种色纹古拙，无漏，宜单点。一种色青，如核桃纹多皴法者，掇能合皴如画为妙。

□ **龙潭石**

李渔曾说："小山用石，大山用土。"小山用石，可以充分发挥叠石的技巧，令其变化多端。因此庭院中造景，大多用石，或当庭而立，或依墙而筑，也有兼作登楼的蹬道。而龙潭石因其纹理古朴、色泽明快而成为掇山最为常用的石头之一。

【注释】〔1〕龙潭：在江苏句容县北，今属南京市。

〔2〕金陵：指南京。

〔3〕压泛：将石头压盖在基脚桩头上。

【译文】龙潭位于金陵东面大约七十里处，沿长江，从地名叫七星观的地方开始，到山口、苍头一带，盛产好几种颜色的龙潭石。有的露出地面，有的半埋于地下。有一种龙潭石呈青色，质地坚硬，形态透漏，纹理仿佛太湖石。有一种颜色微青，质地坚硬，与顽石相仿，可以用来砌筑假山的基脚或作压盖基脚的桩头。有一种龙潭石纹理颜色古旧朴拙，没有孔洞，适合单独用于点缀景观。有一种青色的，纹理像核桃纹，很像绘画中的皴法所为，垒砌假山时如能综合多种这一纹理的皴纹，所产生的效果一定会如绘画般美妙。

青龙山石

【原文】金陵青龙山〔1〕，大圈大孔〔2〕者，全用匠作凿取，做成峰石，只一面势者。自来俗人以此为太湖主峰，凡花石反呼为"脚石〔3〕"。掇如炉瓶式，更加以劈峰，俨如刀山剑树者斯也。或点竹树下，不可高掇。

【注释】〔1〕青龙山：在南京市东南的中山门外，以产优质石材著名。

〔2〕大圈大孔：石上有深浅不同的大凹圈或大孔洞。

〔3〕脚石：叠山起脚用的顽石。

【译文】金陵出产的青龙山石，有深浅不一的大凹圈或大孔洞，采取必须依靠工匠切凿，如果用这种石料做峰石，只有一面能表现出“峰”的样子。世人历来把这种青龙山石用作太湖石的主峰，而花石反而被叫作“脚石”。结果是，垒砌的假山像神案上的炉台花瓶，更在两边加上劈峰，俨然真的刀山剑树一般，这是十分庸俗的做法。青龙山石可以点缀在竹树下，但不能垒砌得过高。

□ **青龙山石**

独石孤赏也是园林造景的主要方式之一，但是这种造景的方式对于石料的要求却很高。作为孤赏石，其石质要玲珑剔透或浑厚古朴，体形、色泽、纹理、褶皱要有比较突出的美观。因青龙山在体形和质地上都能满足这些要求，因此在一些园林中青龙山石也常常被作为孤赏石来装饰园林。

□ **灵璧石**

关于灵璧石，《长物志》中说："灵璧石出凤阳府宿州灵璧县，在深山沙土中，掘之乃见，有细白纹如玉，不起岩岫。佳者如卧牛、蟠螭，种种异状，真奇品也。"从此段文字中可见灵璧石在园林装饰中的重要位置。而事实上，灵璧石曾被乾隆皇帝誉为"天下第一石"；南唐后主李煜爱"灵璧研山"；宋朝皇帝宋徽宗得"灵璧小峰"御题"山高月小，水落石出"于石上；苏东坡为得到灵璧石，曾亲自到灵璧张氏园亭为园主题字、作画。灵璧石真正验证了"千金易得，一石难求"的说法。

灵璧石

【原文】宿州灵璧县[1]地名"磬山"，石产土中，岁久，穴深数丈。其质为赤泥渍满，土人多以铁刃遍刮，凡三次，既露石色，即以铁丝帚或竹帚兼磁末[2]刷治清润，扣之铿然[3]有声，石底多有渍土不能尽者。石在土中，随其大小具体而生，或成物状，或成峰峦，巉岩透空，其眼少有宛转之势[4]，须藉斧凿，修治磨砻[5]，以全其美。或一两面，或三面；若四面全者，即是从土中生起，凡数百之中无一二。有得四面者，择其奇巧处镌治[6]，取其底平，可以顿置几案，亦可以掇小景。有一种扁朴[7]或成云气者，悬之室中为磬[8]，《书》所谓"泗滨浮磬"[9]是也。

【注释】〔1〕宿州灵璧县：宿州，今安徽宿州市；灵璧县，宿州市辖县，其境内出磬石。

灵璧石

灵璧石形成于距今约九亿年的震旦纪。当时因大规模的海侵作用，形成了辽阔的浅海，加上气候、阳光等条件，造就了水中大量的浮游生物——藻类。随着时代变迁和气候变化，浮游生物死亡后与海水中的碳酸盐一起沉淀，形成碳酸盐层长埋地下。这些沉淀物在地球内部的温度、压力等作用下结晶为方解石、白云石。混杂其中的各种藻类，形成各种色彩的花纹与图案。再经过多次地壳运动，岩层发生褶皱、断裂，并露出地面，加上亿万年的雨水冲刷，便形成了具有瘦、皱、漏、透、丑、声、色、清、奇、秀等特点的灵璧石。

从岩石化学的角度来说，灵璧就是碳酸盐岩石，为隐晶质石灰岩，间有少量白云石和少量黄铁矿及铁的氧化物。其硬度为5~7，石质细腻温润，滑如凝脂，以墨黑为主，间有白脉，不易风化、碎裂。灵璧石无放射性，无有害化学成分，却含有十几种有益于人体健康的微量元素，藏灵璧石，实为集保健收藏于一身之快事。

除了灵璧县境内产有灵璧石，与之交界的埇桥、泗县、徐州等地也产有与其相同或相似的奇石，石种除了传统的青、黑色磬石外，更有五彩灵璧、白灵璧、皖螺灵璧等诸多品种，色彩更是赤、橙、黄、绿、青、蓝、紫俱全。

〔2〕磁末：磁石。

〔3〕铿然：形容敲击金石所发出的响亮的声音

〔4〕其眼少有宛转之势：眼，指石头的孔眼；宛转，指石头的曲折形态。

〔5〕磨砻：磨治。

〔6〕镌治：雕凿修理。清代吴敏树《石君砚铭》："及亡，余痛此砚遂废无事，命工稍镌治之。"

〔7〕扁朴：扁而质朴。

〔8〕磬：古代乐器，以玉或石制成。

〔9〕"泗滨浮磬"：出自《尚书·禹贡》，意思是水中见石，如在水中漂浮，其石可以作磬。

【译文】 在宿州的灵璧县，有一个叫"磬山"的地方，地下出产灵璧石，因为开采的年月太久，许多坑洞已经有数丈深了。灵璧石长期浸埋在红土中，所以积满了淤渍，当地人多用铁制刀具遍体剔刮，大概三遍之后，石的颜色才会完全显露出来。然后再用铁丝帚或者竹帚，和着磁末将石面整治润泽，敲击石体虽然会发出铿锵的声响，但石底嵌入的淤渍仍难以刷尽。因灵璧石生在土壤中，其天然的大小和形状也各不相同，有的已具物体的形状，有的已是峰峦形状，峻峭透空，孔眼虽少，却有宛转曲折的形态，必须借助斧凿，进行修琢打磨，才能使其形态更加完美。有的一两面完美，有的三面完美；但要四面都完美，而且是在土中自然生成的，数百块中也难以找到一两块。如果有四面完美的，便可以选择其奇巧之处进行精雕细琢，然后把底部打磨平，可以陈放于几案上，也可以雕掇成小景。有一种形状扁状而古朴的，或带有云气状花纹的，则可以悬挂在室内作磬，这就是《尚书》中所说的"泗滨浮磬"了。

岘山石

【原文】 镇江府〔1〕城南大岘山〔2〕一带，皆产石。

□ **岘山石**

在园林营造时，构山置石必不可少，这是因为园林中的石头既可以单独作为欣赏品，又可以广泛地作为构作工程的构筑材料。如驳岸、挡土墙、院落的隔障、花坛边缘、镶嵌栏杆等，最常见的就是由各种怪石堆砌而成的假山。岘山石因其秀润的质地和奇异的姿态，常被作为堆砌假山的石料，用以园林造景。

小者全质，大者镌取相连处，奇怪万状。色黄，清润而坚，扣之有声。有色灰青者。石多穿眼相通，可掇假山。

【注释】〔1〕镇江府：今江苏镇江市。

〔2〕大岘山：据考证，应为今镇江市东南部的京岘山。

【译文】镇江府城南的大岘山，出产这种石头。小的可以整块取出，大的则要从与山体相连处凿切才能取出。砚山石千奇万状，大都为黄色，清朗润泽而且质地坚硬，敲击时能发出声响；还有一种是灰青色的。岘山石有许多穿孔而且彼此连通，可以用来垒砌假山。

宣石

【原文】宣石产于宁国县〔1〕所属，其色洁白，多于赤土积渍，须用刷洗，才见其质。或梅雨〔2〕天瓦沟下水，冲尽土色。惟斯石应旧，逾旧逾白，俨如雪山也。一种名“马牙宣〔3〕”，可置几案。

【注释】〔1〕宁国县：地处安徽省东南部，今属芜湖地区。

〔2〕梅雨：每年农历四、五月所下之雨，由于正是江南梅子的成熟期，故称其为“梅雨”。因空气潮湿，衣物等容易发霉，所以也被称为“霉雨”。

〔3〕马牙宣：因宣石上的纹理像马牙，故名。

【译文】宣石出产于宁国县境内，它颜色洁白，多有被红土浸积的污渍，必须用刷子刷洗才能看到洁白的质地；也可以在梅雨时节放置于屋檐瓦沟下让雨水冲洗，同样能把土壤浸积的污渍冲洗干净。宣石要旧，越旧越洁白，俨然雪山一般。有一种叫“马牙宣”的宣石，可以陈放在几案上。

□ **宣 石**

宣石，又称宣城石、雪石。该石质地细致坚硬，性脆，颜色有白、黄、灰黑等，以色白如玉为主，稍带锈黄色。多呈结晶状，稍有光泽，石表面棱角非常明显，有沟纹，皱纹细致多变；体态古朴，以山形见长，又间以杂色，貌如积雪覆于石上，最适宜做表现雪景的假山，也可做盆景的配石。由于宣石大多有泥土积渍，所以须用刷洗净才能显示出洁白的石质，故越旧越白，特别是经年把玩，退去“火气”后，白而糯，有如玉般沉着。古时宣石多用于制作园林山景或山水盆景，少量作为奇石供观赏。

湖口石

【原文】江州湖口[1]，石有数种，或产水中，或产水际。一种色青，浑然成峰、峦、岩、壑，或类诸物。

□ **湖口石**

湖口石，又称江州石。该石呈青黑色，稍有光泽，形态瘦透玲珑，一般个体较大，适宜做供石欣赏，亦可用于制作山水盆景。对于湖口石，宋代的《云林石谱》中有“江州湖口石有数种，或在水中，或产水际。一种色青，浑然成峰峦岩壑，或类诸物状；一种扁薄空嵌，穿眼通透，几若木板，似利刃剜刻之状。石理如刷丝，色亦微润，扣之有声”的描述。

一种扁薄嵌空，穿眼通透，几若木版，似利刃剜刻之状。石理如刷丝〔2〕，色亦微润，扣之有声。东坡〔3〕称赏，目之为“壶中九华〔4〕”，有“百金归买碧玲珑”之语。

【注释】〔1〕江州湖口：江州，今江西省九江市；湖口，今湖口县。

〔2〕刷丝：如刷子刷丝的痕迹。

〔3〕东坡：苏轼，字子瞻，又字和仲，号东坡居士，世称苏东坡、苏仙。汉族，北宋眉州眉山人，著名文学家、书法家、画家。

〔4〕壶中九华：形容石虽小，但亦有仙山境界。九华山，在今安徽青阳县西南。苏轼曾作《壶中九华诗并引》：湖口人李正臣，蓄异石九峰，玲珑宛转，若窗棂然。余欲以百金买之，与仇池石为偶，方南迁未暇也。名之曰“壶中九华”，且以诗识之：

我家岷蜀最高峰，梦里犹惊翠扫空。
五岭莫愁千嶂外，九华今在一壶中。
天池水落层层见，玉女窗明处处通。
念我仇池太孤绝，百金归买碧玲珑。

【译文】江州的湖口地区，出产多种石料，有的出产

湖口石

湖口石又称江州石，产于江西省九江市鄱阳湖口水域内。此处地质为石灰岩结构，经过湖水千百年的浪涛搏击和风雨侵蚀，在湖边和水里留下了丰富的奇石资源。其形态瘦透玲珑，一般个体较大，稍有光泽。一种呈青黑色，外形浑然天成，如峰、峦、岩、壑；另一种扁而薄，中空，易穿透。古人喜用作供石欣赏，亦常被用于制作山水盆景，现已少见。据说苏东坡被贬岭南，路过湖口，于湖口人李正臣家中见到一块奇异的九峰湖口石。此石九峰排列如雁行，山腰有白脉，为束丝带，有云隔半山之趣，苏东坡当即名之“壶中九华”。

于湖水中，有的出产于湖岸边。有一种青色的湖口石，天然便有峰、峦、岩、壑，或其他物体的形态；有一种扁平而薄的湖口石，嵌有空洞，而且穿眼通透，差不多像木板一样薄，仿佛用锋利的刀刃剜凿雕刻而成。湖口石的纹理就像刷子刷出的丝痕，色泽微润，敲击会发出响声。苏东坡非常赞赏湖口石，将其视为“壶中九华”，也曾为湖口石写下“百金归买碧玲珑”的诗句。

英石

【原文】英州[1]含光、真阳县之间，石产溪水中，有数种：一微青色，间有通白脉笼络；一微灰黑，一浅绿。各有峰、峦，嵌空穿眼，宛转相通。其质稍润，扣之微有声。可置几案，亦可点盆，亦可掇小景。有一种色白，四面峰峦耸拔，多棱角，稍莹彻[2]，而面有光，可鉴物，扣之无声。采人[3]就水中度奇巧处凿取，只可置几案。

□ 英石

《长物志》中对于英石有这样的描述：“英石，出英州倒生岩下，以锯取之，故底平起峰，高有至三尺及寸余者，小斋之前，叠一小山，最为清贵，然道远不易致。”英石，是园林叠山或者盆景的用石之一，呈淡青灰色，间有白色纹路，质坚而脆，手指叩弹有共鸣声，表面嶙峋，姿态各异，纹路古拙，常被用作特置、散置或者庭院、盆景陈设。

英石

又称“英德石”，产于广东省英德市东北面25公里的英山山脉。英石属沉积岩中的石灰岩，主要成分为方解石。英山的石灰岩石山裸露于地面，崩落下来的岩石或散布地表，或埋入土中，或沉入水下，经大自然多年的阳光曝晒、风化溶蚀、流水冲刷后，形成奇形怪状、千姿百态的石体。

英石石质坚而脆，稍润，硬度约为4度，多叩之有声。其呈灰黑、黝黑、淡青、浅绿、白等色，尤以黑色者为上品，间有白色石筋。石表多深密皱褶，棱角明锐，有巢状、大皱、小皱、蔗渍等状。造型多具壁立峭峻、峰峦叠嶂、纹皱奇崛、玲珑婉转之态。其分为阳石和阴石两类。阳石露于天，具有瘦、皱的特点，按其形态可分为横纹石、直纹石、大花石、小花石、雨点石和叠石等；阴石藏于土，具有漏、透的特点，质地松润，色泽青黛，叩之声浊。英石由凿、锯而得，分正、背两面，正面多洼孔石眼，精巧多姿，而背面较为普通。

英石的开采和玩赏具有悠久的历史，在清代和灵璧石、太湖石、昆石一起被世人列为四大名石。大块的英石可作园林假山的构材，小者可置于案几或制作成盆景、砚山，极具观赏和收藏价值，因此备受历代文人雅士的追捧。

【注释】〔1〕英州：今广东省英德县。宋置府，元改州，明改县。

〔2〕莹彻：晶莹剔透。

〔3〕采人：采石者。

【译文】英石出产于英州的含光县与真阳县之间的溪水中，有好几个品种：一种微青色的，间杂经脉一样的白色纹理；一种是微灰黑色的，一种是浅绿色的。英石有嵌有穿眼的空洞宛转相通，而且各有不同的峰或峦。它的质地稍微有些润泽，敲击时能发出微弱的声响。英石可陈放在几案上，也可以点缀盆景，还可以在园林中垒砌成小景。有一种白色的英石，四面峰峦耸拔，有丰富的棱角，质地还算晶莹剔透，但表面有光泽，可以照见物象，敲击时不会发出声音。采石人在水中选择其奇巧的凿取，宜陈放在几案上。

散兵石

【原文】“散兵”者，汉张子房楚歌散兵处[1]也，故名。其地在巢湖[2]之南，其石若大若小，形状百类，浮露于山。其质坚，其色青黑，有如太湖者，有古拙皴纹者，土人采而装出贩卖，维扬[3]好事，专买其石。有最大巧妙透漏如太湖峰，更佳者，未尝采也。

【注释】〔1〕汉张子房楚歌散兵处：张子房，指汉代张良，为刘邦谋士，后封留侯；楚歌散兵处，指垓下。霸王项羽被汉军包围，四面楚歌。此战成为楚汉战争的转折点。

〔2〕巢湖：在今安徽巢县西部。

〔3〕维扬：今江苏扬州。《尚书·禹贡》有“淮海惟扬州”之句。《尚书》中“惟”字在《毛诗》中均写作“唯”，后人取“维扬”为扬州的别称。

【译文】“散兵”因出产于张良献计用楚歌瓦解楚军的地方而得名。它在巢湖的南面，所产的散兵石有大有

零星小石

家境平平，虽有好石的心，却没有这方面的物力。然而，石头不一定要垒作假山，一块小而独特的石头，只要安置得有情趣，时时刻刻坐卧在它旁边，就可以满足对泉水山石的痴迷癖好。如果将它平放就可以坐，便与椅、床有同样的功用；如果将它斜放就可以倚靠，便与栏杆有同样的作用；如果它的表面稍微平整，便可以放置香炉茶具，那么又可以代替几案了。花前月下，有这样东西来待人，又不怕它放在露天里，就省去了搬动其他东西的劳力，何况它经久耐用。它虽然叫石头，但实际上已成了家具。捣衣的砧，同样是石头，但需要它时不惜花费多少钱也得买。因此，石头即使没有别的用处，难道还不可以做捣衣的砧吗？王子猷劝人种竹，我再劝人立石。有竹不可以无石，这两样东西都是人们不急需得到的，可是我愿意做这谆谆劝导的人，这是因为人的一生，其他的病可以有，俗气这病却不可以有。得到了竹和石这两样东西，便可以医治俗气，这与送药救病人一样，完全是出于一片仁慈之心。

□ **散兵石**

散兵石产自垓下，此石或大或小，大的可以孤置的手法置于庭院之中，小的可作为古玩置于室内案几上。散兵石的形态千姿百态，有的如太湖石一般具瘦、漏、透、皱、丑的特点，有的如画家笔下古拙的皴法。用此石装饰庭院也相当别致。

小，形态千奇百怪，都裸露于山上。散兵石质地坚硬，颜色黑青，有像太湖石的，有古雅朴拙如绘画皴法纹理的。当地人开采后装运到外面贩卖，维扬的爱石者，专门购买这种石料。最大的散兵石像太湖峰石一样巧妙透漏，但比这更好的，现在还没有开采出来。

黄 石

【原文】黄石是处皆产，其质坚，不入斧凿，其文古拙。如常州黄山〔1〕，苏州尧峰山〔2〕，镇江圌山〔3〕，沿大江直至采石〔4〕之上皆产。俗人只知顽夯，而不知奇妙也。

【注释】〔1〕常州黄山：在今常州武进县内。

〔2〕尧峰山：在今苏州市西南，相传尧时洪水泛滥，吴人曾避居于此。

〔3〕圌山：在今镇江市东北六十里。

〔4〕采石：在今安徽马鞍山市西南部，因产五彩石而得名。

【译文】黄石许多地方都出，它质地坚硬，斧凿很难开凿，纹理古雅朴拙。如常州的黄山、苏州的尧峰山、镇江的圌山，沿长江到至采石矶以上都出产这种石料。世人只知道它的顽劣，却不知道它垒砌假山时的奇妙用处。

□ **黄 石**

黄石是一种带橙黄色的细砂岩，石质坚硬，石形棱角分明，节理面近乎垂直，块钝而棱锐，具阳刚之气，具有强烈的光影效果。黄石广泛应用于小桥流水和建造瀑布，而叠山则粗犷又具野趣，如叠砌秋景山色，极切景意。在园林的造景中常常被配以植物，为园林的整体效果增加了自然之趣。

旧 石

【原文】世之好事，慕闻虚名，钻求旧石。某名园某峰石，某名人题咏，某代传至于今，斯真太湖石也，今废，欲待价而沽，不惜多金，售为古玩还可。又有惟闻旧石，重价买者。夫太湖石者，自古至今，好事采多，似鲜矣。如别山有未开取者，择其透漏、青骨[1]、坚质采之，未尝亚太湖也[2]。斯亘古露风，何为新耶？何为旧耶？凡采石惟盘驳、人工装载之费，到园殊费几何？予闻一石名“百米峰”，询之费百米所得，故名。今欲

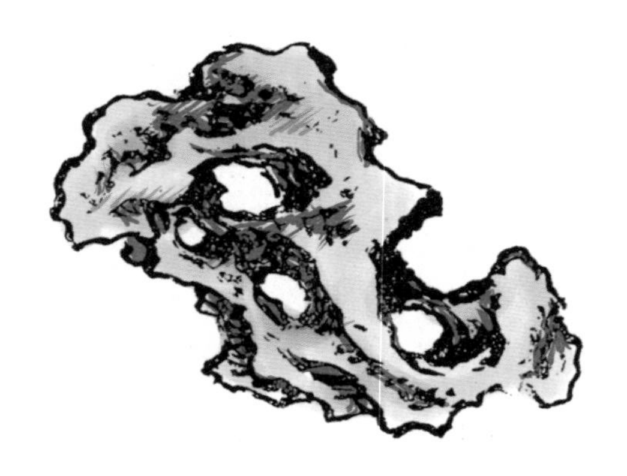

□ 旧 石

所谓“旧石”，即年代久远的石头。园林中堆砌旧石固然显得古色雅致，但是不应刻意求之；新出土的石头虽略带泥土气息，但时日渐长，加上日晒雨淋，也会逐渐具有旧石的特质。用于掇山的石料，凡形制特别、色泽雅致的，无论新旧均会堆砌出别致的假山。

易百米，再盘百米，复名“二百米峰”也。凡石露风则旧，搜土则新，虽有土色，未几雨露，亦成旧矣。

【注释】〔1〕青骨：指黑青色的石料。

〔2〕未尝亚太湖也：不一定就比太湖石差。

【译文】世上附庸风雅的人，更看重石的虚名，一心只寻求旧石。某个有名的园林中有某种峰石，某个名人题咏过，而且是从某个朝代流传至今，是真正的太湖石，如今它所在的这个园林已经荒废，其峰石想要待价出售，为此不惜重金，收藏来作古玩还可以。但也有人只听说有旧石，就花重金去购买。但真正的太湖石，从古至今，已经被爱石者开采很多了，现在基本可以确定已所剩无几。如果有别的山峦还没有被开采，可以在其山上选择形态透漏、颜色黑青、质地坚硬的石料开采，不一定就比太湖石差。而且这些石头在山上，历经千万年的风吹露浸，还可以以什么标准判断它的新或旧呢？开采石料虽然只有水陆运输、人工装载的花费，但真要运输到园林中却不知道要花费多少费用。我听说一块名叫“百米峰”的奇石，详细打听后才知道，原来是花费了一百担米才得到，所以才有这样的名字。假如现在想要交易一百担米换一块石头，再花费一百担米运输它，那这块石岂不是就叫“二百米峰”吗？所有的石头，只要裸露在风中就会变旧，刚刚出土时虽然是新的，虽然有泥土的颜色，不需要几场雨淋，也就变成为旧石了。

锦川石

【原文】斯石宜旧。有五色者，有纯绿者，纹如画松皮，高丈余，阔盈尺者贵〔1〕，丈内者多。近宜兴有石如锦川〔2〕，其纹眼嵌石子，色亦不佳。旧者纹眼嵌空，色质清润，可以花间树下，插立可观。如理假山，犹类劈峰。

【注释】〔1〕阔盈尺者贵：宽度超过一尺的最为珍贵。

〔2〕锦川：辽宁省旧锦州府小凌河。锦川石又称“锦石”。

□ **锦川石**

锦川石，又名松皮石、石笋石，产于辽宁省锦州市城西。该石属沉积岩，石身细长如笋，上有层层纹理和斑点，色泽有淡灰绿、土红、黄、赭等色，亦有纳五彩于一石之上者；更有一种纯绿者，纹理犹如松树皮，显得古朴苍劲。多数低于一丈，以高丈余、宽超一尺者为珍贵，大者可点缀园林庭院，小者亦可作奇石供欣赏，是园林掇山造景比较常用的石头。

【译文】锦川石以古旧为好。有的为五彩相间，有的为纯绿色，纹理像画的松树皮，高一丈，宽超过一尺多的最贵，但是高在一丈之内的最多。近来宜兴出产的石头中有的像锦川石，但它的纹理孔眼中嵌有石子，色彩也不是很好。旧的锦川石纹眼空漏，色质清润，可以在花和间树下插立成好看的景观。如果用锦川石垒砌假山，有与劈峰相近的样子。

花石纲

【原文】宋“花石纲[1]”，河南所属，边近山东，随处便有，是运之所遗者。其石巧妙者多，缘陆路颇艰，有好事者，少取块石置园中，生色多矣。

【注释】〔1〕花石纲：花石，奇花异石；纲，结队运输。

【译文】宋代的“花石纲”，在河南境内靠近山东一带到处都有，是当年运输途中所遗落下来的。花石纲形态巧妙的较多，由于陆路运输很艰难，有些爱石的人，即使只能以少量花石纲点缀园景，也能增色不少。

□ **花石纲**

花石纲原是宋代专门运送奇花异石以满足皇家需求的运输编组名。在北宋徽宗时，“纲”指一个运输团队，往往十艘船称一“纲”。当时指挥花石纲的有杭州 “造作局”、苏州“应奉局”等，奉皇上之命对东南地区的珍奇文物进行运输。现在还有花石纲的遗物存于苏州留园，它们集“瘦、透、漏、皱、丑”于一身。

花石纲

花石纲是宋徽宗时运输东南花石船只的编组。宋代陆运、水运各项物资大都编组为纲。如运马者称“马纲”，运米者称“米饷纲”；马以五十匹为一纲，米以一万石为一纲。宋徽宗令朱勔主持苏杭应奉局，专门索求奇花异石等物，运往东京开封。这些运送花石的船只，每十船编为一纲，故称花石纲。花石纲之扰，波及两淮和长江以南等广大地区，而以两浙为甚。凡民家有一木一石、一花一草可供玩赏的，应奉局立即派人以黄纸封之，称为供奉皇帝之物，搬运的时候，多有破墙拆屋而去的做法。凡是应奉局看中的石块，不管大小，或在高山绝壑，或在深水激流，都不计民力千方百计搬运出来。所经州县，有拆水门、桥梁，凿城垣以过者。应奉局原准备的船只不能应付，就将几千艘运送粮食的船只强行充用，甚至波及商船，造成极大危害。花石纲之扰，前后延续20多年，尤以政和年间（1111—1117年）为甚。

六合石子

【原文】六合县[1]灵居岩，沙土中及水际，产玛瑙石子，颇细碎。有大如拳，纯白、五色者；有纯五色者；其温润莹彻，择纹彩斑斓[2]取之，铺地如锦。或置涧壑及流水处，自然清目。

【注释】〔1〕六合县：在今江苏省。

〔2〕斑斓：色彩错杂灿烂。

【译文】在六合县的灵居岩，沙土中或水岸边出产一种玛瑙石子，大部分都十分细小。也有大如拳头的，纯白色中间杂着五色的纹理，也有纯五色纹理的；六合石的质地温润光洁，晶莹剔透，选取纹理色彩错杂灿烂的，铺成的地面像锦缎。或放置在涧壑和水岸，十分清新悦目。

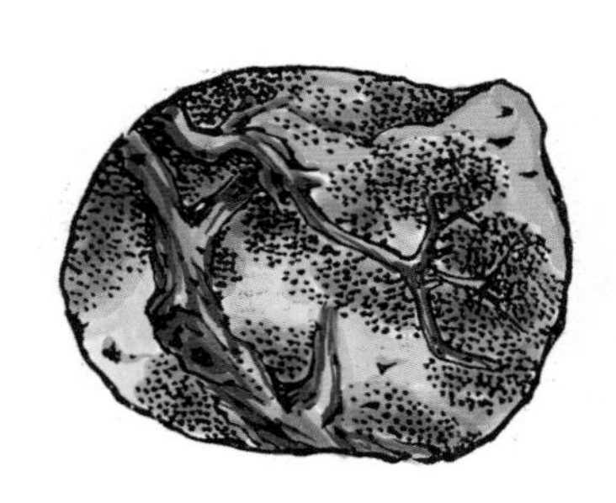

□ **玛瑙石**

玛瑙石，盛产于江苏省淮安市盱眙县宝积山，在形状色泽上，该石和雨花石非常相似。对于玛瑙石，宋代的《云林石谱》曾这样描述：“泗州盱眙县宝积山与招信县皆产玛瑙石，纹理奇怪。宣和间，招信县令获一石于村民，大如升，其质甚白，既磨砻，中有黄龙作蜿蜒曲屈之状，归置内府。”

园圃假山

【原文】夫葺[1]园圃假山，处处有好事，处处有石块，但不得其人。欲询出石之所，到地[2]有山，似当有石，虽不得巧妙者，随其顽夯，但有文理可也。曾见宋

六合石

六合石，即雨花石，产于南京市六合县。该石形成于距今250万年至150万年前的古长江及其支流上游的白垩纪、侏罗纪的砾石层中。岩层中的二氧化硅胶液围绕火山岩空隙，从外向内多层次逐层沉淀；在此过程中，带色离子和化合物呈周期扩散，形成了圈状花纹。由于它们本身携带不同的色素离子，溶入二氧化硅热液中的种类和含量也不同，故呈现出浓淡、深浅富于变化的色彩。六合石的种类主要有玛瑙、蛋白质、水晶、燧石、玉髓等，有细石和粗石之分：细石，指透明或半透明的玛瑙石、蛋白石、水晶石、玉髓一类；粗石，是以不透明的石英或变质岩为主，该类石质地较差，粗犷不润，价值较低。

挑选六合石，以条纹清晰、明显、细密者为贵；以颜色为红、蓝、紫且色正者为贵；以石上图案意境深远，又有象形之状者为贵；以其特有的光学效应较强烈者为贵；以石体量大而重者为贵；以石表完美无瑕者为贵，即便有裂纹，也应少、短、浅。市场上常以人造玻璃和树脂仿冒六合石。但玻璃易碎，树脂较软，而六合石硬度极高。

□ **栖霞石**

栖霞石，产于江苏省南京市东郊栖霞区的栖霞山。其色泽以青灰、褐灰、黑灰为主，红、黄、白、褐次之；形态千奇百怪，大多数为山形石或景观石；石之纹理错落有致，古朴典雅，浑厚沉稳，极具皱、漏、瘦、透之姿，是石玩和制作园林盆景、假山的上等石材。

杜绾〔3〕《云林石谱》，何处无石？予少用过石处，聊记于右，余未见者不录。

【注释】〔1〕葺：原指用茅草覆盖房子，此处是“重叠”之意。

〔2〕到地：犹道地，真正是有名产地出产的。

〔3〕杜绾：南宋人，号云林居士，有《云林石谱》传世。

【译文】 垒砌园林假山，处处都不乏爱好者，也不缺少美妙的石料，但真正知道假山艺术的人却很少。要打听出产石料的地方，似乎有山的地方都有，虽然不一定有巧妙的，但即使是顽石，只要有纹理都可以掇叠成山。曾经读到南宋人杜绾的《云林石谱》，从中可见天下到处都有石。我没有用过更多地方的石材，只能姑且将自己见过的记录在下面，我没有见过的就不记录了。

◎宣和六十五石图

太湖石又称贡石，“乃太湖石骨，浪击波涛，年久孔穴自生”。太湖石盘拗秀出，端严挺立，置于园林，犹如三山五岳，百洞千壑；远近风物，咫尺千里，隐隐然有移天缩地之意，幽幽然得山水之真谛。北宋时期，宋徽宗以九五之尊，倾全国之力取太湖水底之石造出“万寿艮岳山”这一人工假山，上有奇石六十五尊，定名为《宣和六十五石》。

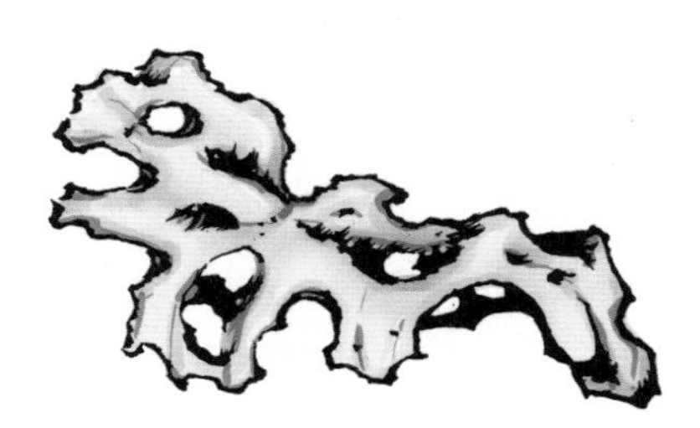

怒 猊

体态嶙峋透露，石上多窟窿，其以造型取胜。“猊”即狮子，此石外形遒劲，似一头愤怒的雄狮。

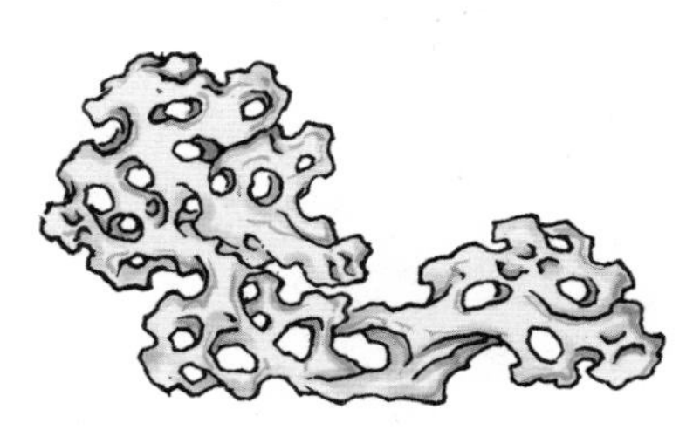

镵 云

外形与“庆云”相似，皆如天上的行云，应为同一类石头。“镵”，指装有弯曲握柄的器具，说明该石形体弯曲，与古时犁头一类的器具相似。

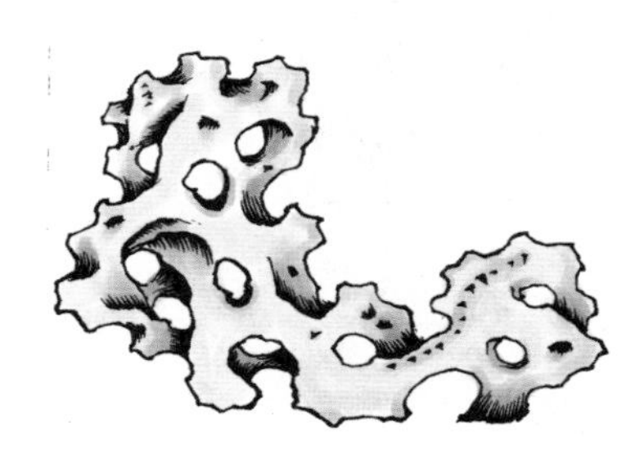

神运昭功

石表多孔洞和褶皱，造型轻巧、秀美，疑为太湖石。

曳 烟

石质坚润，多孔洞，石形上大下小，如腾空的烟云，因此而得名。

须弥老人

部分石表呈水波纹，线条流畅、古朴，沧桑之感油然而生。

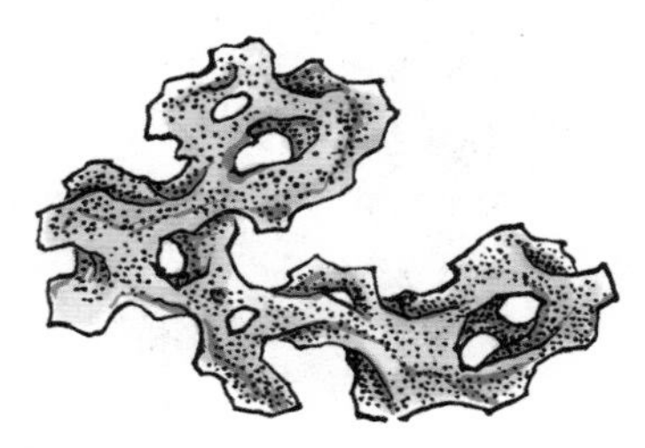

伏 犀

石表粗糙，多孔洞，石形如伏卧的犀牛，故名“伏犀”。

王云坐龙

石形如云，石表光滑。奇巧之处在于，石的上下分为两种颜色。

敷庆万寿

纹理有皱褶，石表多孔洞，造型如贺寿之兽。敷，表示与动作有关。

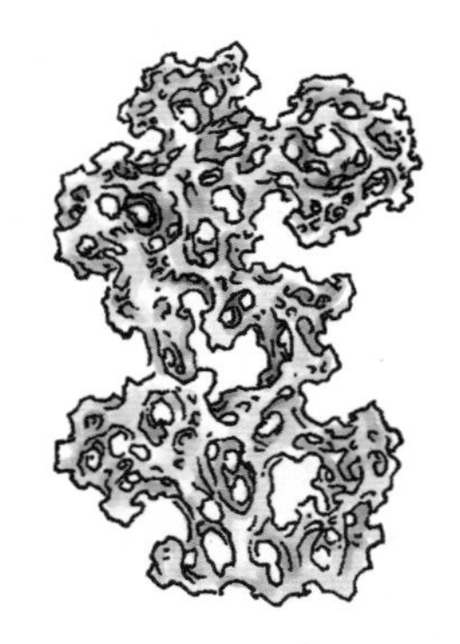

青锦屏

《素园石谱》对此石的记载为："宋太史文石，曾以冬米百担买何柘湖一石，名青锦屏，四面玲珑高一丈五尺，太史移置文园，特建青锦亭玩之，太史捐馆，缙绅某索取园中小石……"

舞 仙

石上多窟窿和褶皱纹理，外形玲珑、轻巧，如起舞之仙人。《艮岳记》中还说明了该石的方位，"立于涘者曰舞仙"，"涘"指水边。

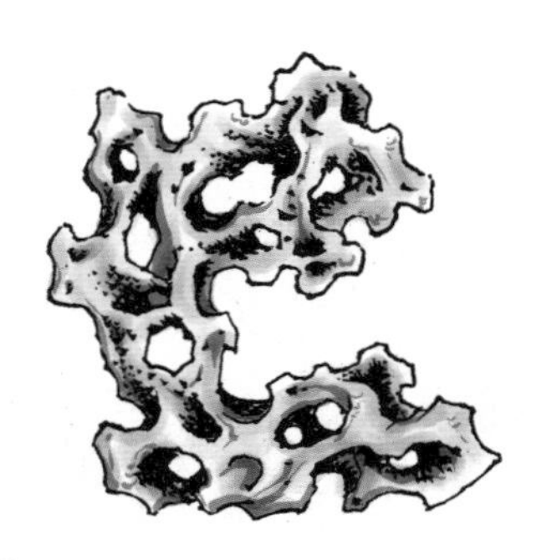

溜 玉

从石名来看，该石质地较柔，用手触之有细腻、柔滑之感。可能属玉山石一类。

凝 翠

从石名来看，此石色泽应为翠绿，加上石表有自然天成的水波纹，疑为修口石之佳品。

乌龙尾

石表遍布孔状凹凸，石形好似神话中龙的尾巴，故名“乌龙尾”。

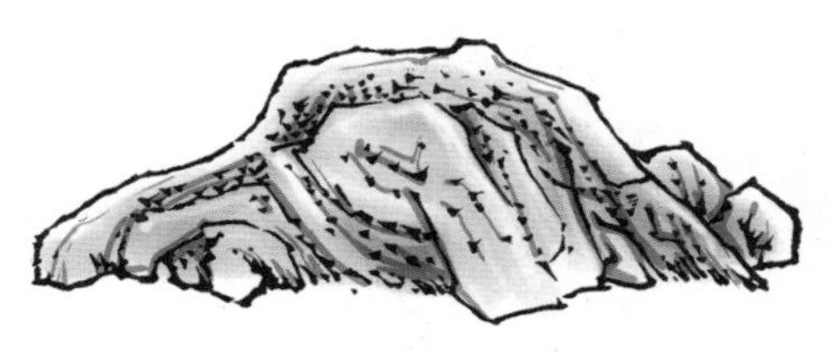

抱犊

体态方正刚劲，肌理棱角明显，无孔洞。从宋代张淏《艮岳记》中的“其间黄石仆于亭际者，曰抱犊天门”可以看出“抱犊”为黄石。

叠翠

沟壑交错，纹理粗涩，高低起伏，层叠有致。

风门

纹理排列具有一定的规律，石形高低起伏，峻岭嵯岩。

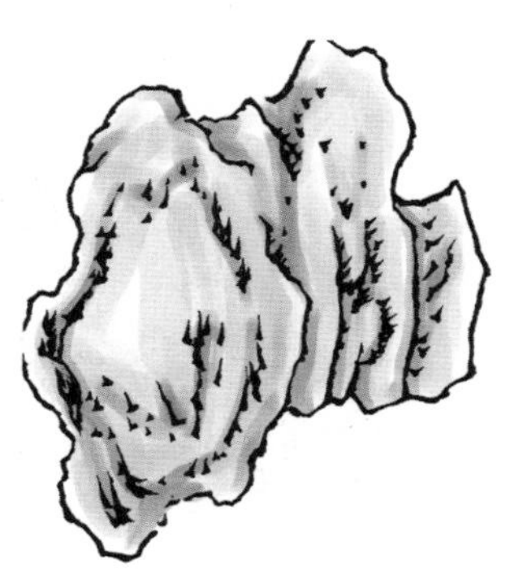

瑞霭

“瑞霭”一词意为吉祥之云气。该石外形柔和、连续，形似云彩。

吐日

线条刚直，石形挺拔，如突兀险峻的山峰，颇具观赏性。

雷 门

纹理纵横交错，石形略为粗犷。

冲 斗

形状峻峭，灵秀飘逸，有一飞冲天之势，具备瘦、皱、漏、透等特征。

搏云屏

形态峻峭，重峦叠嶂，其纹理浑厚古朴。据考证，“搏云屏”乃太湖石，多用于叠造假山。

玉 台

外形如海浪，线条柔和，纹理古朴素雅。

雷 穴

石形崎岖蜿蜒，石纹粗犷，造型奇异，中间有一洞，宋徽宗赵佶谓之“雷穴”。

玉京独秀

宋代张淏所著的《艮岳记》对该石的描写为：“又有大石二枚，配神运峰，异其居以压众石，作亭庇之，置于寰春堂者，曰玉京独秀太平岩。”

排 云

纹理略显粗厚，质地也有些粗糙，但外轮廓较为柔和，石形高低错落有致。

玉麒麟

纹理粗犷雄浑，气韵苍古，形似中国古代神话中的麒麟，位于艮岳园水池中的岛屿上。《艮岳记》有记：“独踞洲中者曰玉麒麟。”

蕴 玉

个体较大，外形如峰峦，秀岭逶迤蜿蜒。

蹲 螭

“蹲螭”是古代传说中一种没有角的龙。该石为象形石，形如蹲着的螭。

桂 岩

石上纹理富于变化，线条疏密有致，密者凝重，疏者娟秀。

积 玉

纹理斑驳，石表凹凸不平，石体较为完整。

巢 凤

纹理奇特，以“皱”见长，石形扁平，石肌呈沙状。

日 观

部分呈明显岩层，石纹较有规则。

衔 日

纹理刚劲，层次错落，造型貌似奇兽叼日，故名“衔日”。

祥龙石

参差透漏，石形稍长，一字展开，如尖锐数峰。

积 雪

纹理清晰，石表细纹如浪涌雪沫，若此纹为白色，则可能是雪浪石。

坐 狮

纹理粗糙，石形高低有致，从其名字即能看出该石造型如静坐之雄狮。

献 李

石表沟壑交错，纹理纵横，石形崎岖，变化莫测，应属六十五石之首。

南屏峰

该峰巉岩嶙峋，列嶂如屏幕；体量高大，一眼看去似乎比寿山还高。《艮岳记》有记：“冠于寿山者曰南屏小峰。”

吐 月

此石由大小两部分组成，大者若口含明月。其石纹理刚劲，石表如同被刀刻。

琢 玉

石体较薄，石质坚硬、粗糙，外形呈块状。

宿 雾

脉络清晰，体态优美。位于泉中，因此早晚会有水雾浸于石周，故名“宿雾”。

拔 翠

形制极似灵璧石，造型奇异，有向上拔立、飞腾之势。

立 玉

“立玉”外形为柱状，石形直立挺拔，石表较光滑。

朝升龙

纹理流畅，如行云流水，外形与中国神话中的龙有几分相似，故名“朝升龙”。

玉 秀

纹理不清，石表粗糙，有小孔，呈块状不规则形态。

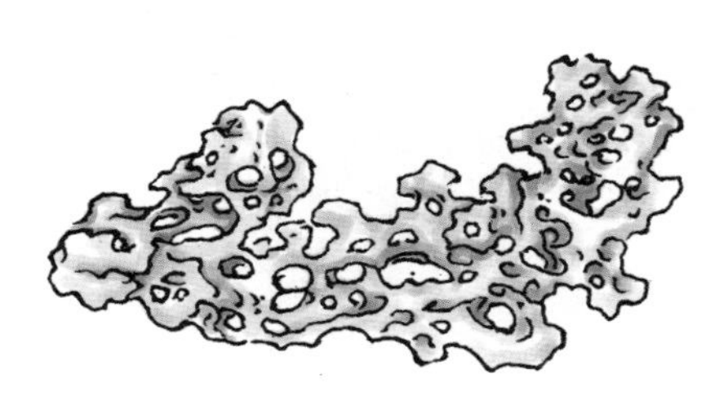

庆 云

瘦透玲珑，个体较大，其形态如天上祥云，故名“庆云”。

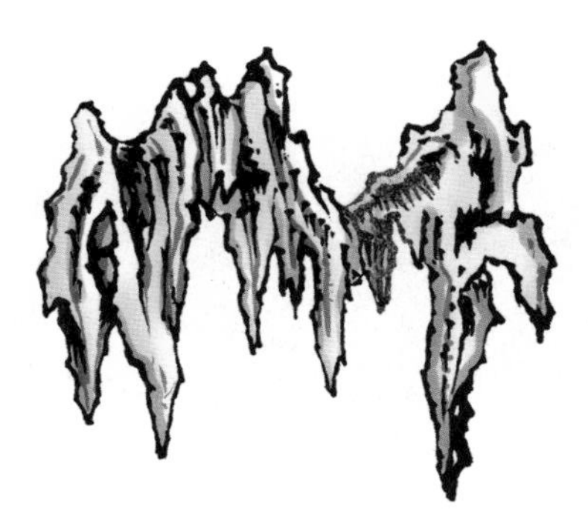

滴露岩

形似玉柱，从顶垂直到地，从其名字可以看出，有水沿石身往下滴落，疑为钟乳石。

堆 青

由多块石头堆造掇叠而成，石肌颇多皱褶，脉络纹理凹凸参差。

凝 碧

纹理厚重，石表崎岖不平，石形有的低若沟壑，有的高若山崖。

玉 龟

形状与龟相似，石表较为光滑，没有明显褶皱。

舞 鼇

“鼇”通“鳌”，即传说中海里的大龟或大鳖。该石为造型石，外形似龟，较高的一侧如扬起的龟头，较低的一侧则如龟背。

叠 玉

页面扁平，纹理层叠有致，极富韵律。

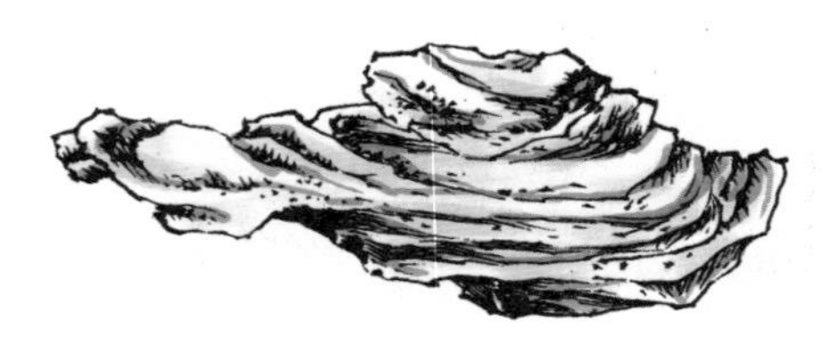

亸 云

纹理呈直线横向分布，石体依次排开，极具规律。“亸”是下垂的意思。

万寿老松

外形如松树的树干，松枝纹路清晰可见，其名“万寿老松”，该石应是松化石。

丛秀岩

质地实在，石形秀丽，高矮参差各异，十分可爱。

扪 参

质地枯燥，坚硬细密，石形挺拔高耸，其名字“扪参”一词就是用以形容山势极高的。

素 星

由多块巧石掇叠而成，该石纹理凝重深沉，大者若高山峻岭，适宜点缀园林绿地。

日 窟

石肌有明显云水纹，起伏跌宕之势极富韵律。

登 封

该山为多个奇石掇成，呈峰峦起伏状，石形以巧取胜。

仪 凤

由多块奇石叠造而成，该石纹理娟秀，疏密有度，分布极有规律。

留 云

与“宿雾”一起置于泉中，《艮岳记》有“立于沃泉者，曰留云宿雾”的句子。该石石质软而细，石表呈明显的云水纹，“留云”之名即取此意。

栖 霞

纹理厚重，石形粗壮，虽无其他石景的嶙峋险要，却多了几分温婉秀美。

太平岩

石表多褶皱，线条呈弧形，分布较有规则。

蓬 瀛

由众多奇石掇叠而成，其外形如山。“蓬瀛”一词是指蓬莱和瀛洲，亦泛指仙境。

喷 玉

由多块外形较为平缓的石头掇造而成，间或有细小碎石。

借 景

借景为中国园林最为可贵的美学财富。作者把借景从构图上的借景扩大到意境上的借景。从空间上看，有远借、邻借、仰借、俯借，从时间上看，有“应时而借”，更为重要的是，从审美情趣上看，它已达到“物情所逗，目寄心期”，“触情俱是”的程度。

【原文】构园无格，借景有因。切要四时，何关八宅[1]。林皋延伫[2]，相缘竹树萧森[3]；城市喧卑[4]，必择居邻闲逸。高原极望，远岫[5]环屏，堂开淑气[6]侵人，门引春流到泽。嫣红艳紫，欣逢花里神仙[7]；乐圣[8]称贤，足并山中宰相[9]。《闲居》[10]曾赋，芳草[11]应怜；扫径护兰芽，分香幽室；卷帘邀燕子，闲剪轻风。片片飞花[12]，丝丝眠柳[13]；寒生料峭[14]，高架秋千[15]；兴适清偏[16]，怡情丘壑。顿开尘外想，拟入画中行。林阴初出莺歌，山曲忽闻樵唱，风生林樾，境入羲皇[17]。幽人即韵于松寮[18]；逸士弹琴于篁[19]里。红衣[20]新浴；碧玉[21]轻敲。看竹溪湾，观鱼濠上。山容蔼蔼[22]，行云故落凭栏；水面鳞鳞，爽气觉来欹枕[23]。南轩寄傲[24]，北牖虚阴。半窗碧隐蕉桐，环堵翠延萝薜。俯流玩月，坐石品泉。苎衣[25]不耐凉新，池荷香绾；梧叶忽惊秋落，虫草鸣幽。湖平无际之浮光，山媚可餐之秀色。寓目一行白鹭，醉颜[26]几阵丹枫。眺远高台，搔首青天那可问；凭虚敞阁，举杯明月自相邀。冉冉天香，悠悠桂子[27]。但觉篱残菊晚，应探岭暖梅先。少系杖头[28]，招携邻曲[29]，恍来林月美人[30]，却卧雪庐高士。雪冥黯黯，木叶萧萧；风鸦几树夕阳，寒雁数声残月。书窗梦醒，孤影遥吟；锦幛偎红，六花[31]呈瑞。棹兴若过剡曲[32]，扫烹果胜党家。冷韵[33]堪赓，清名可并；花殊不谢，景摘偏新。因借无由，触情俱是。

夫借景，林园之最要者也。如远借，邻借，仰借，俯

借景

借景分为远借、邻借、仰借、俯借、应时而借五种形式。

远借与邻借是视观赏距离远近而分。远借通常要有可登高或临水的观赏条件，所观大多为色彩较暗淡、模糊的景物轮廓。李白在诗中所写的“孤帆远影碧空尽，惟见长江天际流”即为远借。

邻借指以矮墙、柱廊、门窗等，借取周围近距离景色。李渔在《闲情偶寄》中就曾谈道：“开窗莫妙于借景，而借景之法，予能得其三昧。”

仰借与俯借是视园林所处位置，或观赏者视线高低而定。天空、飞鸟、青山、高塔等可为仰借的景物；而站在阁楼或山石上，居高临下所看到的景物则为俯借。应时而借强调园林景观的四季变化。不同的时节、树木、花草，乃至山石都会产生有规律的变化，如春雨冬雪、夏荷秋菊等。造园时结合这一属性，可形成季节性明显的园林美景。

借，应时而借。然物情所逗，目寄心期，似意在笔先，庶几〔34〕描写之尽哉。

【注释】〔1〕八宅：指住宅的八个方位。此处指“宅相”，即住宅风水之相。

〔2〕林皋延伫：林皋，水边树林；延伫，长久伫立。

〔3〕萧森：草木茂密貌；草木凋零衰败貌。

〔4〕喧卑：喧闹。

〔5〕岫：山洞。

〔6〕淑气：秀逸之气。

〔7〕花里神仙：引用的是明代冯梦龙《醒世恒言》中“灌园叟晚逢仙女”的故事。

〔8〕乐圣：指嗜酒者。据《三国志·魏志·徐邈传》记载，“时科禁酒，而邈私饮至于沉醉。校事赵达问以曹事，邈曰：‘中圣人。’达白之太祖，太祖甚怒。度辽将军鲜于辅进曰：‘平日醉客谓酒清者为圣人，浊者为贤人，邈性脩慎，偶醉言耳。’竟坐得免刑”。后因以“乐圣”谓嗜酒。唐代李适之《罢相作》诗：“避贤初罢相，乐圣且衔杯。”

〔9〕山中宰相：指南朝齐梁时的道家人物陶弘景。他辞官归隐，于句容县茅山中寻仙访药。梁武帝常向他咨询政务，时人便称他为“山中宰相”。

〔10〕《闲居》：指晋代潘岳所著的《闲居赋》。

〔11〕芳草：香草，本指美人，后指有德行之人。

〔12〕飞花：指纷纷扬扬的样子像飞落的花朵，比喻飘飞的雪花，此处引自宋朝苏辙《上元前雪三绝句》之一：“不管上元灯火夜，飞花处处作春寒。”

〔13〕眠柳：柳树入眠，比喻冬天到了。

〔14〕料峭：形容微微寒冷，多指刚入春时的寒冷。

〔15〕秋千：我国一种传统游戏，多在寒食节时玩耍。

〔16〕清偏：清静心远。

〔17〕羲皇：伏羲，此处指太古时代。

〔18〕幽人即韵于松寮：幽人，即隐士；松寮，松林中的小屋。

〔19〕篁：竹林。

〔20〕红衣：荷花瓣的别称，代指荷花。

〔21〕碧玉：指荷花的叶与梗。

〔22〕山容蔼蔼：山容，山的姿容，面貌，蔼蔼，形容草木茂盛的样子。

〔23〕欹枕：斜靠着枕头。

〔24〕南轩寄傲：倚靠在南窗，以寄托傲世之志。语出陶潜《归去来兮辞》中的“倚南窗以寄傲，审容膝之易安”。

〔25〕苎衣：夏衣，因用苎麻织布缝制而成。

〔26〕醉颜：形容枫叶经霜红后如人醉后的脸色。

〔27〕冉冉天香，悠悠桂子：引自唐代宋之问创作的《灵隐寺》“桂子月中落，天香云外飘”。传说，在灵隐寺和天竺寺，每到秋爽时刻，常有似豆的颗粒从天空飘落，传闻那是从月宫中落下来的。天香，异香，此指祭神礼佛之香。

〔28〕杖头：杖头钱，也称买酒钱。

〔29〕邻曲：邻人、邻里。

〔30〕林月美人：语出《舆图摘要》“与林间见美人淡妆素服”。这里比喻月下梅林的意境。

〔31〕六花：雪花呈六角形，故以“六出”称雪花，这里简作六花。

〔32〕剡曲：剡溪，在浙江省。

〔33〕冷韵：发生在寒天的韵事，韵事，旧时多指文人名士吟诗作画等活动。

〔34〕庶几：差不多；近似。

【译文】 建造园林，虽然没有固定的规则，但借景却需要遵循一定的依据。要结合四季的变化特点，与八宅之说没有多大关系。在水边的树林里伫立，全因竹林树木有茂密、凋零的变化；城廓闹市熙攘喧嚣，所以居住的地方必须与清净闲逸处相邻。登上高处则能极目远望，远处峰峦如翠屏环绕；厅堂开敞就有和风扑面而来，沁人心脾，门前也有春水可以与池水相通。姹紫嫣红时，却又欣然遇见花里神仙；隐居饮酒自视贤达时，可以与山中宰相陶弘景相比。辞官可以像潘岳一样咏赋《闲居》，修身可以像屈原一样托情“芳草”。打扫花径呵护兰芽，在幽室也能享有清香；卷起的窗帘处春燕翻飞，可以看见燕尾悠闲地裁剪着轻风。落花成群飞舞，柳丝临冬垂梦；春风料峭乍暖还寒，寒食节时荡起高架的秋千。清净心远自然会有闲适的兴致，山野沟壑也一定令人心旷神怡；突然生出处身世外桃源的思绪，仿佛自己也行走在画中。林荫里刚刚传来鸟儿的欢歌，山弯处突然又有樵夫的歌声传来；林间袭来拂面的清风，自己仿佛也回到了久远的年月。隐士在松林的小屋里吟诵，逸士在竹林中弹琴。出水的芙蓉宛如美人出浴，雨打梧桐更似侍女的清唱。在清流溪湾看竹，于河上观赏游鱼。山色烟雨朦胧，行云也飘落在凭栏处；水面波光清荡，爽气也会吹到枕边。在南轩寄托傲世风骨，临北窗独享内心的孤独。半开的窗户透出晃动的芭蕉梧桐，四周的围墙爬满萝草薜荔的翠藤。从流水中俯看朗月，坐在石上静听泉声。夏季的苎衣挡不住初秋的清亮，一池荷花却飘出缠绕的清香；梧桐的叶子在惊慌中飘落，草丛中的虫儿也开始了幽寂的悲鸣。平湖上泛着无际的浮光，山峦露出了可餐的秀色。一行白鹭映入眼帘，更有几树枫叶露出经霜后的醉颜。在高台上眺望远方，怎么可以翘首问青天；站在高高的阁楼，明月自会邀你举杯。冉冉天香从凉爽的秋空飘落，桂花的芳香从秋月中悠悠传来。如果已觉察到残破的篱边菊花快要凋萎，便应转向阳岭探寻早开的梅花。取几串小钱系在杖头，置酒邀邻共饮。月光下的树林恍惚有美人降临，雪中的茅庐中却有高士酣睡。下雪前天色昏黯，树叶在枝头瑟瑟抖动；风吹黄昏的树林惊起一片黑鸦，寒冷的残月下传来几声雁鸣。书窗前梦中人夜半惊醒，孤灯子影低声吟咏；锦幛后面炉火温暖，雪花飘落预示来年的祥瑞。划着扁舟到剡溪访友，扫雪煮茶的意境远胜家乡豪宴。在寒冷天气里继续吟诗作画，隐居也可以与盛名并集一身。四季都有不谢的花朵，观景也要应时择新。因借景无规律可循，能触发情致的都是。

借景，是园林营造的关键。如远借、邻借、仰借、俯借、根据四季变化的特征而借等。然而景色与人的情致相投，目之所见又心有所感，借景似乎也与诗画一样“意在笔先”，差不多也就说全了。

◎窗框款式

如果“借”不到景，那就“造”景。在园林建筑中，几乎所有的地方都能直接或者间接将建筑物与自然相连接，达到“天人合一”的境界，其中漏窗的运用就是其中的一种方式。漏窗可以有效地使空间流通、视觉流畅，在空间上起互相渗透的作用。在漏窗内看，玲珑剔透的花饰、丰富多彩的图案，有浓厚的民族风味和美学价值；透过漏窗，竹树迷离摇曳，亭台楼阁时隐时现，远空蓝天白云澄澈，造成幽深宽广的空间境界和意趣。图中所描绘的是古代园林建筑中常用的窗框款式。

苹果聚锦框

柿聚锦框

冬瓜聚锦框

桃花聚锦框

石榴聚锦框

扇子聚锦框

自识

【原文】 崇祯甲戌岁〔1〕，予年五十有三，历尽风尘，业游〔2〕已倦，少有林下风趣，逃名丘壑中，久资林园〔3〕，似与世故觉远〔4〕，惟闻时事纷纷，隐心皆然，愧无买山〔5〕力，甘为桃源〔6〕溪口人也。自叹生人之时〔7〕也，不遇时也。武侯〔8〕三国之师，梁公女王之相〔9〕，古之贤豪之时也，大不遇时也！何况草野疏愚，涉身丘壑，暇著斯《冶》，欲示二儿长生、长吉，但觅梨栗〔10〕而已。故梓行〔11〕，合为世便〔12〕。

【注释】 〔1〕崇祯甲戌岁：崇祯七年，公元1634年。

〔2〕业游：因职业需要而四方游历。

〔3〕久资林园：依靠建造园林生活。

〔4〕似与世故觉远：似乎是远离了人情世故。

〔5〕买山：指隐居。

〔6〕桃源：桃花源，陶潜虚构的一个境界，此语指隐居。

〔7〕生人之时：指正当有所作为的时候。

〔8〕武侯：指诸葛亮。

〔9〕梁公女王之相：梁公，即梁国公狄仁杰，梁国公是其封号；女王，指武则天。

〔10〕觅梨栗：指传授给儿子造园的技艺，以求谋生。

〔11〕梓行：印刷发行。

〔12〕合为世便：方便世人造园之用。

【译文】 崇祯七年（1634年），我已经五十三岁了，历尽了半生坎坷艰辛，为生计四处奔波，虽已厌倦，但我还尚存风雅超脱的情趣，为避名声而逃入山林沟壑的境界中，长期从事造园林艺术，似乎感觉与世故渐渐疏远。如今听说时下局势动荡战祸纷乱，许多人顿生隐居避乱之心，而我愧无买山隐居的财力，只得甘做桃源溪口之人了。自叹正当有所作为的时候，却生不逢时。武侯诸葛亮堪称三国军政大师，梁国公狄仁杰位居武则天之相，他们身处时势造英雄的时代，尚且有事业未竟的遗憾，更何况我辈身居草野的粗笨愚昧之人呢！我涉身园林建造行业，闲暇时写成此书，本想传给长生、长吉两个儿子，原本只是希望他们能借此谋生而已。如今刻板刊印出来，也是为了方便世人。

文化伟人代表作图释书系全系列

第一辑

《自然史》
〔法〕乔治・布封 / 著

《草原帝国》
〔法〕勒内・格鲁塞 / 著

《几何原本》
〔古希腊〕欧几里得 / 著

《物种起源》
〔英〕查尔斯・达尔文 / 著

《相对论》
〔美〕阿尔伯特・爱因斯坦 / 著

《资本论》
〔德〕卡尔・马克思 / 著

第二辑

《源氏物语》
〔日〕紫式部 / 著

《国富论》
〔英〕亚当・斯密 / 著

《自然哲学的数学原理》
〔英〕艾萨克・牛顿 / 著

《九章算术》
〔汉〕张　苍　等 / 辑撰

《美学》
〔德〕弗里德里希・黑格尔 / 著

《西方哲学史》
〔英〕伯特兰・罗素 / 著

第三辑

《金枝》
〔英〕J. G. 弗雷泽 / 著

《名人传》
〔法〕罗曼・罗兰 / 著

《天演论》
〔英〕托马斯・赫胥黎 / 著

《艺术哲学》
〔法〕丹　纳 / 著

《性心理学》
〔英〕哈夫洛克・霭理士 / 著

《战争论》
〔德〕卡尔・冯・克劳塞维茨 / 著

第四辑

《天体运行论》
〔波兰〕尼古拉・哥白尼 / 著

《远大前程》
〔英〕查尔斯・狄更斯 / 著

《形而上学》
〔古希腊〕亚里士多德 / 著

《工具论》
〔古希腊〕亚里士多德 / 著

《柏拉图对话录》
〔古希腊〕柏拉图 / 著

《算术研究》
〔德〕卡尔・弗里德里希・高斯 / 著

第五辑

《菊与刀》
〔美〕鲁思・本尼迪克特 / 著

《沙乡年鉴》
〔美〕奥尔多・利奥波德 / 著

《东方的文明》
〔法〕勒内・格鲁塞 / 著

《悲剧的诞生》
〔德〕弗里德里希・尼采 / 著

《政府论》
〔英〕约翰・洛克 / 著

《货币论》
〔英〕凯恩斯 / 著

第六辑

《数书九章》
〔宋〕秦九韶 / 著

《利维坦》
〔英〕霍布斯 / 著

《动物志》
〔古希腊〕亚里士多德 / 著

《柳如是别传》
陈寅恪 / 著

《基因论》
〔美〕托马斯・亨特・摩尔根 / 著

《笛卡尔几何》
〔法〕勒内・笛卡尔 / 著

第七辑

《蜜蜂的寓言》
〔荷〕伯纳德·曼德维尔 / 著

《宇宙体系》
〔英〕艾萨克·牛顿 / 著

《周髀算经》
〔汉〕佚　名 / 著　　赵　爽 / 注

《化学基础论》
〔法〕安托万–洛朗·拉瓦锡 / 著

《控制论》
〔美〕诺伯特·维纳 / 著

《福利经济学》
〔英〕A. C. 庇古 / 著

中国古代物质文化丛书

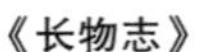

《长物志》
〔明〕文震亨 / 撰

《园冶》
〔明〕计　成 / 撰

《香典》
〔明〕周嘉胄 / 撰
〔宋〕洪　刍　　陈　敬 / 撰

《雪宧绣谱》
〔清〕沈　寿 / 口述
〔清〕张　謇 / 整理

《营造法式》
〔宋〕李　诫 / 撰

《海错图》
〔清〕聂　璜 / 著

《天工开物》
〔明〕宋应星 / 著

《髹饰录》
〔明〕黄　成 / 著　　扬　明 / 注

《工程做法则例》
〔清〕工　部 / 颁布

《鲁班经》
〔明〕午　荣 / 编

“锦瑟”书系

《浮生六记》
〔清〕沈　复 / 著　　刘太亨 / 译注

《老残游记》
〔清〕刘　鹗 / 著　　李海洲 / 注

《影梅庵忆语》
〔清〕冒　襄 / 著　　龚静染 / 译注

《生命是什么？》
〔奥〕薛定谔 / 著　　何　滟 / 译

《对称》
〔德〕赫尔曼·外尔 / 著　　曾　怡 / 译

《智慧树》
〔瑞〕荣　格 / 著　　乌　蒙 / 译

《蒙田随笔》
〔法〕蒙　田 / 著　　霍文智 / 译

《叔本华随笔》
〔德〕叔本华 / 著　　衣巫虞 / 译

《尼采随笔》
〔德〕尼　采 / 著　　梵　君 / 译

《乌合之众》
〔法〕古斯塔夫·勒庞 / 著　　范　雅 / 译

《自卑与超越》
〔奥〕阿尔弗雷德·阿德勒 / 著　　刘思慧 / 译